Feldmaier / McRae
Lilien

Carl Feldmaier / Judith McRae

Lilien

Zweite, neubearbeitete
und erweiterte Auflage
103 Farbfotos,
10 Schwarzweißfotos,
35 Zeichnungen

Verlag Eugen Ulmer Stuttgart

CIP-Kurztitelaufnahme der Deutschen Bibliothek

Feldmaier, Carl:
Lilien / Carl Feldmaier; Judith McRae. –
2., neubearb. u. erw. Aufl. – Stuttgart: Ulmer, 1982.
1. Aufl. u. d. T.: Feldmaier Carl: Die neuen Lilien

ISBN 3-8001-6121-4

NE: McRae, Judith:

Wollgrasweg 41, 7000 Stuttgart 70 (Hohenheim)
Printed in Germany
Umschlagentwurf: A. Krugmann, Stuttgart,
mit einem Foto von Sebastian Seidl, München
Gesamtherstellung: Passavia Druckerei GmbH Passau

Vorwort

Seit dem Erscheinen der ersten Auflage des Buches „Die Neuen Lilien“ sind nunmehr 14 Jahre vergangen. Aber noch immer kann man von neuen Lilien sprechen, denn die Züchtung schreitet weiter fort und bringt jährlich viele neue Sorten auf den Markt. Neue Erkenntnisse und Praktiken bei der Embryokultur, die Ausweitung der Versuche mit polyploiden Lilien haben und werden dazu beitragen, den Fluß der Neuzüchtungen aufrechtzuerhalten. Dementsprechend wächst auch ihre wirtschaftliche Bedeutung für den Gartenbau. Waren es 1968 bei dem Erscheinen der ersten Auflage dieses Buches 4,2 Millionen Lilienstengel, die in Holland auf den Markt kamen, so waren es 1978, zehn Jahre später, 152 Millionen Stengel, also 36mal soviel. Dementsprechend vermehrte sich die Anbaufläche in Holland in dieser Zeit um das Fünffache.

Die zweite Auflage dieses Buches ist deshalb um einige Kapitel erweitert worden. Es erschien notwendig, infolge der Bedeutung des gewerbsmäßigen Lilienanbaues, diesen darzustellen, wie er in den USA und in Holland betrieben wird, und vor allem auf die heute sehr bedeutungsvoll gewordene Gewebekultur, wie z.B. Meristemkultur und Embryokultur näher einzugehen.

Es ist mir deshalb eine große Freude, daß Mrs. Judith F. McRae, die für die Oregon Bulb Farms, USA, diese Gewebekulturen ausführt und die Herausgeberin der Lilienjahrbücher der Nordamerikanischen Liliengesellschaft ist, die Aufgabe, diese Kapitel darzustellen, übernommen hat und bereit war, das ganze Buch zu überprüfen und die neuesten Erkenntnisse einzubauen. Ich möchte ihr an dieser Stelle für diese nicht leichte Aufgabe meinen herzlichsten Dank aussprechen.

Herr Jacob Zweeris, t'Zand, Holland, hat mir durch seine Ausführungen während meiner Besuche in Holland ermöglicht, die Anbauverhältnisse für Lilien in Holland darzustellen. Das gleiche ist von Herrn Peter Schenk zu sagen. Für diese freundliche Unterstützung möchte ich Herrn und Frau Zweeris sowie Herrn Peter Schenk meinen herzlichsten Dank aussprechen. Auch Mr. Edward McRae, der Chef-Hybridist der Oregon Bulb Farms, hat dieses Buch mit seinen immensen Fachkenntnissen bereitwillig unterstützt und zur Bebilderung beigetragen.

Lilienliebhaber und Lilienzüchter aus dem deutschsprachigen Raum wie auch aus den USA und überhaupt der ganzen Welt haben freimütig und uneigennützig Material über die Lilienzüchtung, Literatur und Bilder zur Verfügung gestellt. Ihnen allen, die zum Gelingen dieses Buches beigetragen haben, soll ebenfalls an dieser Stelle Dank ausgesprochen werden.

Für die große Zahl der bei der Royal Horticultural Society (RHS) in London registrierten Asiatischen Lilienhybriden wurde eine alphabetisch geordnete, übersichtliche Liste zusammengestellt, wobei heute bedeutungslose Züchtungen entfallen konnten. Aufgenommen wurden jedoch ältere Hybriden, die vielfach nicht mehr im Handel, zur Klärung der Abstammungsverhältnisse aber wichtig sind. Hinsichtlich der Nomenklatur wurde das „Zander – Handwörterbuch der Pflanzennamen", 12. Auflage, von Enke, Buchheim und Seybold zu Rate gezogen.

Für die Bezeichnung der Spezies, der Varietäten und Cultivare wurde das Standardwerk von Woodcock und Stearn, „Lilies of the world", zugrunde gelegt. Hieraus erklären sich die Abweichungen in der Bezeichnung, z. B. bei *L. sulphureum, L. dauricum* und *L. tigrinum.*

Der Verlag Eugen Ulmer, Stuttgart, hat wiederum auf eine reiche Bebilderung, diesmal auch mit vielen Farbaufnahmen, großen Wert gelegt und hat dem Buch eine gediegene Ausstattung gegeben, wobei sich Herr Roland Ulmer als liebenswürdiger und liebenswerter Berater erwiesen hat, wofür ihm mein Dank gebührt.

Das Buch richtet sich vor allem an den Garten- und Lilienfreund, der hier die Darstellung der stürmischen Entwicklung der neuen Lilien findet, die ihm Rat und Auskunft, aber auch Anreiz für seine Mitarbeit geben soll. Dem Gärtner soll das Buch eine Einführung in die erst in den letzten vier Jahrzehnten bekannt gewordene Welt der neuen Lilien, ihrer Ansprüche und ihrer Verwendungsmöglichkeiten geben. Der kometengleiche Aufstieg der neuen Lilien in unseren Tagen berechtigt uns, sie als die „Blume des 20. Jahrhunderts" anzusprechen.

Pfarrkirchen, im Frühjahr 1982

Carl Feldmaier

Inhaltsverzeichnis

Vorwort 5

Von den Wildlilien zu den neuen Lilien 11

Bekannte Gartenlilien 11
Verbreitung der Wildlilien 13
Boden und Umwelt der Wildlilien 17
Schwierigkeiten bei der Pflanzung von Wildlilien 18
Überwindung der Kulturschwierigkeiten durch die Züchtung 19
Vorzüge der Hybriden 20

Die neuen Lilien im Garten und im Haus 22

Lilien für Rabatten und Ränder 22
Lilien als Tonangeber 22
Lilien als Begleiter und für Akzente ... 23
Begleitpflanzen neben Lilien 24
Hohe Lilien als Freipflanzen 24
Hintergründe für die Lilienpflanzung .. 25
Lilien und Rhododendron 25
Lilien im Steingarten 26
Lilien in Töpfen und Schalen 27
Lilien als Schnittblumen 29
Lilien für Dekorationen 30

Pflanzung der Lilien 31

Erwerb der Lilienzwiebeln 31
Pflanzen der Zwiebeln 31
Wasserabzug 32
Auswahl des Pflanzortes 32
Vorbereitung der Pflanzerde 36
Düngung 37
Mulchen 38
Einpflanzen der Zwiebeln 38
Verpflanzen von Lilien 40

Botanisches über die Lilien 41

Was ist eine Lilie? 41
Zwiebeln und Wurzeln 41
Der konzentrische Zwiebeltyp 44
Der stolonenbildende Typ 44
Der rhizombildende Typ 44
Stengel und Blätter 45
Blüten 45
Aufbau der Blütenstände 45
Form der Lilienblüten 46
Farbe der Perigonblätter 46
Staub- und Fruchtblätter 47
Samenkapseln und Samen 48

Vermehrung der Lilien 50

Vegetative Vermehrung 50
Vermehrung durch Zwiebelteilung .. 50
Vermehrung durch Stengelbulben ... 53
Vermehrung durch Achselbulben ... 53
Vermehrung durch Zwiebelschuppen 54
Lilien aus Samen 55
Keimungsverhältnisse 56
Wärme- und Kältebehandlung der Langsamkeimer 58
Samenaussaat 59

Entstehung der neuen Lilien 64

Kreuzen von Lilien 64
Verwandtschaftliche Beziehungen,
Probleme der Unverträglichkeit 65
Technik der Bestäubung 68
Zweck der künstlichen Bestäubung . 72
Polyploidie 72
Züchtungsarbeit 74

Feinde der Lilien 77

Tierische Schädlinge 77
Wühlmäuse 77
Feldmäuse 77
Schnecken 77
Nematoden (Älchen) 77
Tausendfüßler 78
Lilienhähnchen 79
Minierfliege 79
Liliengallmücke 79
Lilienthrips 79
Blattläuse 80
Pilzkrankheiten 80
Grauschimmel (Botrytis) 80
Zwiebelbodenfäule (Fusarium) 81
Viruskrankheiten 82

Die Wildlilien 85

Klassifikation der Lilien 85
Lilium (alphabetisch geordnet) 91
Cardiocrinum (alphabetisch geordnet) . 140

Hybridlilien – die neuen Lilien 144

Asiatische Hybriden 145
Martagon-Hybriden 168
Candidum-Hybriden 168
Amerikanische Hybriden 170
Longiflorum-Hybriden 172
Trompetenlilien 172
Orient-Hybriden 180
Verschiedene Hybriden 183

Die gewerbsmäßige Anzucht von Lilienzwiebeln 186

Vermehrung der Klone 186
Sämling Strains 187
Aussaat 187
Pflanzung 188
Düngung 188
Bodenentseuchung 189
Bewässerung 189
Unkrautbekämpfung 189
Bekämpfung der Lilienkrankheiten . . . 190
Ernte und Lagerung der Zwiebeln 192

Gewebekultur 193

Meristemkultur 193
Kalluskultur 194
Embryokultur 197

Treiben der Lilien als Schnittblumen und als Topfpflanzen 202

Über die Schönheit der Lilien 207

Lilien zur Schau gestellt 211

Schneiden 211
Verpacken 213
Transport und Vorbereitung für die
Ausstellung 213
Bewertung 214

Rückblick und Ausblick 217

Geschichte der Lilien 217
Die Zukunft der Lilienzüchtung 221

Lilienlisten 225
Verzeichnis der Abbildungen
mit Bildquellen 227
Verzeichnis der erwähnten Wild- und
Kulturformen der Gattung Lilium . . 231
Liliengesellschaften 237

Literaturverzeichnis 238
Sachregister 240

Von den Wildlilien zu den neuen Lilien

Bekannte Gartenlilien

Das deutsche Volkslied singt das Lob der Rosen, singt das Lob der Lilien. Beide Blumen sprechen das Gemüt der Menschen, des Volkes an, sie rühren irgendwie an den Urgrund der Seele. Wärend die Rose in Weiß, Rot, Rosa stets als die Blume der Zuneigung und der Liebe gilt, wird die Lilie, die Weiße Lilie, als die Blume der Unschuld, der Reinheit, der Keuschheit und der Unnahbarkeit betrachtet. Seit dem frühen Mittelalter ist die Weiße Lilie das Attribut vieler Heiliger, insbesondere aber der Jungfrau Maria, der Gottesmutter. Viele Künstler, deutsche wie italienische, haben uns durch ihre Darstellungen ein Bild dieser Lilie gegeben.

Schauen wir uns in unseren Gärten um, was es an Lilien gibt, und denken wir darüber nach, welche wir kennen, so werden wir mit den Fingern einer Hand auskommen, um sie aufzuzählen.

Zuerst ist die weiße Madonnenlilie, *Lilium candidum*, zu erwähnen. In vielen Bauerngärten wächst sie in einer Ecke unberührt seit Jahren und bringt über grünen Laubschöpfen unermüdlich Jahr für Jahr um die Juni-Juli-Wende ihre langen Rispen makellos weißer Blüten hervor. In altmodischen Hausgärten begleitet sie uns, in Reihen gepflanzt, die Wegränder entlang und hüllt während der Blütezeit den Garten in ihren Duft.

Als zweite müssen wir die Feuerlilie, *Lilium bulbiferum*, nennen. Auch sie ist mit einer Gartenecke zufrieden, wo sie jährlich im Juni ihre Knospen zu großen Dolden orangeroter Schalenblüten entfaltet. Keine Rose, keine Nelke kann einen solch leuchtenden Farbfleck in den Garten bringen. Dabei wird der Farbfleck jedes Jahr größer und dichter, so fleißig vermehren sich diese Lilien.

Im Vergleich dazu ist die einheimische Türkenbundlilie, *Lilium martagon*, bescheiden und eigentlich nur den Eingeweihten bekannt. Apotheker, Naturfreunde und Bergsteiger wissen die Schönheit und Einmaligkeit dieser Lilie zu schätzen, die verborgen unter Hecken und Sträuchern und im lichten Laubwald der Gebirge, der Vorberge und der Mittelgebirge wächst. Ihre Vorliebe sind Kalksteinböden oder kalkhaltiger Untergrund. Welche Freude macht es, sie in der Natur zu finden, ihre altrosa Blütenrispen zwischen Buchenbäumen, unter Schneeball- oder Faulbaumgesträuch aufzustöbern! Wie interessant ist es festzustellen, daß die eine Pflanze stark gesprenkelte, die andere wenig gesprenkelte und schließlich eine dritte ganz rein rosa Blüten hat. Schon im Mittelalter war diese Lilie, damals wegen ihrer gelben Zwiebel Goldwurzel geheißen, bekannt und für medizinische Zwecke gesucht.

Als vierter Lilie begegnen wir in den Gärten der Tigerlilie, *Lilium tigrinum*. Sie stammt zwar aus China und Japan, aber seit mehr als einhundert Jahren genießt sie bei uns Bürgerrecht. Robust und kräftig, gesund und wüchsig ist sie, und zur Blütezeit im Au-

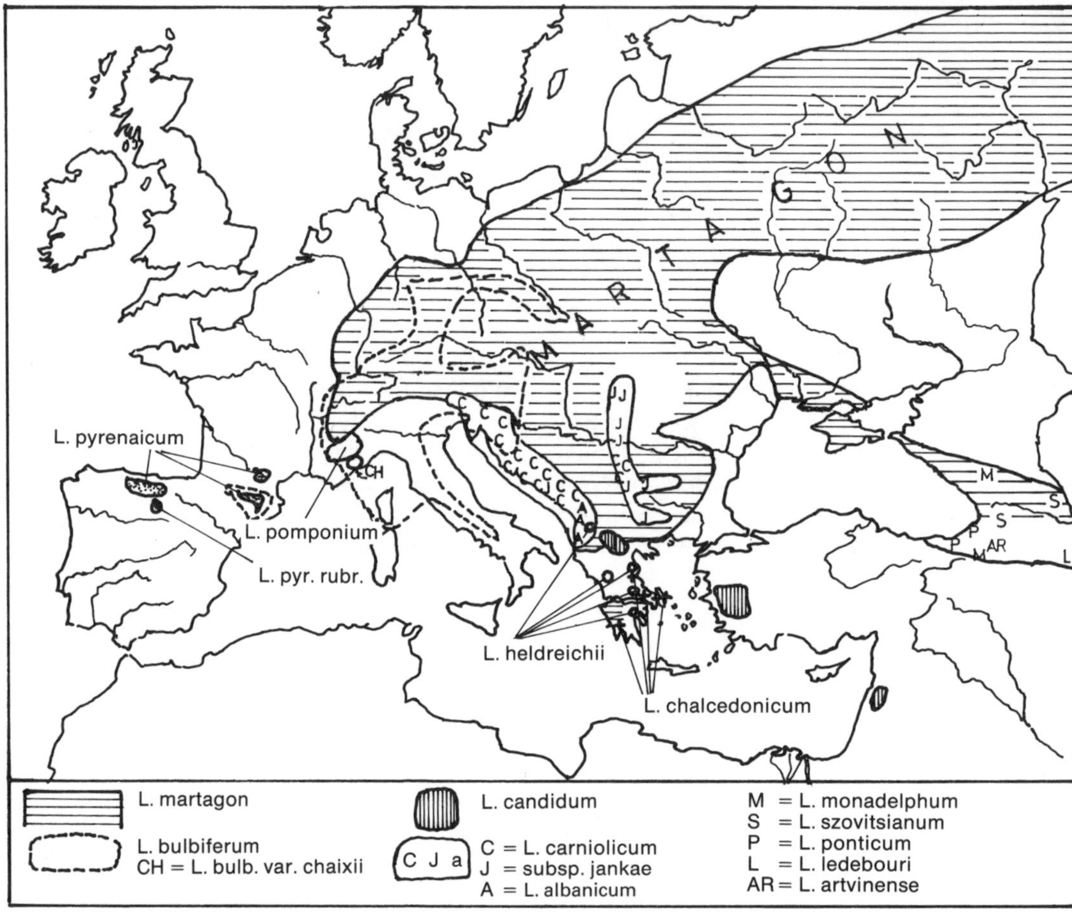

Verbreitung der Lilien in Europa

gust bringt sie eine große Zahl lachs-orangefarbener, stark zurückgeschlagener, hängender Blüten mit großen schokoladefarbenen Tupfen auf den Blütenblättern. Geheimnisvoll sind aber die schwarzen kugelförmigen Gebilde, die sie in den Blattachseln trägt. Diese Achselbulben lösen sich, fallen auf die Erde und treiben im kommenden Jahr Wurzeln und Blätter – eine feine Art sich zu vermehren. Hätten die Tigerlilien ihre Achselbulben nicht, um sich fortzupflanzen, wären sie eventuell zum Aussterben verurteilt, denn sie setzen keinen Samen an.

Die fünfte Lilie ist ebenfalls ein Geschenk Chinas: *Lilium regale,* die Königslilie. Dabei wurde diese Lilie erst 1903 in China entdeckt, aber ihre Schönheit, ein Kranz langer weißer Trichterblüten mit gelbem Schlund an eleganten, langen Stielen mit den feinen grasartigen Blättern, hat ihr rasch Eingang in unsere Gärten verschafft. Seit dem Ende des 1. Weltkrieges hat sie mit Tulpen und Hyazinthen ihren Weg aus Holland zu uns gefunden. Ihr besonderes Kennzeichen, ein starker Duft, verrät sie zur Nachtzeit schon aus der Entfernung.

Verbreitung der Wildlilien

Schon bei der Betrachtung dieser fünf Lilien können wir feststellen, daß diese in Gestalt, Wuchsform und Farbe der Blüten sehr verschieden sind, aber auch ihre Ansprüche an Boden und Klima sind sehr uneinheitlich.

Wenn wir dann noch erfahren, daß das Geschlecht der Lilien aus etwa 100 Arten, die verschiedenen Farbvariationen nicht gerechnet, besteht, wenn wir wissen, daß die Lilien rings um die nördliche Hemisphäre in der gemäßigten und in der subtropischen Zone ihre Heimat haben, daß sie in Europa, in Asien, in Japan, in Nordamerika und in Kanada gedeihen, so können wir uns vorstellen, welche Vielfalt an Gestalt, Form und Farbe dieses Genus uns bietet.

Europa ist mit nur wenigen Lilien gesegnet. Die weiteste Verbreitung hat der Türkenbund, *L. martagon.* Wir finden ihn in Mitteleuropa, er meidet die Nordseeküste, Nordwestfrankreich, die iberische Halbinsel und England, reicht dagegen nach Italien und nach Griechenland. Nach Osten erstreckt sich seine Verbreitung gar durch ganz Rußland bis an den Amur und bis zur Mongolei.

In Mitteleuropa bis nach Süditalien wächst *L. bulbiferum*, die Feuerlilie, die früher als Unkraut in den Feldern auftrat und viele zahlreichere Vorkommen hatte.

Auf ein kleines Areal in den französischen Seealpen beschränkt ist das glänzendrot blühende *L. pomponium.* Auch *L. pyrenaicum* ist in den Pyrenäen auf kleine Gebiete zurückgedrängt.

Am Balkan begegnen wir der Krainer Lilie, *L. carniolicum*, mit verschiedenen Farbvarietäten. Auf Griechenland beschränkt sind die beiden einander sehr ähnlichen *L. chalcedonicum* und *L. heldreichii.* Neu entdeckt wurde in Bulgarien *L. rhodopeum* (Abb. S. 105).

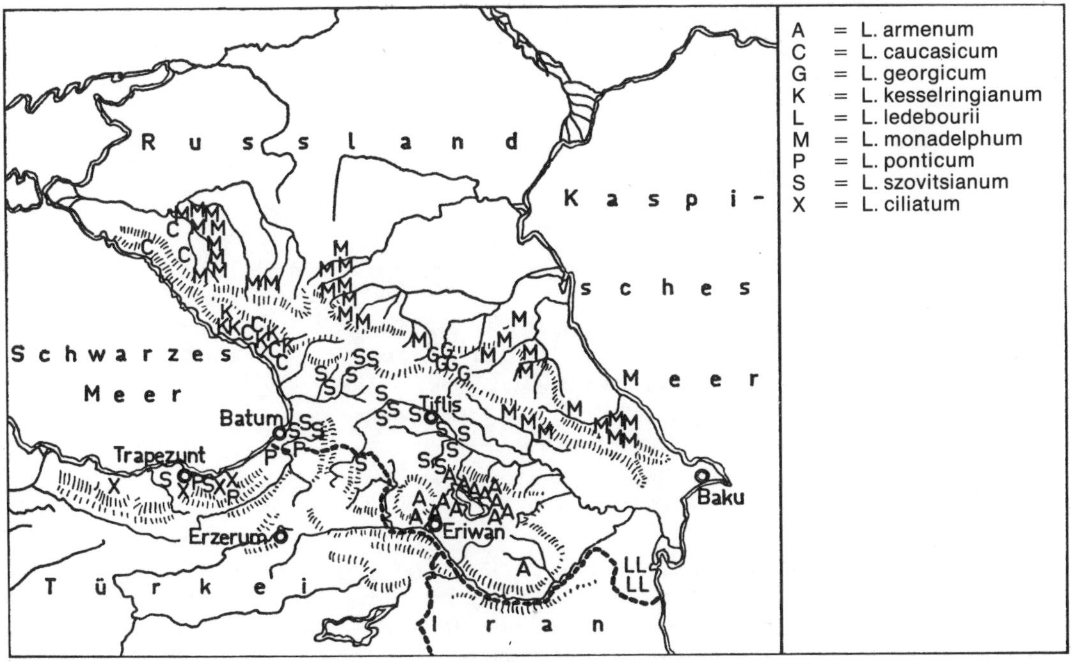

Verbreitung der Lilien im Kaukasus (nach Eremin und Furse)

Verbreitung der Lilien und der ihnen nahestehenden Gattungen in Asien

Die Heimat von *L. candidum*, der weißen Madonnenlilie, scheint Kleinasien, der Libanon und Nordgriechenland gewesen zu sein. Eindeutig dürfte sich dies heute kaum mehr feststellen lassen, denn diese Lilie galt seit altersher als eine Medizinpflanze und wurde fast im ganzen Mittelmeergebiet gezogen. In den Norden Europas kam sie wohl schon durch die Römer, später durch die Kreuzfahrer.

Asien dürfte die größte Zahl aller Lilienarten aufweisen: wir zählen heute etwa 62 Arten in Asien. Im Norden reicht ihre Verbreitung bis zum 68. nördlichen Breitengrad (*L. martagon* am Unterlauf des Jenissei). In Südindien erreicht *L. neilgherrense* mit dem 11. nördlichen Breitengrad die südlichste Verbreitung der Lilien. Bemerkenswert ist auch ihre Verbreitung der Höhe nach. Viele Lilien Japans wachsen an der Meeresküste. Im Himalaja steigen sie bis auf 4000 m Höhe.

Im Kaukasus finden wir die gelbblühenden *L. monadelphum* und *L. szovitsianum* mit einigen weiteren mehr oder weniger als Arten gesicherten Vertretern mit geringer Verbreitung. Weite Verbreitung in Rußland hat die orangegelbe Schalenlilie, *L. dauricum*, vom Altai durch ganz Sibirien bis auf die japanischen Inseln. Das zarte feine *L. pumilum* mit seinen siegellackroten Türkenbundblüten treffen wir am Baikalsee, in der Mandschurei und bis nach China. Die weitaus größte Artenzahl weisen jedoch der Gebirgszug des Himalaja, die dem Monsunwetter ausgesetzten Gebirge Burmas und Westchinas mit den Provinzen Jünnan und Szetschuan auf. Hier wurden in den letzten Jahrzehnten immer noch neue Lilienarten entdeckt und der Züchtung zugänglich gemacht.

Im Westhimalaja wachsen *L. polyphyllum*, eine Türkenbundlilie mit grünlich-cremeweißen Blüten und *L. wallichianum*, eine Trompetenlilie, mit schmalen, aber weit sich öffnenden weißen Trichtern. Im Zentralhimalaja findet sich das erbsgrün blühende *L. nepalense* und das zarte *L. oxypetalum* in 3000 bis 4000 m Höhe. Auf ein kleines Areal beschränkt, beim Durchbruch des Brahmaputra durch die Himalajaschranke, ist das Vorkommen von *L. wardii*, einer Lilie mit tiefrosa Martagonblüten. Der englische Pflanzensammler Frank Kingdon Ward hat nicht nur die vorgenannte Lilie zuerst entdeckt, sondern hat in Burma 1946 *L. mackliniae* aufgefunden, das nur auf einem einzigen Berg wächst. Sein einzigartiger Fund in Burma war jedoch *L. arboricola*, eine kleine Lilie mit apfelgrünen Blüten, die auf Bäumen wächst.

Ein Eldorado für viele Lilien sind die tiefeingeschnittenen Täler der von Nord nach Süd fließenden Ströme Irawadi, Salwin, Mekong und Jangtsekiang und die zwischen den Tälern hochragenden Gebirgsrücken, die von den aus Süden kommenden Monsunregen bestrichen werden in den chinesischen Provinzen Jünnan und Szetschuan. Hier finden sich *L. amoenum*, das vielgestaltige *L. bakerianum*, das hohe *L. davidii* mit seiner graziösen Varietät *willmottiae*, *L. duchartrei* mit marmorweißen Türkenbundblüten, *L. fargesii*, das zierliche *L. henrici*, *L. lankon-*

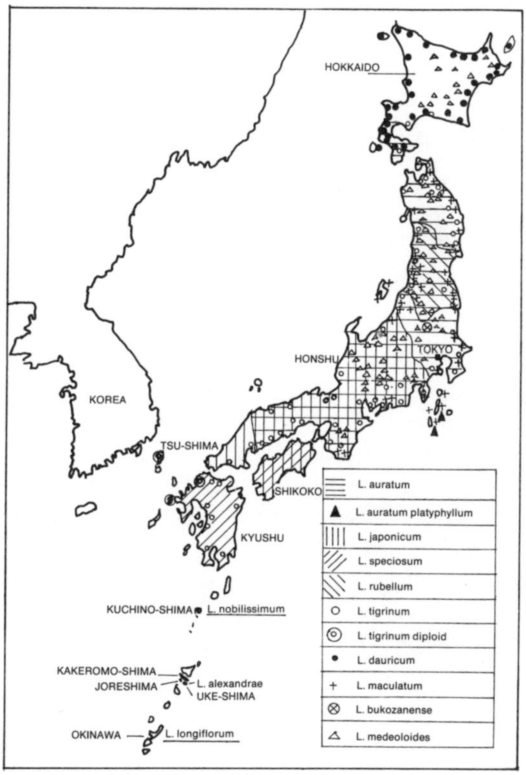

Verbreitung der Lilien in Japan

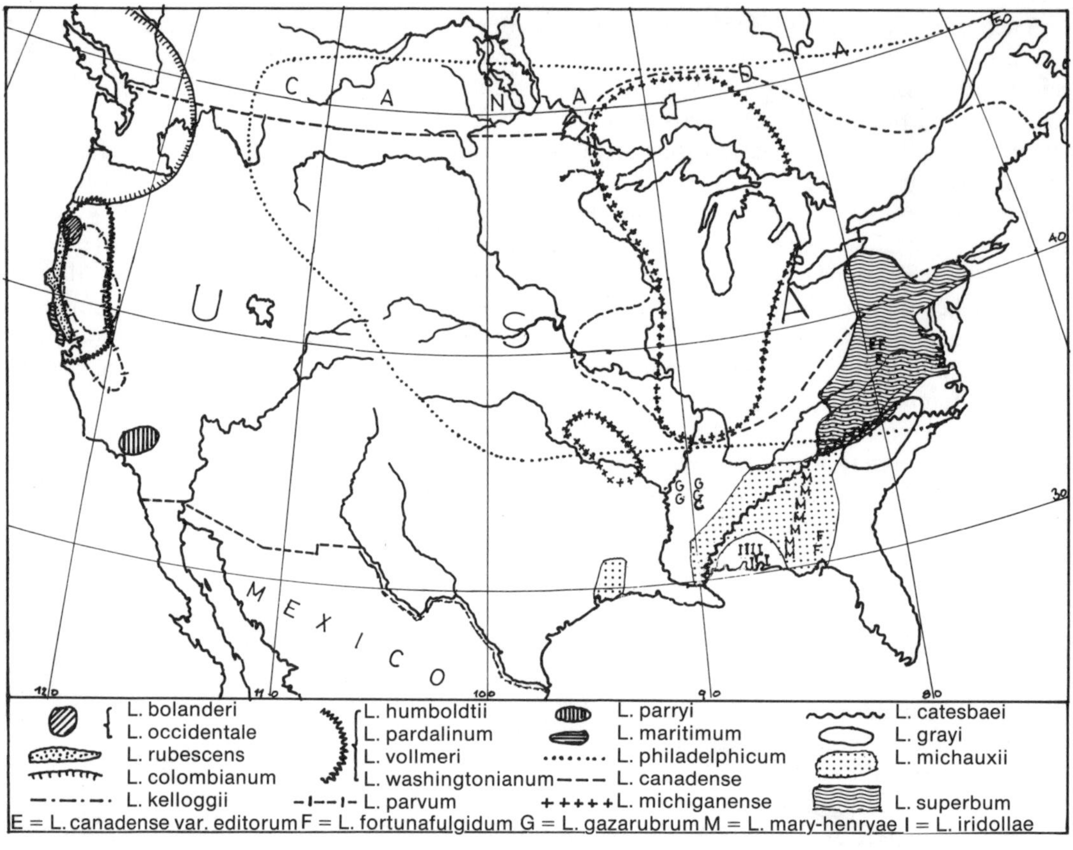

Verbreitung der Lilien in Nordamerika

gense mit zartrosa Türkenbundblüten, das seltene schwarzpurpurne *L. papilliferum* in 3000 m Höhe, das einblütige *L. paradoxum*, das stark abändernde *L. primulinum* mit grünlichgelben Blüten, das fast noch unbekannte *L. sempervivoideum*, die prächtige schwefelgelbe Trichterlilie *L. sulphureum*, das kleine seltene *L. stewartianum* und das duftende, weißblühende, purpurgesprenkelte *L. taliense*. Gesondert zu nennen sind noch die beiden 1903 von E. H. Wilson entdeckten weißen Trompetenlilien, *L. regale* und *L. sargentiae*, die im trockenen Teil von Szetschuan in zwei tief eingeschnittenen Gebirgstälern wachsen. In Mittelchina am Jangtsekiang wächst das prächtige *L. henryi*, auch das sternförmig blühende *L. concolor*.

Um Hongkong ist *L. brownii* zu Hause. Vom Fundplatz bei Tsingtau hat *L. tsingtauense* seinen Namen. Korea, Mandschurei und Kamtschatka sind die Heimat des lilablühenden *L. cernuum*, des glänzendroten *L. amabile*, des kleinblütigen ziegelroten *L. callosum* und der *L. martagon*-Geschwister *L. hansonii*, des koreanischen gelben Türkenbunds und des kleinblütigen *L. distichum*.

Auf der Insel Luzon, zu den Philippinen gehörig, finden wir eine weiße Trichterlilie, *L. philippinense*, auf steilsten Gebirgshängen wachsend. Das sehr ähnliche *L. formosanum* ist auf der Insel Formosa von Seehöhe bis zu 3660 m Höhe in verschiedenen Wuchsformen beheimatet.

Die japanischen Inseln haben uns einige der schönsten Lilien geschenkt. Von den Riukiu-Inseln kommt *L. longiflorum*, die Osterlilie, außerdem finden sich dort die Seltenheiten *L. alexandrae* und *L. nobilissimum.*

Japan selbst wurde bekannt als die Heimat einer der schönsten Lilien, *L. auratum*, der Goldbandlilie, und der ebenso prachtvollen *L. speciosum* mit ihren Spielarten. Zwei weitere japanische Lilien sind die rosablühenden Lilien *L. rubellum* und *L. japonicum. L. tigrinum* und *L. leichtlinii* kommen ebenfalls aus Japan, wo die Zwiebeln der ersteren als Nahrungsmittel und Delikatesse angebaut werden. *L. dauricum* und *L. maculatum*, zwei Schalenlilien, treffen wir im nördlichen Teil der Hauptinsel Honshu. Eine Neuentdeckung ist *L. bukozanense*, deren Fundort ein einziger Berg nördlich Tokio ist. Das Martagon-Geschwister *L. medeoloides*, die Radlilie, ist in fast ganz Japan verbreitet.

Nun macht das Vorkommen der Lilien einen Sprung über den Stillen Ozean nach Nordamerika, wo wir drei Hauptverbreitungsgebiete feststellen können. Es wird angenommen, daß die Einwanderung des Genus *Lilium* in Vorzeiten über die damals bestehende Landverbindung der Aleuten von Asien nach Nordamerika erfolgte.

Zunächst ist die pazifische Küste in Kanada und in den Staaten Washington, Oregon und Kalifornien die Heimat vieler Lilien. Im Norden hat *L. columbianum* ein großes Verbreitungsgebiet. In Oregon und Kalifornien können wir zwei Wuchstypen feststellen, den Sumpftyp und den Landtyp. Der Sumpftyp wächst vor allem an den der Küste nahen, niederschlagsreichen Gebirgshängen. Sein Kennzeichen sind Zwiebeln, die sich durch Ausläufer-Rhizome vermehren oder überhaupt ein längliches Rhizom sind und meist in sehr feuchtem Gelände und an Wasserläufen gedeihen. Dazu gehören *L. pardalinum, L. harrisianum, L. kelleyanum, L. maritimum, L. nevadense, L. occidentale, L. parvum, L. pitkinense, L. shastense, L. vollmeri, L. wigginsii.* Zu dem Landtyp mit soliden Zwiebeln, die in trockensten Lehm- und Steinböden tiefer im Gebirge, abgewandt vom Ozean, wo weniger Niederschläge fallen, wachsen, zählen *L. bolanderi, L. humboldtii, L. kelloggii, L. ocellatum, L. parryi, L. rubescens, L. washingtonianum.* Die überaus große Anzahl von Lilienspezies an der Westküste Amerikas, von Alaska bis Kalifornien, dürfte von den großen geographischen, geologischen und klimatischen Extremen in diesem Landstrich herrühren, die die Entstehung geographisch begrenzter und isolierter Rassen erzwang.

Das zweite Verbreitungsgebiet ist das weite nordamerikanische Land, von den Rocky Mountains bis zum Atlantischen Ozean, von der Seenplatte im Kanadischen Grenzgebiet bis zum Zusammenfluß von Mississippi und Missouri. Fast dieses ganze Gebiet fällt mit dem Verbreitungsgebiet von *L. philadelphicum*, der amerikanischen Schalenlilie, zusammen. Eine weite Verbreitung um die Seenplatte bis zum Mississippi haben *L. canadense* und das damit verwandte *L. michiganense.*

Das dritte Verbreitungsgebiet erstreckt sich im Südosten der USA bis nach Florida. Hier finden wir *L. grayi, L. michauxii, L. catesbaei* und *L. iridollae.*

Boden und Umwelt der Wildlilien

Wir finden Lilien auf Kalkböden, wie *L. martagon* und *L. carniolicum; L. longiflorum* wächst sogar in den Korallenriffen japanischer Inseln. Dagegen wächst die japanische Goldbandlilie in magersten vulkanischen Aschen und im Lavagestein. *L. dauri-*

cum, L. pumilum, L. concolor sind Kinder der russisch-mandschurischen Steppe. *L. rubellum* und *L. japonicum* lieben das Wurzelgestrüpp des Bambus und der *Rhododendron* mit feuchtem Untergrund. *L. sulphureum, L. primulinum, L. bakerianum, L. nepalense* gedeihen in den Monsungebirgen Burmas oder an der Südflanke des Himalaja, wo im Juni und Juli fast täglich Wolkenbrüche zur Erde stürzen, wo aber auch ab Weihnachten bis März/April tiefer Schnee die Bergflanken deckt.

Die amerikanischen Lilien der pazifischen Küste, die dem Sumpftyp angehören, stecken mit ihren Rhizomen in saurem, feuchtem Boden, oft sogar im *Sphagnum*-Sumpf, wogegen die Zwiebeln der Lilien des Landtyps in hartem, trockenem und steinigem Lehmboden gedeihen.

Wir finden Lilien, die auf Meereshöhe wachsen, wie *L. longiflorum, L. nobilissimum, L. alexandrae,* anderseits gibt es hochalpine Lilien, wie *L. papilliferum* oder *L. stewartianum*, die in 3000 bis 3600 m Höhe vorkommen. Nach Norden reichen *L. martagon* und *L. dauricum* bis zum 66. nördlichen Breitengrad, im Süden kommen *L. neilgherrense* um den 11., *L. philippinense* um den 16. Grad nördlicher Breite vor.

Auf der einen Seite ist *L. martagon* auf dem eurasiatischen Festland fast auf dessen ganzer West-Ost-Ausdehnung, *L. philadelphicum* von den Rocky Mountains bis zum Atlantik verbreitet, auf der anderen Seite gibt es Lilien, die auf kleinste Areale beschränkt sind, z.B. *L. mackliniae*, das nur auf einem Berg in Burma oder *L. pitkinense*, das nur in einem kleinsten Sumpfgebiet der kalifornischen Küste gefunden wird.

Die Zivilisation ist ein Feind der Wildlilien. Durch die Entstehung neuer Wohngebiete, Autobahnen, Industriebetriebe, durch Flurbereinigungen, Touristikbetriebe fallen nicht nur in Europa unsere wenigen Wildlilien der Ausrottung anheim, auch aus Nordamerika sind Klagen laut geworden, daß die lokalen Bestände einiger Wildlilien auf wenige Exemplare, oder daß einstmals landweite Bestände auf ein Zehntel ihres ehemaligen Umfanges zusammengeschrumpft sind.

Schwierigkeiten bei der Pflanzung von Wildlilien

Wir sehen, es gibt einige Lilien, Tausendsassas, die unter vielerlei Bedingungen zurecht kommen und so gut wie überall gedeihen, aber die meisten sind auf ganz bestimmte Bodenverhältnisse spezialisiert und gedeihen nur, wenn das Klima, das Wetter, die Regenzeit, die Frostperiode genau ihren Wünschen entsprechen, wenn Umgebung, Begleitpflanzung, Beschattung so sind, wie sie es seit Jahrtausenden gewohnt sind; so ist verständlich, daß Wildlilien oft nur von Gärtnerspezialisten gezogen werden können. Ein anderer Grund, warum es in der Lilienkultur so viele Fehlschläge gegeben hat, waren die Krankheiten, die wie Seuchen über die fremdländischen Lilien herfielen und sie vernichteten. Wenn wir daran denken, daß aus Japan jährlich viele Millionen Stück *L. auratum*-Zwiebeln oder *L. speciosum*-Zwiebeln ausgeführt werden, um in Europa oder in Nordamerika gepflanzt zu werden, so müßten eigentlich große Anlagen und Beete mit diesen Lilien bestehen. Doch wie gekommen, so zerronnen – meist gehen sie noch im gleichen Jahr an *Fusarium*-Zwiebelfäule oder in den nächsten Jahren an Viruskrankheiten zugrunde.

Eine weitere Ursache dafür, daß gerade die schönsten Lilien aus Ostasien sich so schlecht bei uns eingewöhnen konnten, lag darin, daß die Zwiebeln dieser Lilien oft wochenlang auf dem Transport waren, daß sie mit der Eisenbahn, mit dem Schiff und wieder mit der Eisenbahn reisen mußten, bis sie nach langem Lagern bei den Händlern in den Besitz des Kunden kamen. Da Lilienzwiebeln nicht wie Tulpen- oder Hyazinthenzwiebeln mit einer schützenden dichten, feuchtigkeitsundurchlässigen Haut umgeben sind, trocknen sie leicht aus, die lebenden, oft recht starken und kräftigen Wurzeln verwelken dann und sterben ab. Wird solch eine Zwiebel eingepflanzt – oft zur unrechten Zeit, wenn es ihr nicht mehr möglich ist, neue Wurzeln zu bilden –, so wird sie wohl im Frühjahr austreiben, auch blühen, aber es ist ihr infolge der fehlenden Wurzeln nicht möglich, Reservestoffe in der Zwiebel zu bilden, die für das kommende Jahr das Überleben sichern. Sie hat sich in einem Sommer erschöpft, geht ein, und wir warten im nächsten Frühjahr vergebens auf ihren Austrieb.

Überwindung der Kulturschwierigkeiten durch die Züchtung

Der Anstoß, diese Hindernisse in der Lilienkultur zu überwinden, kam nun vor allem von seiten der Züchter, die durch Kreuzung verschiedener Wildlilien die heutigen Hybridlilien schufen, von seiten der Gärtner und Kultivateure, die neue Anzucht- und Vermehrungsmethoden erprobten und einführten, von seiten der Wissenschaftler, die Krankheiten erkannten, erforschten und Gegenmittel fanden, und schließlich auch von seiten des Handels, der sich geeigneterer Verpackungsmaterialien und -methoden bediente, nicht zu vergessen die schnellen Transportmöglichkeiten durch Flugzeuge, die in Stunden das vollbringen, was vordem in Tagen nicht möglich war.

Stellen wir uns zwei Wildlilienarten vor, eine kalkliebend, also an Boden mit hohem pH-Wert gewöhnt, die andere kalkfliehend, aufgewachsen in einem Boden mit geringem pH-Wert; beide Lilien sind auf bestimmte Bodenbedingungen spezialisiert. Sobald ihnen diese Bedingungen fehlen, verkümmern sie oder fallen Krankheiten zum Opfer. Wenn es uns gelingt, beide Lilien zu kreuzen, so werden die Kreuzungssämlinge nach den Mendelschen Vererbungsgesetzen sich nicht nur äußerlich sichtbar in der Blütenfarbe, in der Haltung, in der Blattform usw. verändert haben, sondern auch einige von ihnen in ihrer einseitigen Spezialisierung auf alkalische bzw. saure Böden mehr oder weniger erschüttert sein. Wir werden aus diesen Kreuzungssämlingen welche auslesen können, die sowohl auf kalkhaltigen, wie auf sauren Böden gedeihen, also nicht mehr so einseitig wie die Eltern sind.

Ein anderes Beispiel: Wenn es gelingen sollte, *L. auratum*, die japanische Goldbandlilie, die auf sauren Boden eingestellt ist und dazu extrem maritimes Klima mit trockenen Wintern verlangt, mit dem äußerst robusten chinesischen *L. henryi*, das im Kontinentalklima Chinas auf Kalk- und Sandstein wächst, zu kreuzen, so wäre zu erwarten, daß durch den Austausch der Erbanlagen zwischen diesen beiden Lilien Hybridlilien von der Schönheit der Goldbandlilie und der Robustheit der *L. henryi* entstehen. Dazu käme noch, daß Hybridlilien im allgemeinen kräftiger und wüchsiger als ihre Eltern sind. Das wären dann Lilien, die sich ohne Schwierigkeiten auf fast jedem Boden und in jedem gemäßigten Klima ziehen ließen. Unterdessen ist Woodriff, USA, die Kreuzung *L. speciosum* var. *rubrum* × *L. henryi* gelungen. Das Ergebnis ist die äußerst robuste Lilienhybride 'Black Beauty', die in jedem Garten durchkommt.

Auch bei der Aufzucht und der Vermehrung der Lilien wurden neue Wege gegangen. Im allgemeinen wurden Lilien bisher vegetativ vermehrt, meist durch Zwiebelschuppen. Dabei wird einer Lilienzwiebel eine Anzahl der Zwiebelschuppen, aus denen die Zwiebel besteht, abgetrennt, diese durch Wärme und gleichbleibende Feuchtigkeit veranlaßt, Jungzwiebeln zu treiben, die im Laufe von Jahren zu normalen verkaufsfähigen Lilienzwiebeln heranwachsen. Nicht nur, daß diese Zwiebelschuppen oft der Fäulnis zum Opfer fallen, die aus der Zwiebelschuppe entstandene Zwiebel führt, wenn die Mutterzwiebel viruskrank war, dieses Virus ebenfalls in sich. Der Keim zum Verderb ist ihr also gewissermaßen schon in die Wiege gelegt. Weil durch Samen Viruskrankheiten nicht übertragen werden, verlegte man sich in großem Maßstab auf die Vermehrung aus Samen, wodurch die Viruskrankheiten zunächst vollständig ausgeschaltet waren. Außerdem trat unter den Sämlingen eine gewisse Variabilität ein, die es ermöglichte, die besten und kräftigsten Sämlinge auszulesen und diese wieder als Samenträger zu benützen. Diese Variabilität erlaubte außerdem, manche sonst kaum ausgeprägte Eigenschaften einer Lilie, sei es im Wuchs oder in Form und Farbe der Blüte, stärker zu betonen und herauszuzüchten.

Diese Erkenntnisse, die zum Teil von Wissenschaftlern erforscht, oft genug aber auch von Praktikern gefunden und dann wissenschaftlich bestätigt wurden, kamen den Züchtern zugute. Sie waren es, die die Vision der neuen Lilien hatten und diese schließlich in jahrelanger unermüdlicher Züchtungsarbeit schufen.

Vorzüge der Hybriden

So sind diese Hybridlilien mit einer Reihe von Vorzügen ausgestattet, die sie den alten Wildarten überlegen machen. Vor allem ist es die Wüchsigkeit. Hybridlilien sind kräftiger, stärker, wachsen meistens auch höher, tragen mehr Blüten, die wiederum größer sind als bei den elterlichen Wildsorten. Dies wird uns verständlich, wenn wir hören, daß der Züchter meist so strenge Auslese unter seinen Hybridsämlingen trifft, daß meist weniger als 1‰ der aufgezogenen Sämlinge Gnade vor seinen Augen finden und in den Handel kommen, die übrigen aber restlos vernichtet werden, weil sie in irgendeinem Merkmal oder einer Eigenschaft seinen strengen Forderungen nicht entsprachen.

Auch sind diese neuen Hybridlilien nicht mehr so sehr auf eine bestimmte Art und Beschaffenheit des Bodens spezialisiert, der Reaktionsbereich der Böden, auf denen sie gedeihen, ist breiter. Die meisten der Hybridlilien nehmen mit jedem Gartenboden, der auch für andere Stauden oder Sommerblumen geeignet ist, vorlieb. Dort gedeihen sie freudig und gesund, vermehren sich, bringen Blüten über Blüten, was bei ihren Eltern nicht der Fall war. Man braucht für diese Lilien keine Extrawurst mehr zu braten und sie auf eine speziell für sie mit besonderer Erde zurecht gemachte Ecke des Gartens zu beschränken. Das gleiche gilt für die Klimabedingungen. Aus einer großen Anzahl von Kreuzungslilien lassen sich durch zielsichere Beobachtung immer solche auslesen, die z. B. für das mitteleuropäische Klima geeignet sind und in ihm ihre optimalen Lebensbedingungen finden.

Nicht anders verhält es sich mit der Resistenz gegen verschiedene Lilienkrankheiten. Wir wissen, daß es Lilien gibt, die sehr anfällig für die Fusarium-Fäule der Zwiebeln sind. Durch Kreuzungen mit weniger anfälligen Lilien und durch Auslese ist es möglich, zu Hybriden zu kommen, die die Resistenz des einen Elters geerbt haben, dabei aber auch die Vorzüge des anderen Elters nicht verloren haben. Was die Resistenz gegen Krankheiten angeht, so können wir diese überhaupt nicht hoch genug einschätzen, hier liegt eigentlich das erste Kriterium dafür, ob eine Pflanze gartenwürdig ist oder nicht. Dies ist leicht einzusehen, wenn wir bedenken, daß alle im vorigen Jahrhundert erzielten Kreuzungshybriden durch Krankheiten eingegangen sind und nur eine einzige, *L. × testaceum*, überlebt hat.

Wir können also heute in unseren Gärten Lilien pflanzen, die gut und sicher anwachsen, nicht schon im ersten Jahr ausbleiben und die reich und jedes Jahr blühen. Wir finden Lilien für jeden Zweck, ob es nun eine Pflanzung zwischen Stauden oder eine Vorpflanzung vor Gehölzen und Sträuchern ist. Es gibt Lilien, die sich ob ihrer Zierlichkeit für Steingärten eignen, wir kennen aber auch solche, die übermannshoch wachsen und ihre Blütenköpfe zwischen Bäumen und Sträuchern durchstecken wollen. Wenn wir feuchte oder etwas schattige Plätze bepflanzen müssen, so finden wir geeignete Liliensorten dafür, ebenso wie es für sonnige, trockene Beete an Steinmauern Sorten gibt, denen die Sonne nichts ausmacht, ja die im Gegenteil gerade dort am besten gedeihen. Vergessen wir auch nicht die Lilien, die sich in Blumenschalen pflanzen lassen und dann an Eingängen, auf Terrassen und selbst in Wohnräumen ihre Blütenpracht entfalten. Durch geeignetes Treiben können wir diese herrlichen Geschöpfe schon zu Ostern oder im Laufe des Frühjahrs zur Blüte bringen.

Nicht zu übersehen ist, daß Lilien Schnittblumen par excellence sind, die die Blumenmärkte sprunghaft erobern. Allein von der orangefarbenen 'Enchantment' (Abb. Seite 142) sind 1978 in Holland 154 Millionen Schnittstiele in den Handel gekommen. Mit ihren klaren, kräftigen Farben sind Lilien ein vorzüglicher Schmuck in Wohnräumen, der 14 Tage in einer Vase ausdauern kann.

Wir sehen, daß eine Revolution eingeleitet wurde, die noch nicht zu Ende ist, deren Zeugen wir selbst sind. Dies zu begreifen, zu beherzigen, mit beiden Beinen in die Gegenwart zu springen, selbst teilzuhaben an diesem Umbruch, der die Lilienwelt ergriffen hat, ist der eigentliche Zweck dieses Buches. Mit Lilien bereichern wir unsere Gärten und uns. Nicht nur das Auge erfreut sich bei Tag an unvergleichlichen Farbtönen und fabelhaft exotischer Blütenpracht, auch Düfte, schwer, schmeichelnd oder zart und fein, irren bei Nacht durch die Gärten und sprechen unseren Geruchssinn an, wie wir dies wohl von keiner anderen Pflanzenfamilie kennen.

Die neuen Lilien im Garten und im Haus

In Holland und in den USA ist die Lilienzüchtung und die Vermehrung der Hybridlilien soweit fortgeschritten, daß jährlich Millionen von Lilienzwiebeln zur Pflanzung im Garten zur Verfügung stehen. Auch in Deutschland warten Züchter darauf, ihre Neuzüchtungen in die Gärten zur Pflanzung einführen zu können. Wir wollen uns überlegen, welche von diesen neuen Lilien sich für unsere Wünsche eignen und wie und wo wir sie in unserer Umgebung gut zur Wirkung bringen können.

Lilien für Rabatten und Ränder

Früher gab es die streng begrenzte Rabatte. Da war es beliebt, die Pflanzen nach geometrischer Ordnung in Reihen oder in Feldern zu pflanzen, was uns heute etwas steif vorkommt, auch nicht mehr so recht zu unseren Wohnhäusern paßt, die unterdessen auch ihre Symmetrie verloren haben. Aber wenn man im Garten einen längeren oder kürzeren Weg hat, der auf ein Ziel zuführt, z. B. auf die Haustür, auf einen Sitzplatz, so ist es ohne weiteres möglich, diesen Weg beiderseits gleichmäßig zu bepflanzen. Wir können dazu eine Lilie wählen, bei der alle Pflanzen möglichst gleich in Höhe und Breite und dazu noch ziemlich kompakt wachsen. Wir können für diesen Zweck eine nicht zu hohe Lilie wählen, wie 'Ming Yellow' (Abb. Seite 52) mit einem glänzenden Gelb oder 'Fireking' mit lebhaftem Rot oder die neue 'Pirate' mit glühendem Rot, die alle unter 1 m Höhe bleiben.

Durch ihre kräftigen Farben in Gelb oder Orange sind sie ein Blickfang, betonen sie die Richtung des Weges sehr stark, und das wünscht man sich auch. Durch eine begleitende Beipflanzung, die jedoch keine lauten Farben aufweisen darf, oder auch durch grüne oder graulaubige Polster, die schon vor den Lilien geblüht haben, können die Farben der Lilien noch gehoben oder es kann der Flor auf längere Zeit ausgedehnt werden. Wie wäre es mit einer Beipflanzung von *Iberis sempervirens*, der im Blatt weißfilzigen Eberraute, von *Campanula carpatica* oder var. *turbinata* oder auch *Gypsophila repens*? Als später Flor könnten *Phlox* oder Herbstastern beigepflanzt werden. Für eine begleitende frühblühende Pflanzung können Tazettnarzissen oder auch Muscarihyazinthen empfohlen werden, die auch gute Ordnung halten.

Lilien als Tonangeber

Die meisten Lilien vertragen viel Sonne, doch wünschen sie einen beschatteten Fuß, so daß die Zwiebel kühl bleibt. Was ist naheliegender, als diese Lilien bei den heute so beliebten Gruppenpflanzungen mit zu verwenden? Je nach dem Effekt, den wir erzielen wollen, ob die Lilien einen Akzent abgeben sollen, oder nur Begleitung sind, müssen wir Farbton, Höhe und Wuchsform wählen (Abb. Seite 51, 52). Starke Betonung werden alle gelb, orangegelb und orangerot und zinnoberrot blühenden Lilien bringen. Wenn die Pflanzung niedrig bleiben soll, so sind die goldgelben Golden Chalice-Hybriden empfehlenswert. Für diesen Zweck gut brauchbar sind auch die aufrecht blühenden Schalenlilien 'Red Carpet', die scharlachrote 'Red Emperor', die unifarbene, goldorange 'Charisma' und die zitron- bis aureolingelbe 'Sunray'.

Höher wachsende Lilien mit aufrecht stehenden Blüten, die im Garten gut gedeihen, sind: 'Enchantment' (Abb. Seite 142), die mit ihrem brennenden Nasturtiumorange unübertroffen in der Fernwirkung ist, 'Chinook' mit flachen ockergelben Schalen, 'Connecticut King' (Abb. Seite 33) von glänzendem Unigelb mit aureolingelbem Spiegel auf den breiten Blütenblättern, 'Sunkissed', lachsorangefarben, 'Dayspring', ein klares Gelb mit goldener Mitte, 'Sonnentiger' (Abb. Seite 124), eine etwas spätere Lilie von einem Gelb, das selbst an einem Regentag Sonne bringt, 'Treues Herz' (Abb. Seite 124), eine ausdauernde Lilie, gelb mit einem Hauch von Lachsorange, 'Sterling Star' mit reinweißen Sternschalen und rötlichen Sprenkeln.

Oftmals wirken Lilien, die mehr in der Fernsicht gesehen werden, besser, wenn die Blüten seitlich schauen; auch hier können verschiedene empfohlen werden: 'Twilight' (Abb. Seite 159) hat rein rosarote Blüten, die seitlich gerichtet sind, 'Orange Glow' ist eine niedere Lilie, nur 50 cm hoch, mit unifarbenen, rein orangeroten Blüten, gleichhoch ist 'Showboat', jedoch tief dunkelrot in der Farbe. 'Schützenlisl' (Abb. Seite 124) ist eine sehr gesunde Lilie, deren seitwärts gerichteten, orangeroten Blüten in der Gegensonne glühen. Alle diese vorgenannten Lilien bleiben in der Höhe von 60 bis 120 cm. Sie sind, ob ihrer kompakten Blütenstände, starke Farbträger, die eine Anlage beherrschen können, wenn mindestens 5 bis 10 Zwiebeln einer Sorte zusammengepflanzt werden. Ihnen müssen sich die gleichzeitig blühenden Gewächse unterordnen.

Lilien als Begleiter und für Akzente

Oft will man in ein Staudenbeet Lilien einpflanzen, die durch ihre Haltung, ihre exotische Wirkung und Schönheit auflockernd wirken sollen, die mit ihren lockeren, oft aber auch raketengleich emporschießenden Blütenständen einen Gegensatz zu niederen Stauden und Begleitpflanzen bilden. Meist genügt ein Horst von 3 Zwiebeln, um sie zur Geltung zu bringen. Zu diesen zumeist den Asiatischen Hybriden entstammenden Lilien gehören Citronella-, Burgundy- und Harlequin-Hybriden. Es sind Strains, die lange Rispen mit vielen hängenden, martagonförmigen Blüten haben, die gute ausdauernde Gartenlilien sind. 'Citronella' (Abb. Seite 141) hat zitronen- bis goldgelbe Blüten, 'Burgundy' trägt Blüten von glänzendem Blutrot, und die Harlequin-Hybriden (Abb. Seite 160) bringen pastellgetönte zwei- oder auch dreifarbene Blüten in gelb, creme und rosa. Auch 'Hornback's Gold' mit zart mimosagelben, größeren hängenden Blüten kann hier Verwendung finden. All diese Lilien werden 90 bis 120 cm hoch.

Gute Lilien, die in diese Gruppe passen, sind die 'Verbesserten Willmottiae' mit reichen Blütenrispen von roten Martagonblüten, 'Roter Prinz', Rispen mit ziegelroten Blüten und Sprenkeln, 'Algoma' mit gelben zurückgeschlagenen Blüten an langen Einzelstielen, 'Lady Fair', gelb, kleinblütig mit großen braunen Tupfen, 'Connecticut Yankee', lachsorange, 'Herold', persimmonorange, reich gesprenkelt, 'Black Butterfly', Rispen mit braunschwarzen Martagonblüten, 'Lady Dawn', lilarot mit heller Blütenmitte, 'Chaco', gedämpftes Rosa, 'Sutters Gold' mit zurückgerollten hängenden chromgelben Blüten.

Interessant sind auch die von Prof. Patterson (Kanada) gezogenen Cernuum-Hybriden, meist kleinblütig, aber mit feinen Pastelltönen, die von Dr. North (Schottland) gezogenen Lankongense-Hybriden, die ebenfalls ungewöhnliche Farbtöne von Lila und Rot bringen. Man sollte sie an exponierter Stelle pflanzen, damit man das Ungewöhnliche, das in ihnen steckt, auch geniesen kann. 'Edith Cecilia' mit zurückgeschlagenen Blüten in orange-rosa, Blüten seitlich gerichtet, blaßrosa Blüten mit weißer Mitte sind Cernuum-Hybriden. Die von Dr. North gezüchteten Lankongense-Hybriden sind sehr zuverlässig und sind nach griechischen Gottheiten benannt.

Besonderheiten im Garten können auch die Martagon-Hybriden sein, die aus Kreuzungen von *L. martagon, L. martagon* var. *album* und *L. martagon* var. *cattaniae* mit *L. hansonii* hervorgegangen sind. Sie brauchen einen kalkhaltigen Boden, was man durch Beimischung von abgesiebtem kalkmörtelhaltigem Ziegelschutt zur Gartenerde erreichen kann. Wenn ihnen der Platz zusagt, können sie steinalt werden. Außer den oben genannten Wildformen, sind die Hybriden 'Mrs. R. O. Backhouse', dunkelgelb mit Magentarot, 'Jacques S. Diyt', sehr helles Gelb, 'Jupiter', rotbraun, Paisley Strain, gelb, im Handel. Sie bringen jährlich eine immer größere Blütenrispe und blühen meist schon im Juni. Die sehr frühen Austriebe müssen bei Spätfrösten geschützt werden.

Begleitpflanzen neben Lilien

Als Begleitpflanzen für diese Lilien gibt es eine reiche Auswahl. Als niedrige Unterpflanzung sehen blaßblaue *Campanula carpatica* gut aus und heben vor allem gelbe Farbtöne. Dunkel- und mittelblauer Rittersporn steht ebenfalls gut zu diesen Lilien. Als Gegensatz zu den kompakten Farbflecken wirkt das duftige *Gypsophila*, Schleierkraut, in verschiedenen Sorten auflockernd. Zu den höheren Sorten können auch *Thalictrum*, die Wiesenraute, und hellgelbe Astilben gepflanzt werden, auch sie schmeicheln diesen Lilien.

Alle starkfarbigen Begleitpflanzen, die zu gleicher Zeit blühen, soll man fernhalten, denn sie beeinträchtigen die meist schon kräftigen Farben der Lilien. Unter allen Umständen soll man eine direkte Unterpflanzung der Lilien vermeiden. Vor allem Polsterpflanzen, wie die dichtwachsenden *Aubrieta* und niedere *Phlox* beherbergen meist Schnecken, die im Schutze der Polster im Frühjahr die aus der Erde sprießenden Lilienaustriebe abfressen, ohne daß wir es merken. Es fällt nicht nur der Lilientrieb für dieses Jahr aus, es wird auch die Zwiebel dadurch geschädigt.

Hohe Lilien als Freipflanzen

Man darf sich in einem Garten den Effekt nicht entgehen lassen, den eine Pflanzung von weißen Trichterlilien bildet. Irgendwo, am Eingang, bei einer Terrasse etwa 12 bis 20 solcher Lilien, die 100 bis 150 cm hoch werden, auf etwa 1 bis 2 m^2 zusammengepflanzt, ohne Beipflanzung, nur von Rasen umgeben, wirken außerordentlich stark, vor allem dann, wenn man sie gegen die Sonne und einen dunklen Hintergrund, eine Baumpflanzung, einen fernen Wald betrachtet. Für diese Freipflanzung eignen sich die Trumpet Strains, wie 'Black Dragon', 'Green Dragon', 'Sentinel', 'Golden Splendor', 'Pink Perfection' (Abb. Seite 34) und die echte *L. regale*. Mit der Zeit vermehren sich die Zwiebeln, so daß der Horst immer kräftiger wird.

Die höheren Aurelian-Hybriden, die es weiß, zitron, chromgelb, goldgelb bis aprikosen- und neukupferfarben gibt, werden 120 bis 200 cm hoch, je nach der Sorte. Sie können in einer Staudenpflanzung vereinzelt über die übrigen Begleitpflanzen hinwegschauen. Gut ist es auch in diesem Fall, wenn ihnen eine benachbarte höhere Gesträuch- oder Baumpflanzung Hintergrund gibt. Man kann aber auch die Lilien direkt vor diese Gesträuch- und Baumpflanzung setzen, so daß sie in diese verwoben werden und nur mit den Blüten aus dem Hintergrundgrün herausragen. Mit diesen hohen gelben und goldenen Lilien kann auch eine Zusammenpflanzung mit im Sommer und Spätsommer blühenden Stauden, wie *Helenium, Phlox, Solidago, Rudbeckia*, gewagt werden, wobei auch hier ein dunkler Laubhintergrund die Farbigkeit dieser Pflanzung hebt. Die rosa bis altrosa blühenden Pink Trumpets mit dem Pink Perfection Strain bedürfen eines besonderen Schutzes vor zu starker Sonnenbestrahlung, weil sonst ihre Farbe leidet und vergraut. Eine Beschattung während der heißen Mittagsstunden ist zu empfehlen, dementsprechend wäre der Pflanzplatz am Nord- oder Ostrand eines Gehölzes oder eines Baumes zu suchen.

Auch unter den Asiatischen Hybriden gibt es Riesen und sehr starkwüchsige Lilien, die einzeln gestellt oder besonders herausgestellt werden können. Diese werden, wenn sie unbeeinträchtigt von anderen Pflanzen stehen, 1,50 bis 2,00 m hoch. Eine schön gebaute Blütenpyramide, 150 cm hoch, mit vielen goldgelben, hängenden Blüten bringt 'Amber Gold', ebenso hohe Blütenstände mit uni orangefarbenen Blüten finden wir in der neuen 'King's Ransom'. 'Nutmegger' erreicht ebenfalls die gleiche Höhe mit 40 bis 50 kanariengelben, braun gesprenkelten Blüten. 'Brauner Bär', eine Tiger-Hybride mit seitwärts gestellten, orangebräunlichen Blüten erreicht 160 cm. 'Prawn Tiger', ebenfalls eine Tiger-Hybride mit krabbenrosa Blüten, gehört zu diesen kräftigen Wachsern. Alle diese übertrifft an Wüchsigkeit und Blütenreichtum 'Schellenbaum' (Abb. Seite 33) eine triploide Lilie, die bis 2 m hoch werden kann und bis 40 bis 50 capsicumrote, seitlich gestellte Blüten von großer Substanz trägt. Auch bei diesen riesenwüchsigen Lilien ist es gut, sie in Gruppen von mindestens 3 Zwiebeln zu pflanzen, damit sie sich gegenseitig Halt geben können.

Hintergründe für die Lilienpflanzung

Sehr hellgelb oder weiß blühende Lilien sollen einen dunklen Hintergrund erhalten, damit sich diese hellen Blüten von ihm abheben können, z.B. das dunkle Laub von *Rhododendron* oder von Nadelhölzern. Die weißen Blüten von *L. martagon* var. *album* heben sich perlgleich und zauberhaft davon ab, auch weißen Trichterlilien schmeichelt ein dunkler Hintergrund. Dagegen wirken dunkelrot blühende Lilien mit weißem *Aruncus silvester* gut, auch weiße oder hellrosa blühende Astilben kann man dafür verwenden. Wenn man besonders wertvolle und schöne Auratum-Hybriden in Containern gepflanzt hat, so kann man diese vor einer Hauswand oder einer Steinwand versenken. Die Blüten kommen dann ungestört vor dieser Wand zur Geltung. Auch die sehr hoch wachsenden Stengel von *L. henryi* können vor einer Wand stehen und gegebenenfalls angeheftet werden, sonst wirken sie leicht unordentlich.

Lilien und Rhododendron

In manchen Gegenden Deutschlands ist es schwierig, *L. auratum* und *L. speciosum* mit ihren Hybriden zu pflanzen, weil diese Lilien keinen Kalk im Boden vertragen. *Rhododendron* sind in der gleichen Lage, so daß es absolut nicht falsch ist, die beiden zusammenzuspannen; noch dazu, wenn man aus den Büchern des Pflanzensammlers Kingdon Ward erführt, daß Lilien und *Rhododendron* in den Monsunbergen Burmas und Chinas zusammen wachsen. Als Hintergrund wären hohe *Rhododendron* geeignet, während die neuen niedrigen Hybriden von D. Hobby, Linswege, mit *R. williamsianum-* und *R. repens*-Blut den Vordergrund abgeben könnten. Auf jeden Fall gedeihen beide, *Rhododendron* wie Lilien, in dem sauren moorigtorfigen Erdboden recht gut. Man kann ihnen amerikanische Wildlilien dazugesellen, wie *L. canadense, L. superbum, L. pardalinum,* sowie die Bellingham-Hybriden. Nur wünschen diese bei gleichem Boden einen feuchteren Standort. Das dunkle Laub der *Rhododendron* gibt übrigens auch einen guten Hintergrund und Schutz für die großen, weißen Trichter des *L. formosanum*, das über 200 cm hoch werden kann und meist erst spät im September bis Oktober erblüht.

Wer sich an die Riesenhimalajalilie *Cardiocrinum giganteum* (Abb. Seite 123) heranwagen will, braucht für sie einen sehr feuchten Standort, der dem ihrer Heimat, den Monsunwäldern Indiens und Burmas ähneln soll. Nicht nur der Boden soll feucht sein (ein Wassergraben mit fließendem Wasser kann dies bewirken), auch durch üppige Unterpflanzung und Schattengebung durch einige hohe Bäume soll die Luftfeuchtigkeit erhöht werden. Dann werden uns mannshohe Blütenstände mit weißen, fein duftenden Trichterlilien überraschen.

Lilien im Steingarten

Der Steingarten gewinnt immer mehr an Beliebtheit. Teils tragen ideelle Gründe dazu bei, die Freude an Gebirge und Wald, an unberührter Landschaft mit ihrer Flora, teils hat dies aber recht realistische und praktische Gründe. In einem Steingarten, seien es geschichtete Böschungsmauern, seien es künstlich aufgebaute Felsenmassen, läßt sich mehr an Pflanzen unterbringen, als auf einem ebenen Gelände. Es können auch die kleinsten Pflanzen, all die Kriecher, Polster, Fugenfüller, die Rosetten und die Kleinzwiebeln zur Geltung gebracht werden. Weil die Pflanzen erhöht oder seitlich in einer Mauer stehen, liegen sie besser im Blickpunkt des Auges, wir können sie besser betrachten und uns an ihnen erfreuen. Alpine oder Steingartenpflanzen sind meist Frühlingsblüher und es ist oft schwierig, Pflanzen zu finden, die im Sommer Farbe in den Steingarten bringen. Da können die Lilien einspringen. Ihre Blütezeit ist meist im Juni bis Juli.

Einen kräftigen Farbfleck von Orangerot bringt im Juni ein Kind der Gebirge, *L. bulbiferum*, die einheimische Feuerlilie. Ihr steht die orangefarbene, aber auch gelb blühende Steppenlilie Sibiriens, *L. dauricum*, nicht nach. Weitere Lilien der östlichen Steppen und Berge sind *L. concolor*, das uns seine Sternschalen in Rot und Gelb entgegenstreckt, *L. pumilum*, das reichlich siegellackrote, kugelrunde Blüten an eleganten Stielen trägt und *L. amabile* aus den Diamondbergen Koreas, mit glänzend orangeroten oder gelben Blüten. Vergessen wir nicht unseren einheimischen Türkenbund, *L. martagon*, und die brilliantrote Lilie der Seealpen, *L. pomponium.* Weitere Gebirgslilien sind das zierliche *L. cernuum*, das fliederfarben blüht und etwas Schatten braucht. Zu denken wäre auch an die Pflanzung einiger seltener Wildlilien aus dem Himalaya und aus den Gebirgen Chinas, z.B. an *L. wardii, L. lankongense, L. taliense, L. papilliferum.*

Alle diese Lilien sollen in mageren, steinigen Lehmboden unter Latschen und zwischen Zwerggehölzen gepflanzt werden. *L. wardii* hat an seinem Naturstandort Nadelabdeckung, *L. lankongense* braucht Platz für seine im Boden herumirrenden Triebe. Schön ist auch *L. formosanum* var. *pricei*, die alpine Zwergform von *L. formosanum*, die im

August blüht. Es bringt an 30 bis 40 cm langen Stielen bis 15 cm lange, feinröhrige Trichter, weiß mit gelbem Schlund, außen bronzefarben überlaufen. Sehr früh im Juni blüht *L. tsingtauense*, das wegen seiner Ausdauer und den schönen, glänzenden, orangefarbenen Blüten zu empfehlen ist. *L. hansonii*, der chinesische Türkenbund mit seinen hellgelben Blüten und *L. carniolicum* mit seinen verschiedenen Varianten sind als Bewohner von Gebirgen ebenfalls einen Versuch wert.

Alle diese asiatischen Wildlilien sind im Handel kaum erhältlich. Es ist am besten, sich diese aus Samen selbst zu ziehen und die 2jährigen Sämlinge ins Freiland zu verpflanzen. Samen sind meist nur durch die Tauschangebote der Liliengesellschaften zu erhalten.

Zu diesen zarten Naturkindern passen die meist kräftigen Hybridenlilien nicht, sie würden sie überwuchern. Doch haben Züchter sich auch dieser zarten Lilien angenommen und eine Reihe neuer Kreuzungen geschaffen, die die Grazie der Wildlilien mit der Wüchsigkeit der Hybriden vereinigen. Es ist hier an die Züchtungen von Dr. North, Schottland, mit *L. lankongense*, an die Kreuzungen von *L. tsingtauense* mit Martagon-Hybriden zu denken.

Leonard Marshall, Casper, Wyoming hat in jahrelanger Arbeit extrem niedere, kleinblütige asiatische Lilien gezüchtet, die sich besonders für Steingärten eignen. Sie stehen vor ihrer Einführung in den Handel.

Weil Lilien gute Dränage des Bodens brauchen, sind die aufgeschütteten Terrassen hinter Steinmauern ideale Pflanzorte, besonders auch der empfindlicheren Wildlilien. Sie lassen überreiche Niederschläge durch, andererseits ist der Boden durch die Steinbegrenzung vor zu starkem Austrocknen geschützt. Begleit- und Deckpflanzen sind sorgfältig zu wählen, sie sollen den Boden leicht abdekken, aber kein Asyl für Schnecken abgeben, weil diese gerade im Frühjahr die austreibenden Liliensprosse als den ihnen gebührenden Leckerbissen betrachten, und dazu sind uns die Lilienseltenheiten zu schade.

Lilien in Töpfen und Schalen

Mit Blumen und Grünpflanzen bepflanzte Schalen erfreuen sich heute allgemeiner Beliebtheit. Man sieht sie in öffentlichen Anlagen, auf Plätzen, in Gaststätten, Hotels, Banken, Schulen, vor den Eingängen oder auf den Terrassen von Privathäusern, in den Wohnhöfen von Einfamilienhäusern. Man findet heute im Handel sehr schön geformte Schalen aus Zementasbest, aus gebranntem Ton oder auch aus Kunst- oder Naturstein. Ihre Beliebtheit rührt daher, daß sie in doppelter Hinsicht beweglich sind. Man kann sie von einem Platz zum anderen rücken, wie man sie braucht. Aber sie sind auch beweglich hinsichtlich der Pflanzung, denn in kurzer Zeit können verblühte Pflanzen ausgewechselt oder die ganze Pflanzung erneuert werden. Besonders in Gaststätten und Hotels möchte man dem Publikum immer wieder neue Aspekte bieten.

Warum sollte man für diese Bepflanzung von Schalen und Töpfen nicht Lilien wählen? Sie eignen sich hierfür ganz vorzüglich. Ihr Duft, ihre lebhafte Farbe und ihr kräftiger Wuchs machen sie zu idealen Pflanzen, um sie in Töpfe oder Schalen zu pflanzen und sie für die Hausdekoration zu verwenden.

Bei der Auswahl der Lilienzwiebeln für diesen Zweck kommt es vor allem darauf an, Lilien zu nehmen, die reichlich und gut blühen, die eine gute Schau bieten, die nicht zu hoch werden, falls man nicht einen extra großen Pflanzbehälter hat, und die eine nicht zu lange Entwicklungszeit bis zur Blüte brauchen. Der Handel hat für diesen Zweck besonders gedrungen wachsende Lilien gezogen, die sich als Topf- und Schalenlilien eignen. Hier sind zu nennen die Rainbow- und Pastell-Hybriden, die schön rot blühenden niederen 'Red Carpet', 'Firecracker' oder 'Paprika', die unifarbene, gelbe 'Lemonglow' oder 'Sunray', die rosa 'Sunrise' oder 'Charisma' mit schönen goldorangefarbenen Schalen. Mit ihren großen Schalenblüten füllen diese Liliensorten gut, ihre kräftigen Farben haben einen Schmuckwert und ziehen den Blick auf sich. Eine solche Lilienpflanzung hält gut 14 Tage; wenn man 2 oder 3 verschiedene Sorten zusammenpflanzt, kann man den Blütenflor auf 4 bis 6 Wochen verlängern. Für Innenräume empfehlenswert sind die Osterlilien, *L. longiflorum.* In Amerika werden sie für die Osterzeit getrieben. Das sehr schöne glänzend-dunkelgrüne Laub und die langen grünlichweißen Lilientrichter sind ein außerordentlicher schöner Schmuck.

Wer etwas exotisch Schönes ziehen will, sollte die neuen Auratum-Hybriden pflanzen, wenn auch ihre Zwiebeln heute noch teuer sind. Eine solche Zwiebel, in einen Topf oder in einen Plastikeimer gepflanzt, kann blühend im Garten, auf einer Terrasse oder auch im Zimmer, je nach Bedarf, aufgestellt werden. Größere Schalen können vorteilhaft mit Hybriden von *L. alexandrae,* mit den Miniatur–Pink Glory–Klonen (Abb. Seite 195) oder mit Strahms 'Sans Souci' (Abb. Seite 205), einer Miniatur-Speciosum-Hybride bepflanzt werden. Man kann aber auch Aurelian-Hybriden oder weiße Trichterlilien pflanzen, wenn man sie mit rotblühenden Pelargonien oder Salvien unterpflanzt. Die Little Rascal Strains sind Miniatur-Auratum-Hybriden, die es in weiß, rosa, rot und in Goldbandlilienform gibt. Sie tragen breite, glänzendgrüne Blätter und lange blühende, duftende Blüten. Sie werden 25 bis 30 cm groß (Abb. Seite 178).

Man pflanzt im Herbst diese Lilienzwiebeln in Töpfe oder kauft schon die vom Gärtner in Töpfen gepflanzten und gekühlten Lilienzwiebeln. Zuerst gibt man Topfscherben oder auch einige Holzkohlenstücke zur besseren Dränage in den Topfgrund. Der Topf muß selbstverständlich ein Loch haben. Als Pflanzerde hat sich eine Mischung von 1/3 Garten- oder Lauberde, 1/3 Sand und 1/3 Torfmull bewährt, der eine Handvoll Knochenmehl beigegeben wird. Stengelwurzelnde Zwiebeln müssen tief genug (etwa 5 bis 10 cm) gesetzt werden, damit sie ihre Stengelwurzeln entwickeln können. Die mit Erde vollgefüllten Töpfe werden in einen kalten Kasten eingesetzt, mit Blättern oder Torfmull und Brettern oder Fenstern abgedeckt und bleiben dort den Winter über stehen. Sobald es wärmer wird, kann man die Töpfe herausnehmen und in einem Zimmer bei 10 bis 15 °C aufstellen. Wenn sich die Triebe zeigen, ist es notwendig, die Töpfe in volles, bestes Licht zu stellen und bei etwa 12 bis 16 °C zu halten. Wer eine Glasveranda oder ein Kalthaus hat, ist hier im Vorteil. Je nach der Sorte und der Zeit des Aufstellens werden die Rainbow- und Midcentury-Hybriden Ende April/Anfang Mai zur Blüte kommen. *L. longiflorum*-Zwiebeln brauchen länger.

Selbstverständlich ist es notwendig, stets zu gießen, doch darf nicht überbewässert werden. Alle 10 bis 14 Tage sollte ein Dungguß gegeben werden. Sobald die Blüte vorbei ist, können die Wassergaben auf ein Minimum eingeschränkt werden, damit die Zwiebeln ausreifen. Die Zwiebeln können meist in den Töpfen bleiben und ein weiteres Jahr benützt werden. Dazu wird die über der Zwiebel liegende Erde weggeschüttet und durch frische Erde ersetzt. Die Töpfe werden wieder in einen kalten Einschlag gegeben, wie schon beschrieben. Die Zwiebeln können auch ins Freiland ausgepflanzt und erst wieder ein Jahr später zum Eintopfen benützt werden.

Will man größere Schalen bepflanzen, so ist es umständlich, diese im Winter in einen Einschlag zu geben. Man kann für diesen Zweck die Lilien in Töpfen oder Kistchen vorziehen und erst in die Schalen pflanzen, wenn sie einen guten Austrieb gemacht haben. Wenn man die Wurzelballen mit Vorsicht behandelt, nehmen die Lilien dies nicht übel. Es ist auch möglich, die frühen niederen asiatischen Lilien mit den späteren Trichterlilien zusammenzupflanzen, damit wird der Flor um mindestens 4 bis 6 Wochen verlängert.

Man sollte sich wirklich die Mühe machen, einige Lilien im Herbst in Töpfe zu pflanzen. Es gibt stets Gelegenheiten, sie aufzustellen, zum mindesten geben sie eine Vorfreude auf den kommenden Lilienflor im Garten.

Lilien als Schnittblumen

Als Schnittblumen gehören Lilien zu den schönsten Blumen, die wir haben. Sie sind imposant ob ihrer Einzelgröße, sie bringen starke Farben, die dekorativ wirken, ihre Schönheit in Form und Farbe hat oft etwas Exotisches an sich, das sie den Orchideen nahebringt. Dazu haben sie eine lange Blütezeit. Störend wirkt nur manchmal, daß der Blütenstaub bei Berührung abfärbt.

Das Schneiden soll abends oder früh am Morgen erfolgen. Es ist am besten, den Stengel zu schneiden, wenn sich gerade die ersten Knospen öffnen. Stellt man dann die Lilien sofort in Wasser und schneidet nach einigen Tagen den Stengel nach, werden sich alle Knospen nacheinander öffnen, so daß man bis zu 14 Tage lang den erblühenden Stengel im Zimmer halten kann. Beim Schneiden ist darauf zu achten, daß so wenig Blätter wie möglich mitabgeschnitten werden, daß der Stengel also möglichst kurz genommen wird. Wenn der verbleibende Stengel zu wenig Laub besitzt, wird die Zwiebel für das kommende Jahr geschwächt. Ein öfteres Nachschneiden des Blütenstengels ist notwendig, damit stets ungehinderte Wasseraufnahme durch den Stengel gewährleistet ist. Auch sollen verblühte Blüten bzw. die Reste davon entfernt werden.

Langstielige Lilien, wie die Trichterlilien, die Aurelian-Hybriden und manche der Davidii-Hybriden, können Platz in großen Bodenvasen finden. Ihre oft mehr als 1 m langen Stengel wirken so am besten. Um die eventuell fehlende Stengellänge zu ersetzen, kann ein dünnes Tonkinrohr oder ein anderer Stab mit Draht an den Stengel angebunden werden. Der Stengel versinkt dadurch nicht zu tief in der Vase. Selbstverständlich muß dieser Knotenpunkt verdeckt sein und das Stengelende ins Wasser tauchen. Meist wirken mehrere Stengel mit wenigen Blüten besser und lassen sich günstiger placieren als ein Stengel mit sehr vielen Blüten. Gut und elegant wirken die weit offenen Blüten von Aurelian-Hybriden in hellem Gelb oder in Kupferfarben. Stark dekorative Wirkung haben auch die Blüten der weißen Trichterlilien, deren Rücken bronzefarben überlaufen sind und die dunkle Staubgefäße tragen. Kühle Farben bringen Trichterlilien mit grünem Blütenschlund oder die Stengel weißer Madonnenlilien. Zweige mit Blättern der Blutbuche oder von Japanischen Ahornen können als farbiger Gegenpol beigesteckt werden. Einen ungewöhnlichen, exotischen Eindruck vermitteln Blütenstiele von *L. henryi*, von *L. speciosum*-Formen, sowie die orientalischen Hybriden von *L. auratum* und *L. speciosum*. Sie sind in Form und Farbe das Exquisiteste, das man sich an Lilien vorstellen kann und tun es hierin den Orchideen gleich.

Die niedrigen Hollandicum- und Tigrium-Hybriden können in weiten Kugelvasen zu effektvollen Dekorationen aufgebaut werden. Bei Lilien mit nickenden Martagonblüten, so den Fiesta-Hybriden, den Harlequin-Hybriden oder den Patterson-Hybriden genügen zwei bis drei Stengel in einer Vase, um das Lockere, Leichte und Spielerische dieser Lilien zur Wirkung gelangen zu lassen. Ein einziger Stengel des *L. davidii* var. *willmottiae* mit seinen roten Blüten in einer weißen Porzellanvase ist von elegantester Wirkung. Einige weiße Trichterlilien mit hell- oder dunkelblauen Ritterspornen zusammen geben eine wirkungsvolle Kombination.

Lilien für Dekorationen

Sehr hübsche Dekorationen für Tafelschmuck lassen sich auch mit Lilienblüten herstellen; z.B. sehen weiße oder rote *L. speciosum*-Blüten, zusammen mit *Asparagus* in feinen Glasvasen oder Glasschalen gesteckt, entzückend aus. Auch die Aurelian-Hybriden mit ihren weit offenen, sternförmigen Blüten eignen sich vorzüglich für diesen Zweck, sie lassen farblich einen weiten Spielraum zu, gibt es sie doch weiß, zitronengelb, goldgelb, kupferfarben und auch zweifarbig.

Am schönsten und auch am originellsten wirken Lilienblüten auf japanische Art in Schalen gesteckt. Diese Blumensteckkunst, „Ikebana" genannt, ist etwas ganz anderes, als das bei uns gewohnte Blumenstellen oder Schalenstecken. Es ist wirklich eine Kunst, die in Japan durch uns nur schwer zugängliche innere Werte und Symbole geadelt wird. Beim Ikebana werden meist drei verschiedene Materialien verwendet, Blüten, Zweige, Ranken, Blätter, dazu schön geformte Schalen, Vasen, Bambusabschnitte, um formvollendete Gestecke zu machen; z.B. *L. auratum*-Blüten mit Blättern von Rex-Begonien zusammen in einer Schale gesteckt, eine Goldbandlilienblüte mit einigen Binsenschossen und weißen Nelkenblüten in einem Bambusblock, einige Aurelian-Blüten des Sunburst-Typs mit einem Stück Wurzelholz und einigen bronzefarbenen Blättern auf einer Kupferplatte, einige weiße Trichterlilien mit einem Zweig von *Cotoneaster horizontalis* und einem *Hosta*-Blatt in einem bastgeflochtenem Korb. Diese Beispiele ließen sich noch zahllos vermehren. Wie selten sieht man solche kunstvollen Gestecke, die wenig Aufwand an Material erfordern, für die aber viel Geschmack, Kunstsinn und geschickte Hände notwendig sind. Wie wenig haben solche Gestecke, die ein Ausdruck ehrwürdiger Tradition sind, mit einem Bündel Blumen in einer Vase zu tun, und dennoch sprechen sie auch uns moderne Menschen an.

Man kann diese Gestecke als einen Blickfang in einem Schaufenster verwenden, sie können eine Tafel zieren, sie können in einem Wohnzimmer dem Gast von der Hausfrau erzählen.

Weniger bei uns als in Amerika werden von Frauen und Mädchen zu festlichen Anlässen, zum Tanz Blumengestecke getragen. Für diese „Corsage" genannten Gestecke eignen sich Lilien vorzüglich. Es gibt Lilien, denen der Blütenstaub fehlt, so 'Exception' von den Gebrüdern Laan, 'Corsage' von den Oregon Bulb Farms, 'Saubermann' von Fritz Ewald, so daß ein Abfärben des Pollens auf die Kleidung vermieden wird.

Die Landschaftsgärtnerei, die Schnittblumenbetriebe, die Topfpflanzenbetriebe, auch die Blumenbinderei finden in den Lilien Rohmaterial für ihre Betriebe. Es gibt Lilien reichlich im Handel. Mit Mut und Entschlossenheit sollte versucht werden, sie in den Griff zu bekommen, ihre Wünsche und Eigenheiten zu verstehen. Dann werden sie uns ihre Schönheit offenbaren, und Haus und Garten, Geschäfte und öffentliche Anlagen werden sie mit Freuden aufnehmen.

Pflanzung der Lilien

Erwerb der Lilienzwiebeln

Wir wissen, daß die Lilien aus Zwiebeln wachsen. Diese Zwiebeln bestehen aus fleischigen, saftigen Schuppen, die jedoch nicht wie die Zwiebeln der Tulpen und Hyazinthen in trockene Häute eingehüllt sind. Tulpen-, Hyazinthen- und Krokuszwiebeln kann man wochenlang trocken und offen aufbewahren, ohne daß sie Schaden erleiden. Die fleischigen Zwiebeln der Lilien sind jedoch durch keinen natürlichen Schutz gegen das Austrocknen gefeit. Es ist nun von entscheidender Bedeutung für das Anwachsen der Lilienzwiebeln, daß man diese frisch und saftig (nicht ausgetrocknet und schrumpelig) erhält, damit die Wurzeln intakt und nicht braun und vertrocknet sind. Zwiebeln, die lange Zeit frei und ungeschützt herumliegen, die in Geschäften offen feilgeboten werden, in welchen meist warme, trockene Luft herrscht, sowie Lilienzwiebeln, die lange in Plastikbeuteln in den Geschäften zum Verkauf liegen, sind meist stark ausgetrocknet und die Wurzeln verdorrt. Mit solchen Zwiebeln wird man keine großen Erfolge haben, denn sie treiben schlecht aus. Das Fehlen von intakten Wurzeln beeinträchtigt die Lebensfähigkeit der Lilie, denn ohne Wurzeln kann die Zwiebel während der Wachstumszeit ihren Nahrungsvorrat nicht ergänzen. Solchermaßen geschwächte Zwiebeln werden schnell das Opfer von Krankheiten und Schädlingen.

Vorbedingung für die Pflanzung von Lilien ist daher der Erwerb frischer Zwiebeln, die nur kurze Zeit außerhalb der Erde waren. An und für sich wäre dem Erwerb von einheimischen Zwiebeln der Vorzug zu geben, denn hier hätte man die Gewähr, daß man sie frühzeitig bei kurzem Transportweg erhält. Da aber infolge des Fehlens von Lilienkulturen in Deutschland eine einheimische Ernte von Zwiebeln kaum zur Verfügung steht, sind wir auf Importe angewiesen, die meist aus Holland oder den USA kommen. Bestellt man rechtzeitig für die Herbstlieferung, so kann man Ende Oktober/Anfang November auf frische Lieferung aus den USA rechnen. Damit die Zwiebeln nicht austrocknen, werden sie meist mit Vermiculite oder Hobelspänen in Plastikbeutel verpackt. Nach der Ankunft sind die Pakete kühl zu stellen und die Zwiebeln möglichst sofort zu pflanzen. Die sofortige Pflanzung ist besonders wichtig bei Sendungen, die frisch aus dem Kühlraum im Frühjahr eingehen.

Pflanzen der Zwiebeln

Die Pflanzstellen wird man schon im Frühherbst rechtzeitig vorbereiten und sie mit einer Abdeckung von Laub, Stroh und Strohmatten frostfrei halten. Sollte frühzeitig Frost eintreten oder sich die Zwiebellieferung verzögern, so kann man nach dem Abräumen der Deckung immer noch pflanzen, denn der Boden unter der Abdeckung ist noch offen und nicht gefroren.

Amerikanische Wildlilien sollen bis zum September gepflanzt sein. Dr. S. L. Emsweller hat festgestellt, daß die Zwiebeln dieser Lilien bei späterer Pflanzung keine neuen Wurzeln treiben, also nicht anwurzeln und dadurch leicht verderben.

Wasserabzug

Wir müssen wissen, daß Lilien guten Wasserabzug im Boden brauchen, weil stehende Nässe für sie den Tod bedeutet. Untersucht man das Vorkommen von Lilien in ihrer Wildheimat, so stößt man immer wieder auf die Tatsache, daß Lilien meist auf Hängen, oft sogar auf sehr steilen Hängen wachsen; weiterhin, daß der Boden, in welchem sie gedeihen, stets sehr wasserdurchlässig ist, sei es nun Felsboden, der mit den Verwitterungsbestandteilen und Laubhumus bedeckt ist, seien es mit Humus gefüllte Felsspalten oder Geröll- und Sandboden mit leichter Humusabdeckung.

L. auratum und *L. speciosum* wachsen in Japan in äußerst wasserdurchlässigen vulkanischen Geröll- und Aschenböden. Erinnern wir uns der Fotos, die E. H. Wilson in seinem Buch „Lilies of Eastern Asia“ wiedergibt, oder der Bilder in den englischen und amerikanischen Lilienjahrbüchern, wo Lilien im Wildstand gezeigt werden. Immer stehen diese Lilien, ob *L. regale, L. henryi, L. wallichianum* oder *L. philippinense*, auf steilen, oft felsigen Hängen und die Lilienstengel mit ihren Blüten hängen elegant über. Die einzige Ausnahme von dieser Regel machen die amerikanischen Wildlilien der Pazifikküste, die „Sumpftyp-Lilien“, denen eine zeitweilige Wasserüberschwemmung nichts schadet. Schwere wasserundurchlässige Lehm- und Tonböden bedeuten für alle Lilien das Todesurteil. Sie sind zu vermeiden oder müssen aufbereitet und mit einer Dränage versehen werden.

Auswahl des Pflanzortes

Als Pflanzorte im Garten sind vor allem Hänge günstig, die durch ihre Neigung einen natürlichen Wasserabzug gewährleisten. Bei solchem hängigen Gelände können sehr leicht Terrassenanlagen geschaffen werden, indem man die Erde an einer Stelle abgräbt und an anderer Stelle aufhäuft. Diese Terrassen können durch Steinmauern oder lockere Steinsetzungen gehalten werden, dabei ist an der tiefsten Stelle durch den Einbau von Kies oder Bauschutt der Wasserabfluß zu sichern (Abb. Seite 35).

Oben links: 'Connecticut King', eine cadmiumgelbe Asiatische Hybride, in Gesellschaft mit roten Lilien. Oben rechts: 'Red Lion', eine schön aufgebaute Lilie mit seitlich gerichteten reinroten Schalenblüten für Schnitt und Garten. Unten links: 'Picasso' von den Oregon Bulb Farms, eine neue orangefarbene Lilie, auf den Blütenblättern mit bräunlich-violetten „brushmarks“ (Pinselstrichen) gezeichnet, sehr originell und farbenfroh. Unten rechts: 'Schellenbaum' von Carl Feldmaier, eine robuste, triploide Lilie, die über 2 m hoch wird und bis 50 leuchtend rote Blüten tragen kann.

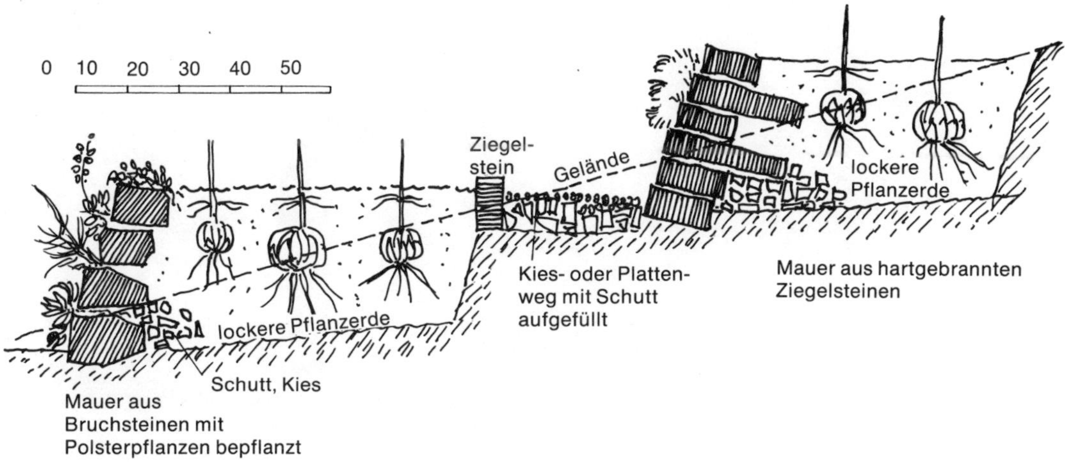

Pflanzung am Hang mit Terrassierung

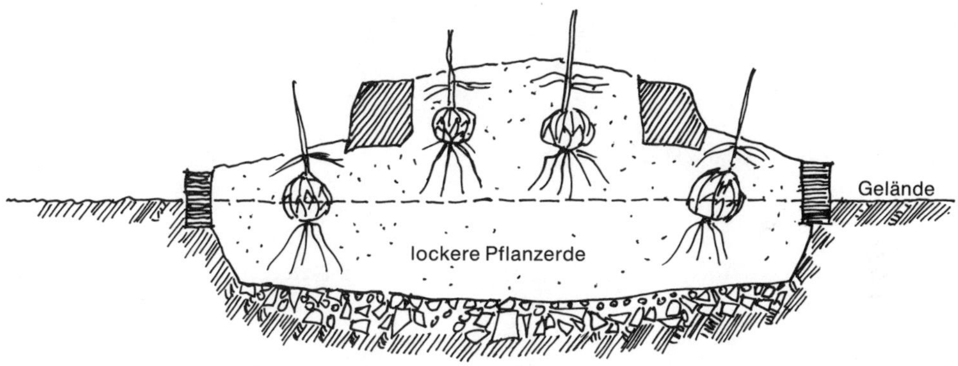

Erhöhte Pflanzung in der Ebene

Oben links: *L. candidum,* ein Strain von Professor George Slate. Oben rechts: 'Black Dragon', 'Golden Splendor', 'Pink Perfektion', drei formvollendete und beste Trichterlilien der Oregon Bulb Farms. Unten links: *L. bulbiferum,* die einheimische Feuerlilie, besticht durch ihr leuchtendes Rotorange. Unten rechts: 'Red Ruby'.

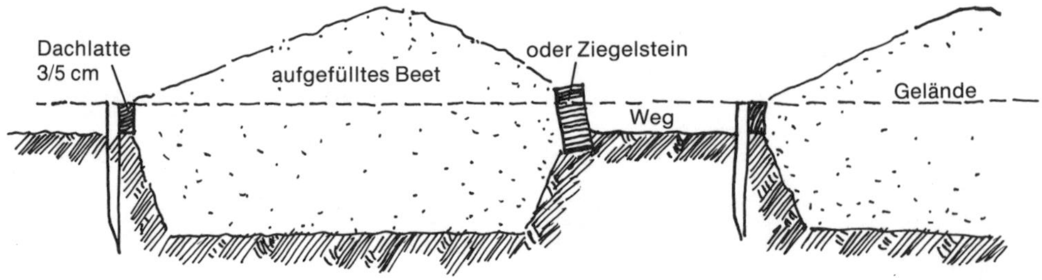

Erhöhte Beete

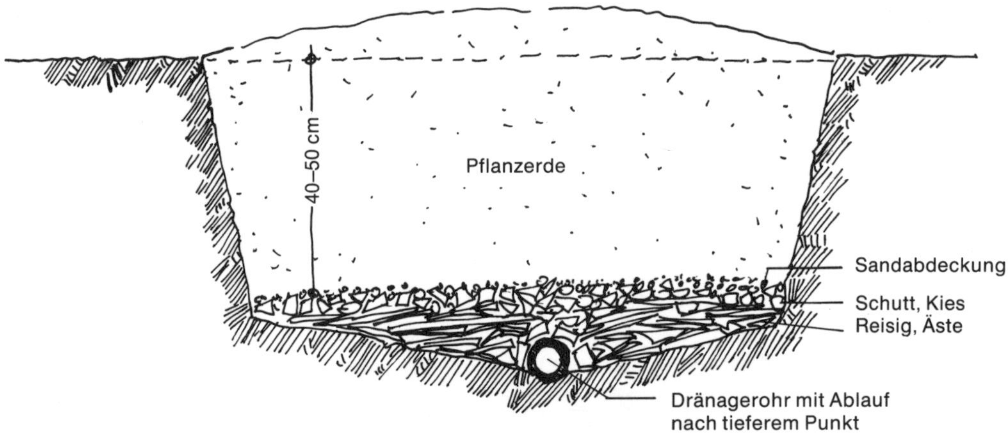

Tiefes Pflanzloch mit Dränage für schwierige Lilien

Will oder muß man in ebenem Gelände Lilien pflanzen, so ist anzuraten, künstliche Erhebungen zu schaffen, auf welchen die Zwiebeln gepflanzt werden. Diese erhöhten Beete können eine Einfassung von Ziegelsteinen, Natursteinen oder auch von Holzriegeln erhalten. Die Erde für die Aufschüttung kann durch Aushub oder auch durch Anfahren erhalten werden (Abb. Seite 35, 36).

Wer schwierige Lilien, in Japan oder in Nordamerika beheimatete Wildlilien, ziehen will, muß durchlässigen Boden bis 50 cm Tiefe schaffen. Die Dränage kann dadurch hergestellt werden, daß das ausgehobene Loch oder der ausgehobene Graben zunächst mit Reisig und Schutt gefüllt wird, worauf die Aushuberde, die noch durch Sand, Torfmull, Laubhumus verbessert sein muß, daraufgesetzt wird (Abb. oben).

Vorbereitung der Pflanzerde

Fordert schon die Wahl des Standortes besondere Sorgfalt, so ist auch die Pflanzerde besonders sorgfältig vorzubereiten. Wo stark sandiger Boden vorhanden ist, müssen wir bemüht sein, durch Beigabe von Humuserde, Lauberde, Walderde oder Torfmull den Boden wasserhaltiger und nährstoffreicher zu machen.

Sandiger, humusreicher Lehmboden ist ein idealer Pflanzboden für Lilien, auch hier kann durch Beifügen von Torfmull eine bessere Pufferung des Bodens erreicht werden, d.h. Torfmull überbrückt alle schädlichen und einseitigen Einflüsse besser als dies der reine Boden kann.

Lehmboden muß durch Beimischen von Sand und Torfmull aufgelockert werden, die Beigabe von abgelagerter Rasenerde und von Laubhumus sichert die Ernährung der Zwiebeln.

Schwerer Lehm- und Tonboden muß stark mit Sand, Lauberde und Torf vermischt und mehrmals umgestochen werden. Für diesen schweren Boden empfiehlt es sich auch, Styropor-Flocken zur Auflockerung zu verwenden. Man streut die Flocken etwa 5 cm hoch auf und gräbt sie unter. Styropor ist ein künstlich hergestellter Kunstharzschaum, der meist in Platten geschnitten für Isolierzwecke gebraucht wird und unter verschiedenen Namen im Handel ist. Die daraus hergestellten weißen Flocken sind außerordentlich leicht und bewirken rein mechanisch die Auflockerung des Bodens und so eine bessere Belüftung. Düngewert haben sie nicht.

Düngung

Wichtig ist es auch zu wissen, ob man einen neutralen, einen sauren oder einen alkalischen Boden für die Pflanzung hat. Der Säuregehalt des Bodens wird in pH-Werten gemessen. Ein pH-Wert von 7 bedeutet einen neutralen Boden. Für Lilien bevorzugt man einen leicht sauren Boden mit einem pH-Wert von 5,5 bis 6,5. Stärker saure Böden vertragen die japanischen Lilien *L. auratum, L. speciosum* usw. und die amerikanischen Sumpftyp-Lilien, auch *L. canadense.* Für diese Lilien ist ein pH-Wert bis zu 4 angebracht, dagegen vertragen *L. martagon* und *L. candidum* pH-Werte zwischen 6 und 7. Für die Messung der pH-Zahl gibt es einfache Hilfsmittel und Reagenzpapiere. Ist ein Boden zu sauer, so kann er durch Beimischung von kohlensaurem Kalk, gebranntem Kalk oder Thomasmehl entsäuert werden. Andererseits wird alkalischer Boden durch reiche Beimischung von Lauberde oder Torfmull saurer gemacht. Auch die Beigabe von Superphosphat, von Schwefelblüte oder Aluminiumsulfat hat die gleiche Wirkung. Verschiedene Lilien verlangen ebenso wie *Rhododendron* oder verschiedene asiatische Enziane kalkfreien Boden und wollen auch mit kalkfreiem Regenwasser gegossen werden. Dazu gehören die vorgenannten japanischen und nordamerikanischen Lilien.

Frischer tierischer Dünger ist Gift für die Lilien. Wenn solcher Dünger zur Verfügung steht, so sollte er 2 Jahre alt sein und nur im Herbst oder im Frühjahr zur Abdeckung der Pflanzflächen leicht aufgebracht, aber nicht untergegraben werden. Mit den Zwiebeln soll er wegen der Gefahr der Fusarium-Fäule nie zusammengebracht werden. Sehr strohiger, abgelagerter Stallmist kann dagegen gut bei Neupflanzungen als Abdeckung während der Winterzeit verwendet werden.

Handelsdünger, und zwar Volldünger wie er für den Kartoffelanbau gebraucht wird, also mit geringerem Stickstoff- aber höherem Kaligehalt, ist in den meisten Fällen empfehlenswert. Man streut ihn im Frühjahr, sobald der Schnee schmilzt, damit er mit dem Schmelzwasser in den Boden eindringt. Eine zweite Gabe kann gestreut werden, sobald die Lilien austreiben. Wenn der Dünger flüssig eingebracht werden soll, so löst man diesen in der Gießkanne unter Umrühren auf. Mit einer 0,3 %igen Lösung, 30 g (eine geschlossene Hand voll) auf die 10-l-Kanne, kann man öfters im Laufe der Wachstumsperiode bei trockenem Wetter gießen. Absolut vermieden werden soll eine Düngung nach dem Blühen der Lilien, denn zu diesem Zeitpunkt nehmen die Lilien keinen Stickstoff auf, nur noch Kali. Erstens wäre es Verschwendung, zweitens bestünde die Gefahr, daß die Zwiebel von *Fusarium* befallen wird.

Über die Menge des zu streuenden oder zu verwendenden Handelsdüngers lassen sich schwer Angaben machen, weil sich diese nach dem Versorgungszustand und der Art des Bodens richten, doch sollte im Jahr eine Gesamtmenge von 100 g je m^2 nicht überschritten werden.

Wie bei allen Zwiebelgewächsen scheint eine reichliche Versorgung des Bodens mit Kali wichtig zu sein. Bemerkenswert sind in dieser Hinsicht die oftmaligen Beobachtungen im westlichen Nordamerika, daß nach Waldbränden die Lilien im folgenden Jahr in diesen Gebieten besonders gut und kräftig wachsen und blühen. Dies wird auf die zusätzliche Düngung durch die beim Brand entstandene Holzasche, die Kali in Form von Pottasche enthält, zurückgeführt. Ein südafrikanischer Lilienzüchter behauptet, daß durch zusätzliche Kalidüngung Befall durch *Botrytis* hintangehalten werden kann. Man sieht daraus, daß man beim Düngen von Lilien keine großen Experimente anstellen, vor allem Überdüngung vermeiden soll.

Mulchen

Ein anderes Mittel zur Verbesserung der Böden ist das Mulchen. Darunter versteht man das Abdecken des Bodens während der Vegetationsperiode der Lilien mit verschiedenen, meist leicht verrottenden Stoffen. Man kann die Pflanzfläche mit dem beim Rasenmähen anfallenden Gras abdecken oder, wie es die Engländer machen, gehacktes Farnkraut, das kalireich ist, dafür verwenden. Auch Säge- und Hobelspäne werden namentlich in Nordamerika viel verwendet. Dieses Material, wie auch gehäckseltes Stroh dient auch als Frostschutz für die Zwiebeln im Winter. Stroh ist zu vermeiden, wenn Mäuse in der Gegend vorkommen. Diese können unter dem Stroh den Winter über nisten und gleichzeitig sämtliche Lilienzwiebeln als Winterproviant auffressen. Bei Verwendung von Sägespänen muß im Frühjahr gesondert mit Stickstoffdünger nachgedüngt werden, weil durch das Verrotten der Sägespäne der Stickstoff im Boden verbraucht wird. Das Mulchmaterial mischt sich im Lauf der Zeit mit dem Boden und lockert ihn. Der Hauptzweck des Mulchens ist jedoch, den Boden vor Sonnenbestrahlung zu schützen und dadurch kühl zu halten, denn Lilien wollen einen kühlen Stand für die Zwiebel haben. Ein Mulchen zur Zeit der Spätfröste kann Nachteile haben, weil über gemulchtem Grund infolge der fehlenden Wärmeausstrahlung aus dem Boden die Temperaturen über dem Boden noch tiefer absinken.

Es soll an dieser Stelle nicht unerwähnt bleiben, daß auf Lilienschädlinge und Pilzkrankheiten im Boden zu achten ist, welche die gepflanzten Lilien befallen und zum Teil vernichten können. Darüber wird noch eingehend in einem besonderen Kapitel gesprochen. Was aber schon vor dem Pflanzen vorbeugend zu tun ist, soll gleich hier angeführt werden. Sind Wühlmäuse im Garten, wird man die zu pflanzenden Lilienzwiebeln mit Stäubemitteln behandeln, auch in Drahtgeflecht oder Drahtkörbe einbetten. Gegen Engerlinge, Drahtwürmer und Erdraupen können die im Gartenbedarfshandel erhältlichen Streumittel mit untergegraben werden. Vorbeugend gegen die gefürchtete Fusarium-Fäule kann ein Fungizid in den Boden mit eingebracht werden. Man wird sich hier jeweils an die auf den Packungen angegebenen Mengen halten und auf alle übrigen Vorschriften genau achten.

Einpflanzen der Zwiebeln

Haben wir die Pflanzstellen im Herbst rechtzeitig vorbereitet, so können wir die Lilienzwiebeln sofort nach ihrer Ankunft pflanzen. Wie wir schon hörten, ist die frühest mögliche Pflanzung die beste. Wir teilen die Zwiebeln auf der Pflanzfläche aus, wobei wir gleiche Zwiebeln gleicher Sorten zu Gruppen zusammenziehen. Die Entfernung der Zwiebeln voneinander hängt stark von der Größe der Zwiebeln und von der zu erwartenden Stengelhöhe ab. Kleine Zwiebeln kann man auf 10 bis 20 cm zusammenpflanzen, während langstengelige Lilien mit großen Zwiebeln 20 bis 50 cm auseinander stehen sollen. Bei der Auswahl der Pflanzplätze ist, wie schon früher bemerkt, auf die Ansprüche der Lilien Rücksicht zu nehmen, ob saurer oder alkalischer Boden zusagt, ob der Boden frischer und feuchter sein soll als normal, ob für die zu pflanzenden Lilien Halbschatten oder Schatten notwendig ist. Viele Lilien, namentlich gelbe Aurelian-Hybriden und rosafarbene Centifolium-Hybriden, verbleichen oder vergrauen in voller Sonne. Ein Platz, an dem sie nur für einige Stunden Sonne haben, wird ihnen bekömmlicher sein.

Haben wir die Zwiebeln auf die vorbereiteten Pflanzstellen verteilt, heben wir die Löcher aus, in die sie gepflanzt werden sollen. Die Tiefe der Pflanzung hängt im wesentlichen von der Größe der Zwiebel und der Bodenart ab. In einem schweren Boden ist weniger Erdüberdeckung notwendig als in einem leichten sandigen Boden. Als Faustregel kann gelten, daß die Zwiebel dreimal so tief liegen soll, wie sie hoch ist. So müßte also eine 4 cm hohe Zwiebel ein 12 cm tiefes Loch haben. Eine Ausnahme von dieser Regel machen zwei Lilien, *L. candidum* und *Cardiocrinum giganteum.* Über den Zwiebeln dieser beiden Lilien soll nicht mehr als ein Finger breit Erde sein. Dazu muß *L. candidum* schon um die August-September-Wende gepflanzt werden, denn es treibt im Herbst noch einen Schopf von grünen Blättern, die überwintern. Das gegrabene Loch soll groß genug sein, damit man die Wurzeln der zu pflanzenden Zwiebel ausbreiten kann.

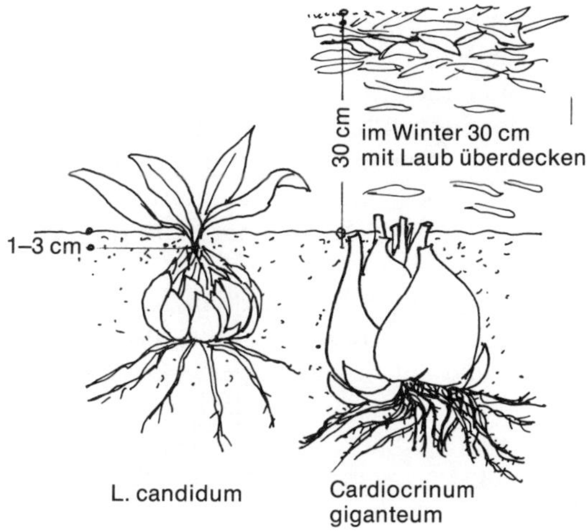

Pflanzung von *L. candidum* und *Cardiocrinum giganteum*

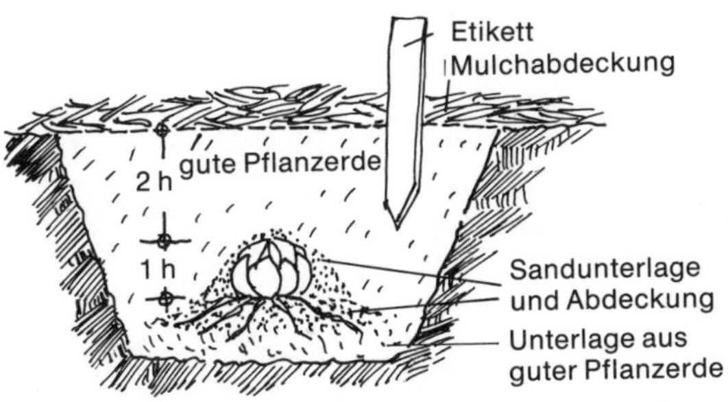

Anlage des Pflanzloches

Um die Zwiebel vor einem Befall von Fusarium-Fäule zu schützen, die bisher jede Lilienpflanzung mit Verderben bedrohte, wird sie mit Sand, dem ein Fungizid beigemischt ist, umgeben. Dazu mischt man einen Eimer Sand innig mit einem Fungizid nach Vorschrift und gibt eine kleine Handschaufel dieses Sandes in die Pflanzgrube als Unterlage für die Zwiebel, setzt die Zwiebel und breitet ihre Wurzeln aus. Schließlich deckt man die Zwiebel mit einer zweiten Handschaufel des präparierten Sandes zu. Die Pflanzung der Lilienzwiebeln in ein Sandbett und die Abdeckung mit Sand ist das einfachste und wirkungsvollste Mittel, um die Zwiebel vor Würmern, Engerlingen, Tausendfüßlern und vor Zwiebelbodenfäule zu schützen.

Hat man größere Mengen von Zwiebeln, z.B. für ein größeres Beet, vorzubereiten, so kann man die Zwiebeln auch einige Minuten in eine Fungizid-Aufschwemmung tauchen und nach kurzem Abtrocknen an der Luft pflanzen. Die Sandeinhüllung kann auf die gleiche Art und Weise vorgenommen werden.

Anschließend wird das Pflanzloch mit der ausgehobenen Erde eingefüllt, diese angedrückt und ein Etikett beigesteckt. Wir dürfen uns nicht auf unser Gedächtnis verlassen, denn im Frühjahr wissen wir meist nicht mehr, wo und was im Herbst gepflanzt wurde. Zu empfehlen ist ein kräftiges, stabiles Stecketikett, das nicht durch den Wind verweht und vom Wetter ausgebleicht wird. Zum Etikettenschreiben gibt es Spezialtuschen und -stifte.

Damit spätere Bodenfröste keinen Schaden anrichten, soll die frische Pflanzstelle mit Laub, Stroh oder Holzwolle nach der Pflanzung abgedeckt werden.

Sollten Lilienzwiebeln im Herbst erst so spät eintreffen, daß es nicht mehr ratsam ist, sie einzupflanzen, oder daß der Boden schon gefroren ist, so können diese Zwiebeln ohne weiteres im kalten Keller, in einem Plastikbeutel mit trockenem Torfmull eingeschlagen, bei Temperaturen von + 6° bis 0°C aufbewahrt werden. Nach S.L. Emsweller hat sich am besten ein Einschlag mit trockenem *Sphagnum* (Torfmoos) bei 0°C bewährt. Diese Lilien können im Frühjahr, sobald Schnee und Frost vergangen sind, ins Freiland gepflanzt werden.

Verpflanzen von Lilien

Sind die Zwiebeln einmal richtig angewachsen, gedeihen und blühen, so kann man sie fast zu jeder Zeit umsetzen, wenn man darauf achtet, daß man einen Wurzelballen mit aussticht, dabei die Wurzeln nicht beschädigt und sofort wieder einpflanzt. Die günstigste Verpflanzzeit ist der Herbst, am besten September oder Oktober, je früher desto besser. Falls an der Zwiebel schlechte Schuppen sitzen, so werden diese entfernt und die Zwiebel mit einem Fungizid eingestäubt oder in einer Aufschwemmung eines Fungizides in Wasser gebadet. Ins neue Pflanzloch gibt man eine kleine Pflanzschaufel voll Sand, breitet die Wurzeln aus und deckt mit einer weiteren kleinen Pflanzschaufel Sand ab. Dann wird die Pflanzerde beigefüllt und angedrückt. Gut lassen sich Lilien auch im Frühjahr, kurz bevor sie austreiben, versetzen. Dies muß aber mit besonderer Vorsicht geschehen, damit man den schon gebildeten Trieb nicht abbricht, sonst fallen der Trieb und die Blüte für dieses Jahr aus.

Besondere Beachtung verdient die Tatsache, daß die meisten Lilien am Trieb über der Zwiebel Stengelwurzeln entwickeln, die zur Ernährung der Zwiebel beitragen. Daher muß die Zwiebel immer so hoch mit Erde abgedeckt sein, daß diese Stengelwurzeln in der Erde sitzen und ihr Nährstoffe entziehen können. Deshalb auch der Rat, die Abdekkung mit guter, nährstoffreicher Erde herzustellen. Die Lilien danken dies durch kräftiges Wachstum.

Botanisches über die Lilien

Was ist eine Lilie?

In den vorhergegangenen Kapiteln haben wir über unsere Beziehungen zu den Lilien im Garten gesprochen. In diesem Kapitel soll eine botanische Charakterisierung der Lilien gegeben werden, ohne wissenschaftlich zu werden. Doch ist es für den Lilienfreund und den Lilienzüchter von praktischem Wert, über Formen und Lebensfunktionen der Lilien Bescheid zu wissen.

Die Lilien gehören botanisch zu den Monocotyledoneae, den Einkeimblättrigen. Diese haben nur ein Keimblatt, im Gegensatz zu den Dicotyledoneae, den Zweikeimblättrigen, die ein doppeltes Keimblatt hervorbringen. Innerhalb der großen Klasse der Monocotyledonen gehören die Lilien zur Familie der Liliaceae (Liliengewächse), einer Familie, der hauptsächlich Zwiebelpflanzen angehören. Außer der Gattung (Genus) *Lilium* finden wir in dieser Familie noch eine große Anzahl von Zierpflanzen, so *Allium* (Lauch), *Colchicum* (Herbstzeitlose), *Eremurus* (Lilienschweif), *Convallaria* (Maiglöckchen) und viele andere.

Die Kennzeichen einer echten Lilie (= *Lilium*) sind (Abb. Seite 42):

1. Eine Zwiebel mit Schuppen, die sich verhältnismäßig lose überlappen und die nicht wie bei *Allium*, z. B. bei der Küchenzwiebel *(A. cepa)* von einer häutigen Schale umgeben sind.
2. Ein mit Blättern besetzter Blütenstengel, dem grundständige Blätter meist fehlen (Ausnahme z. B die Madonnenlilie).
3. Längliche, nicht herzförmige Blätter mit in Längsrichtung gleichlaufenden Adern; Blätter nicht eingerollt, sondern flach im jungen Zustand.
4. Eine Blüte am Stengelende, oder mit mehreren Blüten, die an Blütenstielen getragen werden, wobei kleine Blättchen mit am Blütenstielgrund entspringen.
5. Eine Samenkapsel, die sich von der Spitze längs der Mitte der drei Samenkammern öffnet, so daß die zahlreichen flachen, papierleichten Samen nach und nach durch den Wind zerstreut werden.

Die nächsten Verwandten der Gattung *Lilium* sind *Cardiocrinum, Notholirion, Nomocharis* und *Fritillaria.* Schwertlilien *(Iris)*, Graslilien *(Anthericum)*, Taglilien *(Hemerocallis)* sind keine echten Lilien.

Zwiebeln und Wurzeln

Wie Narzissen, Tulpen, Hyazinthen wachsen auch Lilien aus einer Zwiebel, die eigentlich als eine große unterirdische Knospe zu betrachten ist, in welcher Nahrungsstoffe angehäuft sind. Diese Nahrungsstoffe ermöglichen es der Pflanze, jedes Jahr Stengel, Blätter und Blüten zu treiben. Die Zwiebel

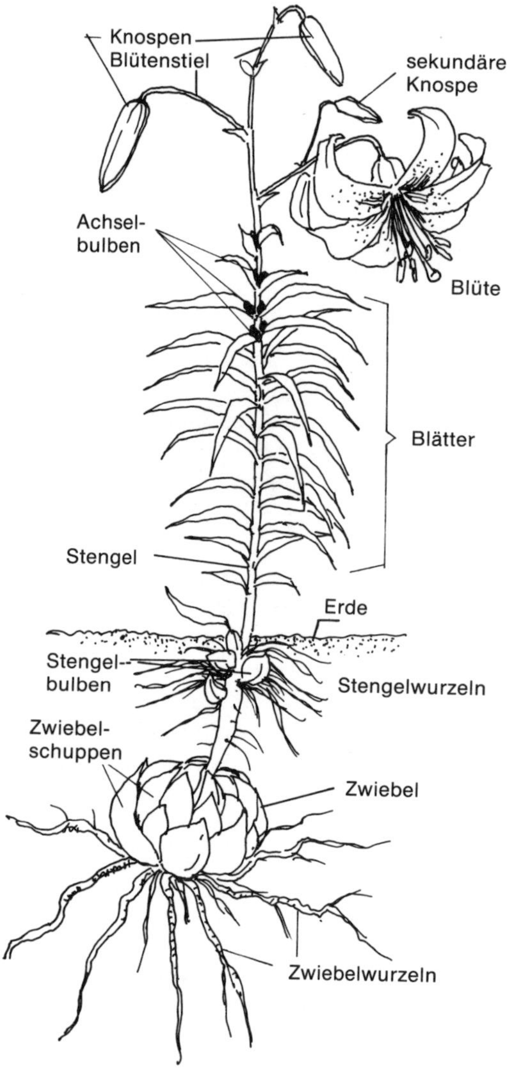

Schema einer Lilienpflanze

besteht aus der Grundplatte, eigentlich ein zusammengedrückter, abgeplatteter Stengel, von dem aus die Schuppen (in Wirklichkeit eine Form von Blättern), der Blütenstengel mit den Blüten und die Wurzeln entspringen. So ist die Grundplatte der zentrale Punkt der Lilienzwiebel. Wird die Grundplatte durch Ungezieferfraß oder durch Fusarium-Fäule (Zwiebelbodenfäule) zerstört, so ist es um die ganze Lilie geschehen.

Die Zwiebelschuppen lagern Stärke ein, man kann die Stärkekörner unter dem Mikroskop leicht erkennen. Die in den Lilienzwiebeln eingelagerte Stärke dient dazu, im Frühjahr Stengel und Blätter aufzubauen, bis die Blätter ihrerseits wieder fähig sind, zu assimilieren und die Assimilate (Zucker) in die Zwiebel zurückzusenden, wo sie im Laufe des Jahres in Stärke umgewandelt werden. Auch schmecken gekochte Lilienzwiebeln ähnlich wie Kartoffelbrei. In China, Japan, Sibirien werden Lilienzwiebeln gegessen und sogar für diesen Zweck angebaut. Während bei vielen Zwiebelgewächsen, z.B. bei den Lauchen, Tulpen usw., die Zwiebelschuppen häutig sind und um die Zwiebel herumgreifen, sind die Zwiebelschuppen bei den Lilien fleischig und verhältnismäßig schmal. Keine echte Lilie hat häutige Schuppen, dies ist ein Nachteil für den Transport und den Handel mit Lilienzwiebeln. Infolge dieser mehr losen Struktur der Zwiebel ist sie stärker der Austrocknung, der Beschädigung und dem Verderb ausgesetzt. Diese Tatsache erfordert eine besondere Sorgfalt beim Verpacken, beim Transport, beim Verkauf und beim Pflanzen der Zwiebeln.

Daß die Zwiebelschuppen ihrem Ursprung nach aus Blättern entstehen, zeigt jede aus Samen gezogene Jungzwiebel. Die verdickten unteren Blattscheiden bilden die Zwiebelschuppen. Auch die Zwiebeln von *L. candidum*, von *L. formosanum* oder vom amerikanischen *L. catesbaei* zeigen die Entstehung der Zwiebelschuppen aus den Blättern sehr deutlich.

Am Zwiebelboden entstehen die Wurzeln, meist starke und zahlreiche Wurzeln, die die Lilien fest im Boden verankern, aber auch Feuchtigkeit und Nährsalze für das Wachstum aufnehmen. Diese Wurzeln sind kontraktil, d. h. sie können sich zusammenziehen und dadurch die Zwiebel im Laufe des Wachstums tiefer in den Boden ziehen, so daß sie immer mit genügend Erde überdeckt ist. Sät man z.B. Samen von *L. regale* aus und überdeckt sie mit 1 cm Erde, so sind die Jungzwiebeln im Herbst mindestens 3 bis 5 cm hoch mit Erde überdeckt: Die Wurzeln haben die Zwiebel in die Erde hineingezogen. Die Zwiebeln von *L. polyphyllum* liegen in der Natur 30 cm tief in der Erde, so tief werden sie von den besonders langen Wurzeln dieser Art in die Erde hineingezogen. Diese Eigenschaft der Wurzeln mag auch ein Hinweis dafür sein, Lilienzwiebeln, namentlich Jungzwiebeln, im Herbst möglichst frühzeitig zu versetzen, so daß die Wurzeln dieser Zwiebeln im Herbst noch die Möglichkeit haben, Fuß zu fassen und einzuwurzeln. Andernfalls werden diese Jungzwiebeln durch den Wechsel von Frost- und Tauwetter im Frühjahr ausgehoben, so daß sie dann offen am Erdboden liegen.

Die echten Wurzeln, die vom Wurzelboden ausgehen, werden meist ein bis eineinhalb Jahre alt. Die Neubildung von Wurzeln tritt meist mit dem Wachstum im späteren Frühjahr ein, jedoch findet auch im Herbst noch regelmäßig eine Wurzelbildung statt. Wenn wir aber die Wurzeln beim Umsetzen abbrechen, oder wenn gekaufte Zwiebeln keine oder vertrocknete Wurzeln haben, so ist die Zwiebel länger als ein Jahr geschädigt.

Sehr viele Lilien bilden Stengelwurzeln aus, das sind Wurzeln, die an den der Lilienzwiebel zunächst liegenden Stengelinternodien entstehen. Diese Stengelwurzeln dienen in der Hauptsache zur Nährstoffaufnahme im Sommer. Sie bringen die Nährstoffe aus den obersten Erdschichten, die vielfach aus zerfallenden Pflanzenresten und verfaulenden Blättern bestehen, direkt in den Stengel. Dies zeigt die Notwendigkeit, auch stengelwurzelnde Lilienzwiebeln gut mit Erde zu überdecken und diese Erde nährstoffreich zu

Hollandicum-Hybriden

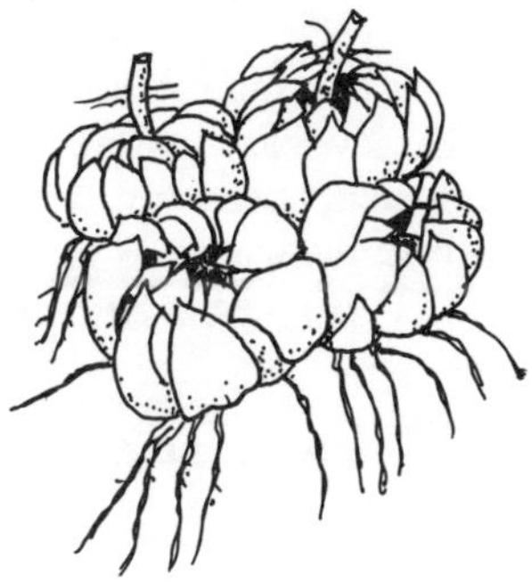

L. canadense

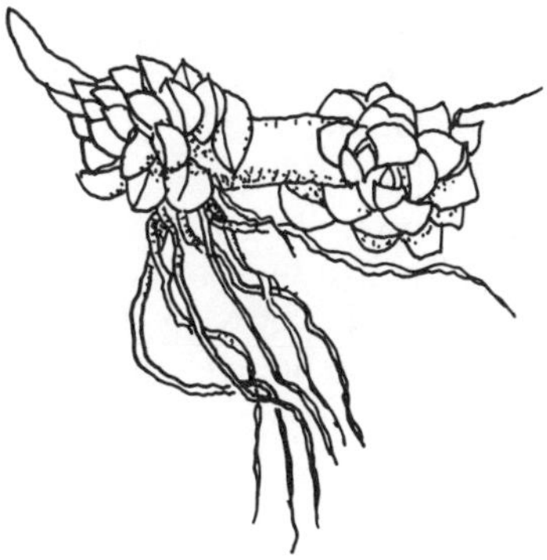

L. harrisianum

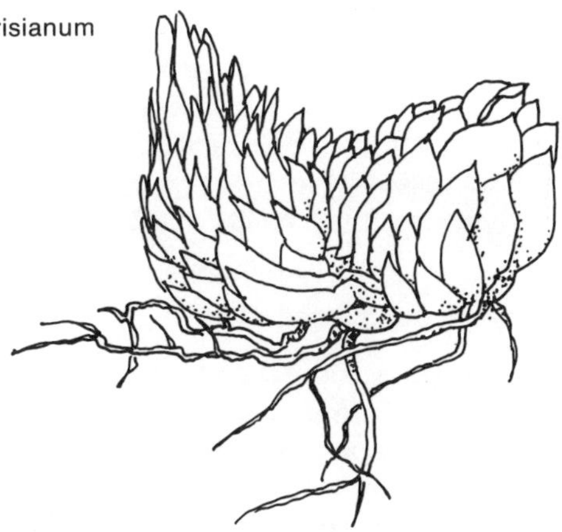

Verschiedene Zwiebelformen bei Lilien

halten. Diese Stengelwurzeln sterben im Herbst ab, und bilden sich jedes Jahr neu.

Die Zwiebeln können verschieden aufgebaut sein, auch ihr Wachstum ist nicht bei allen Lilienarten das gleiche, man unterscheidet 3 Typen (Abb. Seite 43).

Der konzentrische Zwiebeltyp

In den meisten Lilienzwiebeln sind die Zwiebelschuppen spiralig konzentrisch angeordnet, d. h. sie beginnen im Herz und legen sich reihum aneinander und übereinander, ungefähr wie Dachziegel. Dabei sind die inneren Zwiebelschuppen die kleinsten, die äußeren die größten. Diese Anordnung können wir bei *L. regale* oder bei *L. davidii* sehr schön beobachten.

Die Neubildung der Lilienzwiebel kann im Laufe der Wachstumsperiode verschieden sein. Bei den Bulbiferum-, Maculatum-, Hollandicum-Lilien wird die Zwiebel durch den wachsenden Stengel auseinandergedrückt, so daß die neu nachwachsenden Schuppen zwei Lilienzwiebeln bilden. Dieser Vorgang kann sich regelmäßig jedes Jahr wiederholen, so daß sich die Zwiebel jedes Jahr verdoppelt. Man muß dann regelmäßig alle 2 bis 3 Jahre dafür Sorge tragen, diese Zwiebelklumpen auseinander zu nehmen, und gesondert zu pflanzen. Bei anderen Zwiebeln, z. B. *L. regale*, bildet sich um den Stengel ein Wachstumszentrum für eine neue Zwiebel. Die alten Schuppen werden zur Seite gedrängt und sterben schließlich nach 1 bis 2 Jahren ab.

Der stolonenbildende Typ

Die nordamerikanischen Lilien *L. canadense, L. grayi, L. iridollae, L. michiganense, L. michauxii, L. superbum* treiben im Frühjahr neben dem senkrecht nach oben steigenden Blütenstiel, in der Erde seitlich ein oder zwei fleischige, fingerförmige Ausläufer, die schließlich nach 2 bis 4 cm Wachstum eine neue Zwiebel mit Schuppen ansetzen. Auf diese Weise bilden diese Lilien nach einigen Jahren kräftige Horste, die dann geteilt und neu gepflanzt werden müssen, weil diese sonst wegen Nahrungsmangel im Wuchs nachlassen.

Der rhizombildende Typ

Verschiedene Lilien der pazifischen Küste, so *L. pardalinum, L. maritimum, L. nevadense, L. occidentale, L. parvum*, wachsen mit waagrechtem Vorschub. Diese rhizombildenden Lilien entwickeln von den Zwiebeln aus seitliche Achsen, sie wachsen sozusagen mit ihren Schuppen seitlich weiter und bilden jährlich ein bis mehrere solche, mit der alten Zwiebel mehr oder weniger zusammenhängende Schuppengebilde, die man mit dem Messer auseinanderschneiden und getrennt einsetzen muß. Diese Operation ist bei verschiedenen amerikanischen Lilien, z. B. bei *L. pardalinum* oder *L. harrisianum*, alle 3 bis 4 Jahre notwendig, weil sonst diese Schuppenklumpen keine Nährstoffe mehr im Boden finden. Aus jedem dieser jährlich gebildeten Schuppenzwiebeln treibt im Frühjahr ein neuer Blütenstengel.

Nicht verwechseln dürfen wir diese Bildungen mit den „Kriechsprossen", die manche Lilienzwiebel treibt, z. B. *L. davidii, L. duchartrei*. In diesem Falle treibt die Zwiebel einen Blütenstengel, der jedoch nicht sofort aus der Erde senkrecht in die Höhe wächst, sondern mehr oder weniger lang in der Erde umherirrt, bis er an die Erdoberfläche durchbricht. Meist bildet sich an jedem unterirdischen Stengelinternodium im Laufe des Jahres eine Jungzwiebel, die im kommenden Jahr austreibt. So sind *L. durchartrei* und *L. lankongense* nur zu bändigen, wenn man sie mit einem eingesenkten Blechstreifen umgibt, sonst kommen ihre Triebe an allen möglichen unerwünschten Stellen in der Nähe des Pflanzortes zum Austrieb.

Immerhin können sie durch diese Stengelzwiebeln günstig vermehrt werden.

Stengel und Blätter

Der Stengel entspringt jährlich dem Wurzelboden, der Achse der Zwiebel. An ihm entstehen die Blätter, die je nach der Art der Lilie ganz verschieden, jedoch immer charakteristisch für die Art, am Stengel angeordnet sind und auch selbst typische Formen zeigen. *L. regale* und *L. centifolium* z.B. haben wechselständig angeordnete Blätter von lanzettlicher Form. Dabei sitzen diese Blätter dicht spiralig um den Stengel. *L. martagon* hat breit-lanzettliche Blätter, die radförmig in 1 bis 3 Quirlen um den Stengel herum angeordnet sind, dazu stehen meist einige Blätter zerstreut am oberen Stengelteil. Amerikanische Lilien haben oft viele solche Blattquirle am Stengel. Gegenständige Blätter findet man bei den japanischen Lilien *L. auratum, L. japonicum, L. rubellum, L. speciosum.* Diese Lilien haben ebenso wie *L. henryi* verhältnismäßig breite, lanzettliche Blätter. Meist sind die Lilienblätter glatt und glänzend grün, es kommen aber auch Belaubungen vor, die drüsig behaart sind oder Blätter deren Ränder bewimpert sind, so bei *L. carniolicum* und der var. *jankae* und *L. ciliatum.*

Manche Lilien mit sehr schmalen, grasartigen Blättern, wie *L. pumilum, L. cernuum, L. callosum, L. concolor,* sind Bewohner sonniger und trockener Steppen oder trockenen Berglandes. Dagegen haben Lilien, die unter Wald- und Strauchbedeckung, dabei in Gebieten mit sommerlichen Monsunregen wachsen, wie die japanischen Lilien, breite, glänzend grüne Blätter.

Da die Blätter die Energie des Sonnenlichtes aufnehmen und durch Photosynthese mittels des Chlorophylls in den Blättern aus dem Kohlendioxid der Luft zusammen mit Wasser Assimilate herstellen und diese teils als Betriebsstoffe verwenden, teils nach Umwandlung als Reservestoffe auch der Zwiebel zuführen, ist ersichtlich, daß eine Schädigung der Blätter zugleich eine Schädigung der Zwiebel bedeutet. Wenn man Lilien als Schnittblumen schneidet, sollte man nicht den ganzen Stengel mit den Blättern abschneiden, sondern mindestens $^2/_3$ der Blätter am Stengel stehenlassen. Aus der oben angeführten Funktion der Blätter geht auch hervor, daß jede Attacke von *Botrytis* auf die Lilienpflanze, die die Blätter frühzeitig zum Absterben bringt, schädigend für das Gedeihen und das Wachstum der Lilienzwiebel ist.

Blüten

Ist die Lilienzwiebel kräftig genug, so treibt sie einen Stengel, der an seinem Ende eine oder mehrere Blüten bildet. Die Blütenhülle (Perianth) der Lilie setzt sich aus 6 Gliedern (Tepalen) in 2 gleichartigen Blattkreisen (Perigon), nämlich den 3 äußeren Kelchblättern (Sepalen) und den 3 inneren Blumen- oder Kronblättern (Petalen) zusammen. Bei den Monocotyledonen werden diese gleichartigen Petalen und Sepalen als Tepalen oder Perigonblätter bezeichnet. Wir wollen jedoch einfach von „Blütenblättern“ sprechen und meinen damit stets die Perigonblätter. Diese sind meist radialsymmetrisch angeordnet, so daß sie einem regulären Sechseck gleichen (Abb. Seite 46).

Aufbau der Blütenstände

Wir unterscheiden zwei Anordnungen, den traubigen Blütenstand und den doldigen Blütenstand.

Im ersteren Fall sind die Blüten am Stengel aufgereiht, bilden eine lange Kerze *(L. davidii)*, eine lockere Traube *(L. martagon* und

Hybriden) oder einen mehr pyramidenförmigen Aufbau (*L. leucanthum* var. *centifolium*).

Dagegen sammelt der doldige Blütenstand alle Blüten in einer Dolde, deren Blütenstielchen alle aus einem Punkt entspringen (*L. bulbiferum, L. dauricum,* Rainbow-Hybriden). Durch das Zusammenstehen der Blüten wird hier der Effekt eines großen Farbfleckes erzielt.

Dazwischen gibt es Abwandlungen und namentlich bei den Hybriden eine Vermischung beider Ordnungen. Für die Schönheit der Erscheinung ist es von Wichtigkeit, daß die Blütenstielchen lang genug sind, um der Einzelblüte die Möglichkeit der vollen Entfaltung zu geben, so daß die Dolde oder die Traube sich in ihrer vollen Pracht zeigen kann und einen lockeren Blütenstand bildet. Die Blüten von *L. regale* sitzen radförmig um den Blütenstielendpunkt, selten bilden ein oder zwei Blüten ein weiteres Stockwerk. Dagegen bilden das ähnliche *L. sargentiae* oder besser noch das *L. leucanthum* var. *centifolium* einen pyramidenförmigen, gefälligen Blütenstand. Sehr graziös sind die Blütenstielchen von *L. canadense* und von einigen

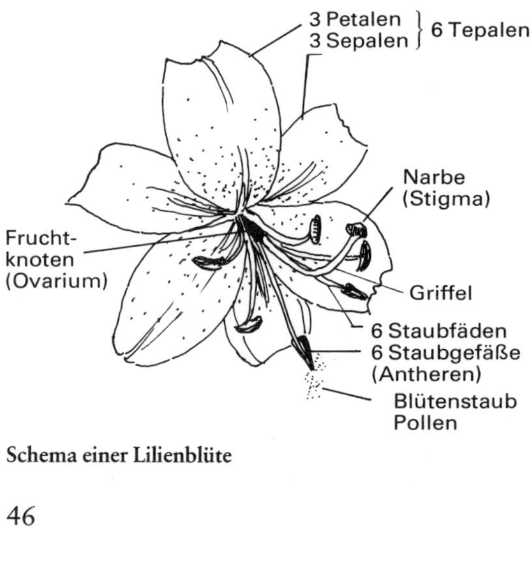

Schema einer Lilienblüte

anderen amerikanischen Wildlilien angeordnet, denn ihre elegante Biegung trägt viel zu dem ansprechenden Erscheinungsbild dieser Lilien bei. Für die Züchtung ist es interessant zu wissen, daß der doldenförmige Blütenstand meist dominant ist.

Form der Lilienblüten

Wir unterscheiden 3 Formen, die Türkenbundform, die Schalenform und die Trichter- oder Trompetenform.

Die Türkenbundform der Blüte finden wir beim Türkenbund *(L. martagon)*, aber auch bei vielen asiatischen Lilien, so bei *L. davidii, L. cernuum, L. callosum, L. henryi.* Amerikanische Lilien, wie *L. pardalinum, L. superbum*, Bellingham-Hybriden, haben ebenfalls diese Form.

Die Schalenform zeigen verschiedene asiatische Lilien, so *L. dauricum, L. concolor*, auch das europäische *L. bulbiferum* oder das amerikanische *L. philadelphicum.* Man betrachtet die Schalenform, die nach oben offensteht, als die Form der trockenen, regenarmen Steppe.

Die Trichter- oder Trompetenform kommt bei vielen chinesischen Lilien vor, so bei *L. regale, L. sargentiae, L. sulphureum, L. wallichianum*, auch *L. nepalense* zeigt diese Trichterform, wenn auch weit offen. Die Blüten sind meist waagrecht oder hängend angeordnet. Die Blütenblätter überlappen sich, bilden eine trichter- oder trompetenförmige Röhre, während die Blütenblattenden meist frei stehen und mehr oder weniger zurückgebogen sind.

Farbe der Perigonblätter

Sie wird durch die Art der in den Perigonblättern vorhandenen Farbstoffe bestimmt. Gelbe Farben werden durch Karotinoide und Flavone hervorgerufen. Karotinoide sind an feste Zelleinschlüsse gebunden und treten

Türkenbund- oder Martagonform

Schalenform

Trichter- oder Trompetenform

nicht nur in der Epidermis (äußerste Zellschicht), sondern auch im Grundgewebe auf. Flavone sind dagegen Farbstoffe, die nur in der Epidermis vorkommen. Rote und blaue Farben werden durch verschiedene Anthozyane hervorgerufen.

Die Karotinoide, welche als Farbkörper auftreten, haben gegenüber den Flavonen die stärkere Färbekraft. Sie sind für die kräftigen und prächtigen gelben und orangen Farben der Lilien verantwortlich. Die vielen Farbnuancen, die wir an unseren Lilien bewundern, entstehen durch die jeweilige Mischung der gelben Farbkörper der Karotinoide mit den wäßrigen Farbstofflösungen der Flavone und der Anthozyane. Durch die Papierchromatographie läßt sich auf einfache Weise die Art der in den Blüten vorhandenen Farbstoffe nachweisen.

Für den Züchter ist die Kenntnis der Vererbbarkeit der Farben und der Farbstoffe von Wichtigkeit, insbesondere auch die Kenntnis, ob eine Farbe dominant, d. h. sichtbar, oder rezessiv, d. h. verborgen nur in der Anlage vererbt wird, ohne daß sie in dieser Generation in Erscheinung tritt.

Die Nektarfurchen der Blütenblätter sind meist rinnenförmige Areale im unteren Teil des Blütenblattes. Sie sondern Nektar in kleinsten Mengen ab. Um die Nektarfurchen stehen oft Papillen, das sind höckerartige Erhebungen, wie bei *L. henryi* oder in *L. speciosum.*

Der Glanz oder der Samthauch einer Blüte ist im Bau der obersten Blütenblattzellen (Epidermis) begründet. Wenn diese Zellen eben und glatt liegen, so zeigt das Blütenblatt Glanz, wenn sie pallisadenförmig erhaben sind, so wird die Blüte samtig aussehen.

Staub- und Fruchtblätter

Im Inneren der Blüte stehen im Sechseck angeordnet 6 Staubblätter. Das Staubblatt besteht aus dem im Blütengrund angewachsenen Staubfaden und dem daran scharnierartig leicht beweglich befestigten Staubbeutel, der den Blütenstaub oder Pollen enthält. Die Staubfäden mit den Pollenbeuteln stehen oft weit aus der Blüte heraus, auch sind letztere samt dem Pollen oft sehr lebhaft gefärbt. Die Pollenbeutel öffnen sich meist erst einige

Stunden nach dem Erblühen der Lilien und bieten den Blütenstaub dar.

Die weiblichen Teile der Blüte, die Fruchtblätter, sind der Fruchtknoten am Boden der Blüte, der in drei Fächer je 2 Reihen, insgesamt also 6 Reihen von Samenanlagen enthält, der Stempel mit dem Griffel und der Narbe. Genau wie die Staubfäden ist der Stempel meist sehr lang, länger als die Staubfäden und steht weit aus der Blüte heraus. Die Narbe am Ende des Griffels wird, wenn sie für die Bestäubung empfänglich ist, klebrig feucht, sondert oft sogar Tropfen von Sekreten ab. Die Bestäubung der Blüten erfolgt meist durch Insekten, besonders eifrig sind Schmetterlinge, Nachtschwärmer, die mit ihren langen Rüsseln den Nektar aus den Blüten saugen. Auch Erschütterungen und Wind können für Pollenübertragung sorgen.

Nach der Bestäubung treibt der auf die Narbe abgestreifte Pollen (männliche Geschlechtszellen) lange Pollenschläuche durch den Griffel bis in die Samenanlagen (weibliche Eizellen) und befruchtet diese. Damit sämtliche Samenanlagen, oft 300 bis 500, befruchtet werden, müssen ebenso viele Pollenkörner auf der Narbe den Weg zu den Samenanlagen finden. Falls der Pollen von zwei oder mehreren verschiedenen Pflanzen stammt, ist es ohne weiteres möglich, daß es zur Befruchtung durch verschiedene Pollensorten kommt, was zur Folge hat, daß aus einer Samenkapsel kein einheitlicher Samen erhalten wird.

Samenkapseln und Samen

Die Samenkapseln der Lilien sind ziemlich groß, in der Form sind sie länglich walzenförmig oder kugelig rund. Manche sind oft rippenartig geflügelt. Sehr große längliche Samenkapseln hat *Cardiocrinum*; wenn sie aufspringen, werden die zahnartig bewehrten Randleisten sichtbar, wodurch die Samenstände ein sehr dekoratives Aussehen erhalten. Die Samenkapseln öffnen sich von der Spitze her und reißen in drei Teilen auf. Die sehr leichten dünnen Samen werden leicht vom Wind verweht. Die Samen von *L. martagon* und von amerikanischen Lilien sind et-

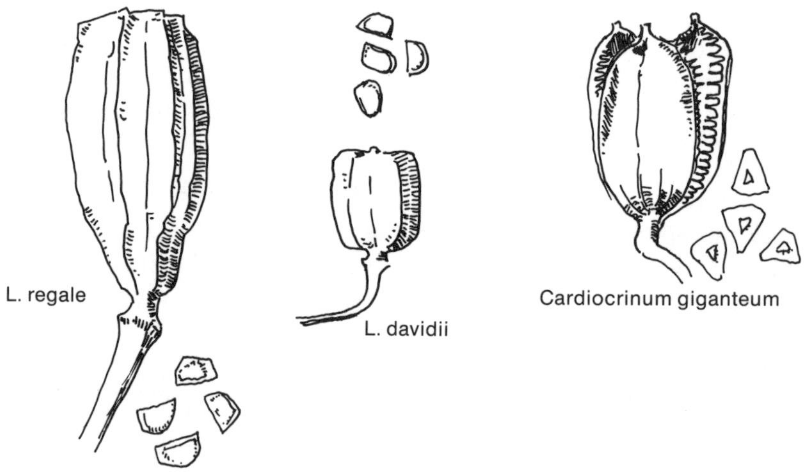

Verschiedene Samenkapseln und Samen

was stärker und haben keinen häutigen Rand, während die Samen von Trichterlilien meist sehr dünn und durchsichtig und mit einem häutigen Rand eingefaßt sind. Die Samen von *Cardiocrinum* sind die dünnsten und leichtesten, mit einem sehr breiten, häutigen Rand (Abb. Seite 48).

In einer Samenkapsel können oft bis zu 500 und mehr Samen enthalten sein. Es ist jedoch auch möglich, daß sich bei Bestäubung mit ungeeigneten Pollen Samenkapseln entwickeln, die nur taube Samen enthalten. Das Gewicht der Samen ist recht verschieden. Von *L. henryi* und *L. martagon* kann man 100 Korn, von *L. davidii* var. *willmottiae* 200 Korn und von *L. regale* etwa 1000 Korn pro Gramm rechnen.

Betrachtet man ein Samenkorn gegen das Licht, so kann man den Keimling (Embryo) als einen dunkleren, leicht gekrümmten Strich erkennen. Fehlt dieser Keimling, so ist das Samenkorn taub.

Sobald eine Samenkapsel anschwillt ist es ein Zeichen, daß eine Befruchtung stattgefunden hat, daß also eine Eianlage durch einen eingedrungenen Pollenschlauch befruchtet worden ist. Wenn aus der Samenkapsel trotzdem kein keimfähiger Samen erhalten wird, so hat wohl eine Befruchtung der Eizelle stattgefunden, aber der Embryo ist nicht fähig weiterzuwachsen, weil der Samen durch Inkompatibilität von Eizelle und Pollenzelle kein Nährgewebe (Endosperm) entwickelt. In diesem Fall ist es möglich, den sich entwickelnden Embryo frühzeitig aus dem Samen herauszuoperieren und auf einem sterilen Nährboden künstlich aufzuziehen, wobei der Embryo bei diesem Kulturverfahren Wurzeln und Blätter entwickelt. Dieses Verfahren gibt die Möglichkeit, Lilienarten oder Hybriden, die in einem weiten verwandtschaftlichen Verhältnis zueinander stehen, zu kreuzen und Hybridensämlinge zu erhalten (s. Kapitel „Embryokultur“).

Vermehrung der Lilien

Wer ein rechter Gärtner mit dem berühmten „Grünen Daumen“ ist, will seine Lilien im Garten nicht nur wachsen, gedeihen und blühen sehen, sondern er wird auch danach trachten, diese zu vermehren. Hierfür gibt es zwei Möglichkeiten, die vegetative Vermehrung und die Vermehrung aus Samen.

Vegetative Vermehrung

Vegetative Vermehrung bedeutet, daß von einer gegebenen Lilie ein Sproß abgetrennt wird, welcher unter Wurzelbildung sich zu einer Zwiebel und Lilie entwickelt. Es gibt verschiedene Möglichkeiten, solche Sproße abzutrennen und zur Entwicklung zu bringen. Die neu entstandene Lilienpflanze ist in jeder Hinsicht vollkommen identisch mit der Stammpflanze. Diese Vermehrungsart ist die einzige, mit deren Hilfe Hybriden identisch fortgepflanzt und vermehrt werden können.

Vermehrung durch Zwiebelteilung

Bei vielen Asiatischen Hybriden findet bei guten Wuchsverhältnissen jedes Jahr ganz natürlich eine Zwiebelteilung statt. Durch den in der Zwiebelmitte austretenden Blütenstengel wird die Zwiebel in zwei oder drei Teile zerlegt, die ein Jahr später voneinander getrennt werden können. Jeder Teil ist für sich lebensfähig und kann für sich gepflanzt werden. Die Asiatischen Hybriden und verschiedene andere bilden im Laufe der Jahre ganze Zwiebelklumpen, die ausgegraben werden sollen, weil durch die Häufung der Zwiebeln der Wuchs und die Blüte leidet. Dies kann am besten im Herbst oder auch im Frühjahr vor dem Austreiben geschehen. Man trennt die Zwiebeln voneinander und pflanzt sie mit Abstand einzeln wieder ein.

Die amerikanischen Arten *L. canadense, L. pardalinum, L. harrisianum, L. superbum,* auch die Bellingham-Hybriden, treiben Rhizome oder Stolonen, an denen die Jungzwiebeln sitzen. Diese können mit dem Messer abgetrennt und für sich gepflanzt werden. Bei *L. pardalinum, L. harrisianum* ist es regelmäßig notwendig, ungefähr alle 4 Jahre den Rhizomklumpen aufzunehmen und zu teilen, weil sonst die Wuchsfreudigkeit leidet.

'Maureen', eine hellfarbige Lilie, die auch im Garten von guter Wirkung ist.

Vermehrung durch Stengelbulben

L. davidii var. *willmottiae, L. wardii, L. duchartrei, L. nepalense* und auch andere Lilien kriechen mit ihrem Frühjahrsaustrieb zunächst unterirdisch im Boden, bis der Trieb aus dem Boden austritt. An den Stengelinternodien bilden sich unterirdisch Stengelbulben, dies oft sehr reichlich. Auch an den senkrecht aus der Erde austretenden Stengeln bilden sich in der Erde Stengelbulben, vor allem wenn die Zwiebel tief gepflanzt ist. Diese Stengelbulben findet man regelmäßig an den meisten Lilien, die sich durch Teilung vermehren lassen. Auch bei den Trichterlilien, bei *L. henryi,* bei den Aurelian-Hybriden, bei den Orient-Hybriden vor allem auch bei *L. longiflorum,* bilden sich diese Stengelbulben (Abb. Seite 54). Diese können im Herbst aufgenommen und gepflanzt werden.

Oben links: Zwei kräftige, blütenreiche Marhan-Hybriden, ein weißer Türkenbund und Amerikanische Lilienhybriden vor einem dunklen Hintergrund, grüngelbem Heidekraut und einem alten Wurzelstock geben ein prächtiges Gartenmotiv. Oben rechts: Ein mit viel Geschmack und Verständnis gestalteter Liliengarten, der durch geschickt eingezogene Baumkulissen viel größer erscheint. Die Wirkung der roten Lilien und *Hemerocallis* wird durch die blauen und lila Farbtöne von Ehrenpreis und Weidenröschen gehoben. Mitte links: 'Ming Yellow' von den Oregon Bulb Farms. Mitte rechts: Orangefarbene Lilien 'Robin Hood' begleiten den Weg durch den Garten. Unten links: *L. auratum,* die Goldbandlilie aus Japan, ist eine erstklassige Schönheit, gedeiht bei uns jedoch nicht überall im Freiland. Unten rechts: *L. bulbiferum* ssp. *croceum* hält in Bauerngärten oft jahrzehntelang aus.

Vermehrung durch Achselbulben

Verschiedene Lilien bilden an den Blattansatzstellen, in den Blattachseln, Bulben. Wir finden diese an *L. bulbiferum* (daher der Name), an *L. tigrinum, L. sargentiae, L. sulphureum* und an vielen Hybriden dieser Lilien. Diese Achselbulben können im Sommer oder Herbst abgenommen und gepflanzt werden, wegen ihrer Kleinheit am besten in Schalen oder Töpfen oder in ein gut vorbereitetes Beet ins Freiland. Oft treiben sie noch im Herbst Blätter, sicher jedoch im Frühjahr. Bemerkenswert ist, daß die Achselbulbenbildung, aber auch die Stengelbulbenbildung, gefördert wird, wenn die Blütenknospen vor der Blüte ausgebrochen werden, überhaupt, wenn der Trieb vorzeitig beschädigt wird. Achsel- und Stengelbulben können auch entstehen, wenn ein Lilienstengel in Stücke geschnitten wird, diese Stücke samt den Blättern waagrecht in ein Sand-Torf-Gemisch gelegt und bei etwa 20 bis 25 °C Wärme gehalten werden. Falls durch ein Ungeschick ein Stengel einer wertvollen Lilie gebrochen sein sollte, läßt sich mit dieser Methode die Pflanze erhalten.

Bei verschiedenen Lilien, die normalerweise keine Achselbulben hervorbringen, kann dies künstlich erzwungen werden. Dafür eignen sich vor allem Hybriden, in die *L. leucanthum* var. *centifolium, L. sargentiae, L. sulphureum, L. tigrinum* eingekreuzt sind. Wenn Sämlinge oder auch Jungpflanzen aus Brutzwiebeln dieser Lilien in einem geschlossenen Glashaus in Wärme und bei großer Luftfeuchtigkeit Stengeltriebe hervorbringen, so bilden sich an den oberirdischen Stengelinternodien zahlreiche Brutzwiebeln, die meist sogar kurze Wurzeln ansetzen und Blätter austreiben. Diese Brutzwiebeln können abgenommen und sofort gepflanzt werden. Dies ist ein Verfahren, mit dem man eventuell Neuheiten schnell in größerer Menge und in kürzerer Zeit vermehren kann. So-

L. longiflorum 'Croft' mit Stengel- und Wurzelbulben

bald diese Stengel Blüten ansetzen, ist die Fähigkeit, Achselbulben zu bilden, meist verlorengegangen.

Vermehrung durch Zwiebelschuppen

Dies ist die gebräuchlichste und meist die ergiebigste Art der vegetativen Vermehrung. Nach dem Abblühen wird die Lilienzwiebel ausgegraben und mehrere (oft bis zur Hälfte) der Zwiebelschuppen möglichst tief am Ansatzpunkt des Zwiebelbodens gebrochen. Nach dem Abtrocknen der Bruchstellen werden die Schuppen mit einem Fungizid eingestäubt (Schuppen mit einer Messerspitze Fungizid in einer Blechbüchse kräftig durchschütteln). Geeignete Fungizide sind alle Captan, Ferbam, Maneb, Thiram (TMTD) enthaltenden Mittel. Die Namen der Fabrikate sind bei den Firmen meist verschieden. Mit diesen Mitteln können auch die Schuppenbruchstellen an den Zwiebeln eingestäubt oder gepinselt werden, worauf sie wieder gepflanzt werden können. Will man die Zwiebel, welche die Schuppen liefern soll, nicht ausgraben, so kann man zur oder nach der Blütezeit neben der Zwiebel ein Loch graben, diese teilweise freilegen und einige Schuppen ausbrechen. Die Bruchstellen sind, wie schon erwähnt, zu desinfizieren.

Es ist nun notwendig, diesen Schuppen eine feucht-warme Behandlung angedeihen zu lassen, damit sie zum Zwiebelbilden angeregt werden. Nach der feuchtwarmen Behandlung sind die Schuppen einer Kältebehandlung von 6 bis 10 Wochen oder bis zum Frühjahr zu unterziehen, worauf sie schnell Blätter treiben. In Oregon (USA) werden die kältebehandelten Schuppen im Frühjahr einfach im Freiland in Rillen ausgestreut und leicht mit Erde bedeckt. Innerhalb von 2 bis 4 Wochen treiben sie kleine Brutzwiebeln und Blätter, die bis zum Spätherbst weiter wachsen.

Bei uns hat sich folgendes Verfahren gut bewährt. Die mit einem Fungizid eingestäubten Schuppen werden, reichlich mit leicht feuchtem Torfmull, angefeuchtetem Bimssand, Vermiculite oder mit angefeuchtetem und vollständig ausgedrücktem Torfmoos *(Sphagnum)* gemischt, in einen großen Plastikbeutel gegeben, verschlossen und bei 20 bis 22 °C aufbewahrt (in der Nähe eines Ofens, auf einem Schrank, in der Küche, im Heizkeller). Für Schuppen der in Amerika einheimischen Lilien genügt eine Temperatur von 15 bis 20 °C. Je nach Sorte bilden sich innerhalb 4 bis 6 Wochen, manchmal auch erst nach einigen Monaten, an den Bruchstellen kleine Brutzwiebeln, die je nach Größe der Schuppen in einigen Monaten von Erbsen- bis Haselnußgröße heranwachsen können (Abb. Seite 55).

Sollen diese Brutzwiebeln im Frühjahr (März–April) ins Freie, in Kästen oder Töpfe gepflanzt werden, so ist es notwendig, durch eine eingeschobene Kältebehandlung die Zwiebeln zum Blattaustrieb anzuregen. Dazu stellt man die Plastikbeutel etwa 2 bis 3 Monate in einen kühlen Keller bei 2 bis 8 °C oder in einen Kühlschrank. Brutzwiebeln, die diese Kälteperiode nicht durchgemacht haben, treiben nicht oder nur sehr schlecht Blätter. Diese Kältebehandlung gilt auch für abgetrennte Achselbulben.

Ist die Schuppe noch gesund und saftig, so kann man die neuen Brutzwiebeln lösen und die Schuppe noch ein zweites Mal der Wärmebehandlung unterwerfen, so daß sie nochmals Bulben entwickelt.

Eine andere Methode ist, die abgetrennten und eingestäubten Schuppen reihenweise in Kistchen oder Schalen, die mit Bimssand, Vermiculite oder einem Sand-Torf-Gemisch gefüllt sind, zu pflanzen, und zwar so, daß die Schuppen dabei mit der Bruchstelle oder mit einer Längsseite in das Vermehrungssubstrat eingedrückt werden. Die Kistchen werden vollständig mit einer Plastikfolie eingebunden und ebenfalls warm gestellt. Der Vorteil dieser Methode ist, daß die Bewurzelung bis zum späteren Auspflanzen, das eventuell erst nach dem ersten Frühjahr erfolgen kann, nicht gestört wird. Von Nachteil ist es, daß mehr Platz gebraucht wird. Diese Methode eignet sich dann, wenn ein auch im Winter geheiztes Warmhaus vorhanden ist.

Die Brutzwiebelbildung kann oftmals in erhöhtem Maße einsetzen, wenn die Schuppe an der Bruchstelle mit einem Messer einige leichte Einschnitte erhält, dafür sinkt die Größe der gebildeten Zwiebeln ab. Besonders zu beachten ist, daß all die verwendeten Vermehrungsmedien nicht naß sind, höchstens handfeucht bis fast trocken. Mit nassem Vermehrungsmaterial tritt unweigerlich Fäulnis ein. Torf oder Vermiculite als Vermehrungssubstrat bringen fast immer Erfolge, weil sie die Feuchtigkeit gleichmäßig und lange halten.

Diese Schuppenvermehrung kann praktisch jederzeit durchgeführt werden, doch sollte nach der Wärmeperiode immer die 2- bis 3monatige Ruhezeit für die Bulben beachtet werden. Im übrigen kommt es vor, daß Schuppen bei einigen Lilienhybriden, besonders bei den Orient-Hybriden länger, bis zu 6 Monate, brauchen, bis sie Bulben ansetzen.

Lilien aus Samen

„Denn jedes Körnchen würde ein Wunder in sich bergen – das Wunder, daß ein so winziges Etwas in seinem innersten Kern einen ganzen Kelch voller Duft enthielt, und weißgoldene Flügel, die noch irgendwo durch die Unendlichkeit rauschen, oder tief in der kühlen Erde schlummern“ (Beverley Nichols).

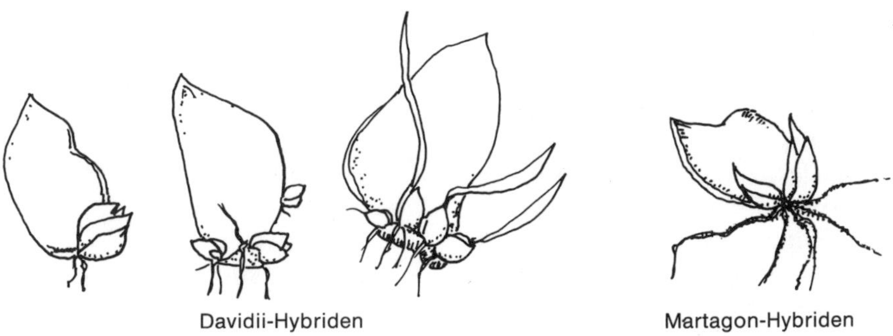

Brutzwiebelbildung an Zwiebelschuppen

Wer ein rechter Gärtner ist, wird seine Lilien aus Samen ziehen. Damit soll nicht gesagt sein, daß man den Kauf von Lilienzwiebeln ablehnen soll, aber Lilien, die man aus Samen selbst aufgezogen hat, sind einem ganz anders ans Herz gewachsen. Man wird ihnen manchmal verzeihen müssen, daß sie nicht ganz so wie Mutter Lilie geraten sind, aber was sie hie und da an Schönheit eingebüßt haben, ersetzen sie durch kräftigen Wuchs und ihre Vielzahl. Wenn man Glück hat, gibt es aber auch Sämlinge, die die Mutter in jeder Beziehung übertreffen. Dabei ist die Anzucht aus Samen nicht schwierig, wenn man sich nicht gerade einige außergewöhnliche Lilien aussucht. Sie erfordert nur etwas Geduld, denn meist erst im dritten Jahr werden wir durch üppige Blüte belohnt; auf jeden Fall ist dies aber der Weg mit den geringsten Unkosten, wenn wir einen Garten mit Lilien füllen wollen.

Die Anzucht aus Samen hat den großen Vorteil, daß man virusfreie Lilienzwiebeln erhält, denn durch Samen werden Viruskrankheiten nicht übertragen. Auch die Verluste durch Verpflanzen sind gleich Null, denn die Jungzwiebeln lassen sich im Garten unter Schonung der Wurzeln gut verpflanzen und wachsen viel besser an, als gekaufte Zwiebeln, die oft wochenlang aus der Erde sind.

Keimungsverhältnisse

Bevor man Liliensamen zum Keimen aussät, ist es notwendig, sich über die Keimungsverhältnisse der Liliensamen zu unterrichten. In dieser Hinsicht lassen sich die Lilien in vier oder grob in zwei Gruppen unterteilen. Einmal kann die Keimung über dem Boden stattfinden: oberirdische oder epigäische (engl. epigeal) Keimung. Diese kann nun für einige Monate verzögert sein. Sie kann aber auch sofort innerhalb 2 bis 6 Wochen erfolgen.

Wenn die Keimung im Boden stattfindet, ohne daß ein Kotyledonblatt austreibt, spricht man von einer unterirdischen oder hypogäischen (engl. hypogeal) Keimung. Auch hier gibt es eine sofortige und eine verzögerte Keimung, die sich über ein Jahr ausdehnen kann.

Oberirdische, sofortige Keimung (immediate epigeal)

Zu dieser Gruppe gehören fast alle Trichterlilien sowie die meisten asiatischen Lilien der Maculatum-, Davidii-, Tigrinum-Gruppe. Im einzelnen sind es folgende Arten und Hybriden:

L. amabile
L. bakerianum
L. callosum
L. candidum
L. cernuum
L. catesbaei
L. concolor
L. duchartrei
L. formosanum
L. lankongense
L. leichtlinii
var. *maximowiczii*
L. leucanthum
L. leucanthum
var. *chloraster*
L. longiflorum
L. neilgherense
L. nepalense
L. papilliferum
L. philadelphicum
L. philippinense
L. primulinum
L. pumilum
L. regale
L. sargentiae
L. sulphureum
L. taliense
L. tigrinum
L. wallichianum

L. wardii
L. wilsonii
Aurelian-Hybriden
Asiatische Hybriden
Davidii-Hybriden
Cernuum-Hybriden
Hybriden der
Trichterlilien

Nach einer Keimzeit von 2 bis 6 Wochen treibt der im Samen sitzende Embryo eine Wurzelspitze nach unten mit einer kleinen Verdickung, der zukünftigen Zwiebel; schließlich wächst sich das Zwischenstück zwischen Zwiebelansatz und Embryo zu einer Schleife aus, die aus dem Boden austritt und grün von Chlorophyll ist. Diese Schleife hebt die Samenhülle aus der Erde, bis das Kotyledon, das Keimblatt, aufrecht dasteht. Nach weiteren 4 Wochen bildet sich an der Zwiebel das erste echte Blatt.

L. candidum braucht eine spezifische Keimtemperatur zwischen 10 °C und 20 °C, um schnell zu keimen. Bei 15 °C keimen gute Samen innerhalb 4 Wochen. Bei unrichtiger Temperatur ist die Keimzeit ungleich und verzögert sich bis 2 Jahre.

Oberirdische, verzögerte Keimung (delayed epigeal)

Hierzu gehören einige wenige Lilien, deren frische oder gut aufbewahrte Samen oftmals auch unter Gruppe I fallen, also sofort keimen:

(L. candidum)
L. carniolicum
(L. catesbaei)
L. chalcedonicum
L. henryi
(L. leucanthum)
L. pyrenaicum
L. pomponium
L. sargentiae

Der Keimvorgang ist der gleiche, nur kann es vorkommen, daß die Samen ein Jahr (bei *L. carniolicum* sogar 2 Jahre) liegen, bis sie keimen. *L. henryi* keimt als frischer Samen sofort, wenn jedoch der Samen braun und ausgetrocknet ist, ist die Keimzeit länger. Wenn man diese Samen vor der Aussaat in einem Kühlschrank bei 0 °C stellt, ist die Keimung in der Regel nicht verzögert.

Unterirdische, sofortige Keimung (immediate hypogeal)

Zu dieser Gruppe gehören folgende wenige Arten und Hybriden:

L. brownii
var. *australe*
L. dauricum
L. martagon
var. *album*
L. parryi
L. speciosum
(einige Formen)
Golden Chalice-Hybriden
Sundrop-Hybriden

Meist nach einer Zeit höherer Temperaturen von 20 bis 25 °C dringt das Wurzelende des Embryos aus der Samenhülle in den Boden und bildet eine kleine Zwiebel, dann bildet sich das erste echte Blatt und tritt aus der Erde aus. Das Kotyledon tritt über der Erde nicht in Erscheinung.

Unterirdische verzögerte Keimung (delayed hypogeal)

In diese Gruppe gehören die japanischen, fast alle nordamerikanischen, auch die Martagon-Lilien. Im einzelnen folgende Arten und Hybriden:

L. alexandrae
L. auratum
L. bolanderi
L. brownii
L. bulbiferum
L. canadense
L. columbianum
L. distichum
L. grayi
L. hansonii

L. humboldtii
L. japonicum
L. kelloggii
L. maritimum
L. martagon
L. michiganense
L. monadelphum
L. nevadense
L. nobilissium
L. occidentale
L. pardalinum
L. parvum
L. polyphyllum
L. rubellum
L. rubescens
L. speciosum
(einige Formen)
L. superbum
L. tsingtauense
L. washingtonianum
Bellingham-Hybriden
Martagon-Hybriden
Orient-Hybriden

Diese Liliensamen folgen bei der Keimung einem natürlichen Rhythmus. *L. martagon*-Samen sät sich in der Natur Anfang September aus. Er fällt auf die Erde und keimt im Herbst mit einer unterirdischen Keimzwiebel. Diese macht die Winterkälte mit Schnee und Eis mit, um im Frühjahr, sobald Wärme in die Erde kommt, das erste echte Blatt zu treiben. Wenn wir die Samen aufbewahren und nicht sofort aussäen, entfällt der erste Teil der Keimung, die Bildung der Keimzwiebel im Herbst, weil später ausgesät die Wärme dafür fehlt. Bei *L. auratum*, dessen Samen spät reifen, können wir in unseren Breitengraden im Herbst keine Keimung mehr erwarten. Die Keimzwiebelbildung tritt erst im Frühjahr ein. Der zweite Abschnitt der Keimung, die Blattbildung, folgt dann erst 12 Monate später im nächsten Frühjahr, weil die Keimzwiebel im Boden das erste Blatt erst nach einer Kälteperiode bildet.

Diesen ganz natürlichen Vorgang, bedingt durch Sommer und Winter, müssen wir uns immer vor Augen halten, wenn wir Liliensamen dieser Gruppe säen und zum Keimen bringen wollen. Ganz gleich, ob wir im Spätherbst oder im Frühjahr aussäen, so erhalten wir eine sichtbare Keimung mit Blatt nicht im folgenden Sommer, sondern erst im darauffolgenden Frühjahr.

L. alexandrae braucht eine Keimtemperatur von 15 bis 20 °C. Es keimt meist im Frühjahr oder Spätherbst, ohne Rücksicht auf die Aussaatzeit.

L. nobilissimum braucht eine Keimtemperatur von etwa 15 °C, wie die amerikanischen Spezies. Nach der Bildung von Wurzel und Zwiebel ist nochmals eine Kühlperiode bei 0 °C notwendig, bevor sich ein Blatt bildet.

Wärme- und Kältebehandlung der Langsamkeimer

Die Amerikaner haben gezeigt, daß sich dieser natürliche Keim- und Wachstumsrhythmus der Langsamkeimer künstlich abkürzen läßt, indem man nach einer 3- bis 6monatigen Wärmebehandlung der Samen im Saatbeet eine künstliche Kälteperiode einschaltet, um dann wieder die Wärmebehandlung anzuwenden. Dieses verkürzte Verfahren hat mit verschiedenen Abwandlungen Eingang bei allen Liliengärtnern und Züchtern gefunden. Am gebräuchlichsten ist folgendes Verfahren:

Samen der Lilien der Gruppe 4 werden, nachdem sie gebeizt wurden, zusammen mit feuchtem Bimssand, leicht angefeuchtetem Torfmull, Torfmoos *(Sphagnum)*, Vermiculite oder Perlite, nachdem diese sterilisiert wurden, in ein Einmachglas gegeben, mit einem Schraubdeckel oder besser mit einem Folienstück dicht verschlossen oder in einen Plastikbeutel und bei 15 bis 21 °C Wärme aufgestellt. Für amerikanische Westküstenlilien genügt eine Keimtemperatur von 10 bis

15 °C. Nach 3 bis 6 Monaten tritt die Wurzelspitze, meist mit einer kleinen Keimzwiebel aus der Samenhülle aus. Jetzt ist es Zeit, das Glas mit den Samen bei einer Temperatur von 2 bis 4 °C in einem Kühlschrank oder bei einer Temperatur bis zu 8 °C in einem Keller 2 bis 3 Monate lang aufzubewahren. Wenn die Samen aus dem Glas nach 3 Monaten ausgepflanzt werden und Wärme erhalten, so kann man erwarten, daß sich in 2 bis 4 Wochen das erste echte Blatt bildet und aus dem Boden tritt. Zeitmäßig stellt sich das so dar: Wärmeperiode Oktober–November–Dezember, Kälteperiode Januar–Februar–März, so daß die Samen im April bei Beginn der warmen Jahreszeit austreiben und die Sämlinge den ganzen Sommer als Vegetationszeit zur Verfügung haben.

Samen, die später reif werden, können bis zum Frühjahr in einem Kühlschrank aufbewahrt werden. Im Mai kann mit der Wärmeperiode begonnen werden, so daß sie im Frühjahr bereit sind, die ersten echten Blätter zu bilden.

In diesem Ablauf können sich die Zeiten etwas verschieben, je nachdem, ob frische oder längere Zeit liegende Samen verwendet werden, ob die Kaltlagerung im Kühlschrank oder im Keller erfolgte; auch die Spezies spielt eine Rolle. Frischgesäte *L. auratum*-Samen, die längere Zeit liegen, können recht hartnäckig sein, bis sie Keimzwiebeln entwickeln. Bemerkenswert ist es auch, daß bei Samenaussaaten von *L. auratum* Vorläufer vorkommen, d.h. Samen, die früher keimen, aber auch solche, die noch länger liegen. Man nimmt an, daß hier die Natur einen ihrer mannigfaltigen Tricks zur Erhaltung der Art ausspielt. Wird die Keimung auf mehrere Wachstumsperioden verteilt, so kann bei Eintritt von ungünstigen Verhältnissen nicht der ganze Nachwuchs verlorengehen. Übrigens ist es für den Züchter interessant, diese Vorläufer gesondert aufzuziehen und mit diesen weiter zu züchten, weil diese kurze Entwicklungszeit eventuell genetisch fixiert ist.

Dieses beschriebene Kurzverfahren kann auch auf Samen in Kistchen, Töpfen oder Plastikbeuteln angewendet werden, nur ist die Samenhaltung in Gläsern am vorteilhaftesten, weil die eintretende Keimung gut beobachtet und kontrolliert werden kann. Wie bei der Schuppenvermehrung ist es auch hier wesentlich, daß das Pflanzsubstrat nur leicht feucht ist, keinesfalls naß, auch daß dieses vorher durch Auskochen, Einstäuben mit einem Fungizid keimfrei gemacht worden ist.

Amerikanische Lilienzüchter verkaufen solche vorbehandelten und angekeimten Liliensamen, insbesondere aus dem Auratum-Speciosum-Komplex. Nach der Aussaat treiben diese sofort Blättchen.

Samenaussaat

Die Samenaussaat beginnt damit, daß man im Herbst die benötigten Samen sammelt oder sich diese durch Tausch oder Kauf besorgt.

Die Samenkapseln werden gesammelt, wenn sie sich gerade öffnen, in einem warmen Zimmer getrocknet und schließlich die Samen ausgeschüttelt. Eine gut gefüllte Kapsel kann bis zu 200 bis 500 Samen enthalten. Die tauben Samen werden von den lebensfähigen (mit einem Embryo als dunkler Strich im Innern) getrennt, indem man die Samen in einer Schüssel ausbläst, wobei die tauben Samen wegfliegen.

Leider gibt es Liliensamen kaum im Handel, so daß sie der Liebhaber meist nur als Mitglied einer Liliengesellschaft im Tausch erwerben kann.

Schlechte Aussaatresultate ergeben sich oft durch alte Samen. Im allgemeinen bleibt Liliensamen, normal im warmen Raum aufbewahrt, zwei Jahre keimfähig, in den folgenden Jahren sinkt die Keimkraft auf Null. Wird der Samen in einem Exsikkator über

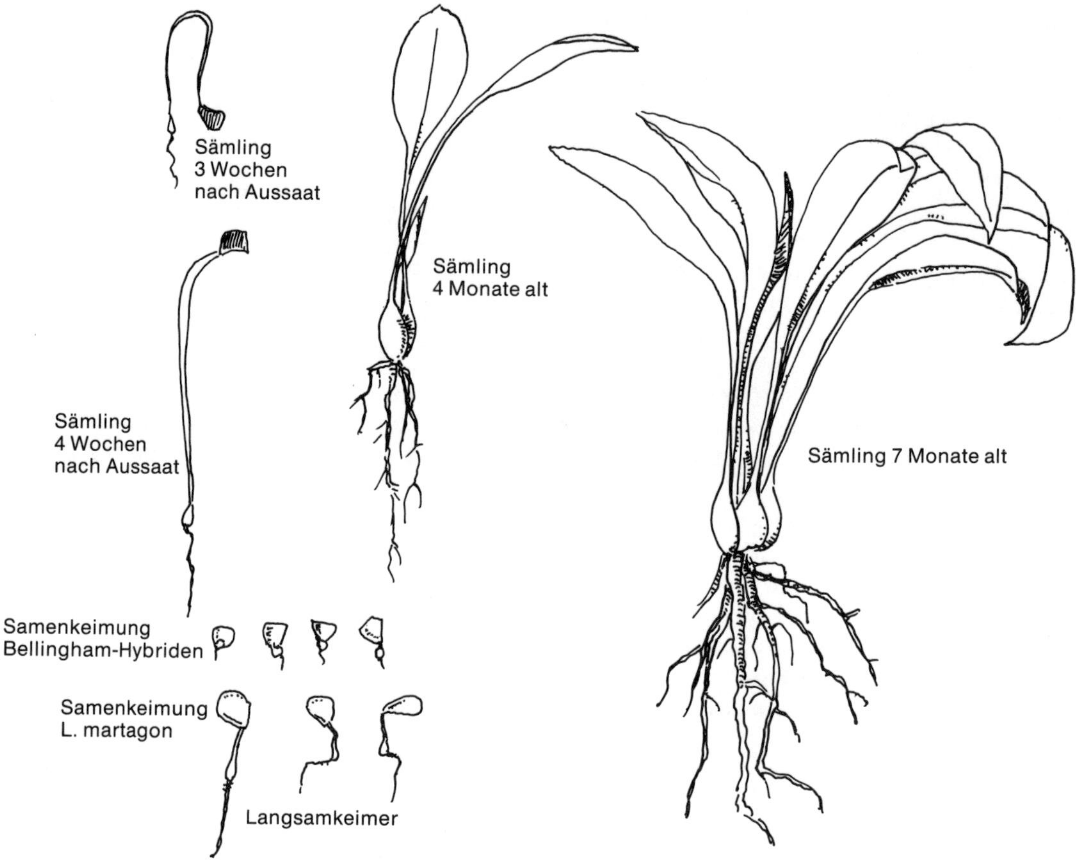

Keimung der Liliensamen (1/2 natürlicher Größe)

einem Trocknungsmittel getrocknet, so bleibt er, bei Raumtemperatur in einem luftdichten Gefäß aufbewahrt, 5 Jahre lebensfähig und gibt nach 7 Jahren noch 30% Keimung. Die besten Resultate erhält man, wenn trockener Samen in einem Kühlschrank bei 0 °C aufbewahrt wird. Bei dieser Lagerung bleiben Liliensamen Jahre lang keimfähig.

Vor der Aussaat sollen die Samen mit einem Saatbeizmittel gebeizt werden, um Pilzbefall zu vermeiden, der die Samen faulen ließe. Am einfachsten ist die Einstäubung mit einem Trockenbeizmittel. Hierfür eignen sich auch die für die Schuppeneinstäubung genannten Fungizide. Je nach der zu beizenden Samenmenge schüttelt man diese mit einer kleinen oder großen Messerspitze Fungizid in einer mit einem Deckel verschlossenen Blechbüchse durch, so daß alle Samen allseitig gut eingestäubt werden.

Aussaat ins Freiland

Es ist anzuraten, ins Freiland nur die schnellkeimenden Samen der Gruppe 1 auszusäen. Die Aussaatbeete sollen einen lockeren, leicht sandigen, gut humosen Boden enthalten, der gegebenenfalls mit Torfmull aufgelockert werden kann. Auf keinen Fall soll er zusammenbacken und hart werden. Falls der Boden nicht genug Nährstoffe hat, kann durch Einarbeiten eines Handelsdüngers mit niedrigem Stickstoffgehalt der Boden verbessert werden. Der Samen soll 1 bis 1,5 cm tief in Reihen gesät werden, die Reihen können 15 bis 25 cm Abstand haben. Der Samenabstand soll etwa 1 cm betragen, doch es ist absolut nicht notwendig, dies auszuzirkeln. Nach der Aussaat ist das Saatbeet leicht zu überbrausen, auch weiterhin soll das Saatbeet nicht austrocknen. Größere Aussaaten können auch gleichmäßig, ohne Reihen ausgesät werden.

Die Aussaat ins Freiland kann Anfang April bis Anfang Mai erfolgen; frühere Aussaaten geben bessere Resultate. Vor Anfang bis Mitte Mai werden in unseren Breiten die Samen kaum aufgehen.

Nach dem Auflaufen der Saat kann alle 14 Tage mit einer 0,3%igen Nährsalzlösung nachgedüngt werden. Äußerst wichtig ist es, jedes aufgehende Unkraut sofort auszujäten, denn sobald das Unkraut größer wird, reißt man beim Ausjäten die Liliensämlinge mit aus oder lockert sie. Eine leichte Mulchdecke mit Torfmull und Sägespänen unterdrückt die Unkräuter.

Im Winter ist es notwendig, die Saatbeete mit einer mindestens 3 cm starken Mulchdecke zu versehen, um das Ausheben der Sämlinge durch den Wechsel von Gefrieren und Auftauen des Bodens zu vermeiden. Dazu eignet sich am besten eine leichte Decke aus Torfmull und Sägespänen. Laub, Gras und Stroh sind zu vermeiden, sie schließen zu stark ab.

Im allgemeinen wird man Sämlinge auf dem Saatbeet stehenlassen. Gelegentlich kann es vorkommen, daß ein Sämling der Sofortkeimer im 2. Jahr schon blüht. Im Herbst des 2. Jahres oder im Frühjahr des 3. Jahres kann nach dem ständigen Platz verpflanzt werden. Dabei ist zu beachten, daß bei dem Umpflanzen die Wurzeln möglichst wenig beschädigt werden.

Die Aussaat direkt ins Freiland verursacht meist viel Saatverluste, weiterhin Verluste durch Unkraut, durch Abschwemmen bei Gewitterregen, namentlich auch bei der Überwinterung im ersten Winter. Sie mag noch in Gebieten mit ozeanischem Klima, in der Nähe der Nord- und Ostseeküste ihre Vorteile haben. In Gebieten mit kontinentalem Klima leiden die Sämlinge unter der Sommertrockenheit, noch mehr aber durch das Ausheben aus dem Boden durch das wechselnde Frost- und Tauwetter im Frühjahr, weshalb hier eine Aussaat ins Freiland nicht empfehlenswert ist.

Aussaat unter Glas

Entschieden besser und rationeller ist es, für die Samenaussaat und die Sämlingsaufzucht kalte Kästen zu benutzen. Hier kann die Aussaat bei gutem Wetter schon Ende Februar vorgenommen werden. Die Saat läuft geschützt und erwärmt durch die Kastenfenster früher auf, entwickelt sich besser und kann den Winter über besser geschützt werden. Wichtig ist, daß bei Sonne die Glasfenster schattiert und gelüftet werden.

Auch können Samen frühzeitig im Haus in Samenkistchen ausgesät werden. Zum Aufstellen der Samenkistchen eignet sich jeder helle und warme Raum.

Ideal für die Aufzucht ist ein Gewächshaus, denn hier können schon ab Februar die Aussaaten in Kistchen oder auf Tabletten gemacht werden, Sonne und Wärme sorgen für eine frühzeitige Keimung der Samen und das Wachstum der Sämlinge ist recht gut. Auch entfallen alle Widrigkeiten des Wetters, des Ungeziefers, die Pflege wird leichter und einfacher. Besonders für die Aufzucht von seltenen Samen, von einmaligen Kreuzungssamen ist ein Gewächshaus unentbehrlich. Nur hier können Verluste wertvoller, seltener Samen vermieden oder hinangehalten werden.

Aussaatsubstrat

Wesentlich ist, daß das Aussaatsubstrat leicht und luftdurchlässig und vor der Aussaat gedämpft oder sterilisiert worden ist, um das Aufkommen von Bodenpilzen zu vermeiden. Ein Sandtorfsubstrat $^1/_3$ Erde + $^1/_3$ Sand + $^1/_3$ Torfmull oder $^2/_3$ TKS I und $^1/_3$ Quarzsand, Vermiculite oder Bimssand geben ideale Aussaatsubstrate. Die Bodenreaktion sollte neutral sein, bei den japanischen Lilien ist eine sauere Reaktion zu bevorzugen. Auf eine wenige Zentimeter hohe, grobe Sandschicht zum besseren Wasserabzug kann das Aussaatsubstrat mit etwa 10 bis 15 cm Höhe aufgebracht werden.

Die Aussaat wird am besten in Rillen vorgenommen. Sie kann ziemlich eng ausgeführt werden, mit einer Rillenentfernung von 6 bis 8 cm bei 1 cm Samenabstand. In Holland ist vorgeschrieben, daß der Samen vor der Aussaat einer Warmwasserbehandlung von 3 Stunden bei genau 45 °C ausgesetzt werden muß. Vorher ist der Samen für 48 Stunden in kaltem Wasser einzuweichen, bei *L. pumilum* nur 12 Stunden. Diese Behandlung ist vorgeschrieben, um die Abtötung eventuell vorhandener Blattälchen im Samen zu erreichen.

Anschließend werden die Samen mit einem Fungizid behandelt. Bei der Aussaat soll die Bodentemperatur 15 bis 20 °C betragen, um eine alsbaldige Keimung zu erreichen.

Hybridlilien zu ziehen und zu pflanzen, macht im allgemeinen wenig Schwierigkeiten. Wer jedoch Wildlilien pflanzt oder auch aus Samen aufzieht und aussetzt, muß wissen, daß diese nicht in nährstoffreichen Humusboden gepflanzt werden dürfen, sondern am besten in magersten Böden gedeihen. Kalkliebende Lilien können auf sandigem Kalkschutt mit Lehmbeigabe gepflanzt werden. Nach saurem Boden verlangende Lilien können in verwitterten Granitschutt oder Bimssand mit etwas Moorerde gesetzt werden. Nur so kann man sich diese Seltenheiten gesund erhalten und zur Blüte bringen. Wesentlich ist auch, diese meist aus Gebirgen stammenden Wildlilien im Winter möglichst trocäken zu halten (Überdecken oder in Containern pflanzen und trocken stellen) und erst im Frühjahr wieder zu gießen.

Hydrokultur mit Topf oder Blumenkasten

Aussaat in Hydrokultur

Es ist auch möglich, Aussaaten in Hydrokultur vorzunehmen. Als Aussaatsubstrat hat sich Bimssand bewährt. In diesem Fall können auf Gewächshaustischen Bimsbeete von 8 bis 10 cm Höhe angelegt werden, wobei der abgesiebte, grobe Bimskiesanteil unten eingebracht wird, während der Feinanteil, der durch ein 5-mm-Maschensieb fällt, darüber ausgebreitet wird. Unter dem Bimskies wird eine wasserundurchläßige PVC-Folie eben ausgelegt, die Ränder erhöht und am tiefsten Punkt mit einem Ablaufloch versehen. Die Aussaat wird normal, wie bereits beschrieben, ausgeführt.

Die Bewässerung kann mit der Gießkanne oder mit einem Tröpfchensystem erfolgen, wobei eine Nährsalzlösung aus Handelsvolldünger mit Spurenelementen (2 g/1 l Wasser) angewendet wird. Mit Schwefel- oder Phosphorsäure sollte der pH-Wert auf 5,5 bis 6,5 (leicht sauer) eingestellt werden, was mit entsprechenden Reagenzpapieren festgestellt werden kann. Beim Gießen sammelt sich das überschüssige Wasser auf der Folie an und läuft durch das Abflußloch ab. Wird in den Abfluß ein verschließbares Ventil eingebaut, so kann das Wasser auch leicht angestaut werden, wodurch die Gießarbeit weniger oft ausgeführt zu werden braucht.

Die Vorteile der erdelosen Kultur sind:

- saubere Kultur in einem sauberen Substrat,
- gute, schnelle und reichliche Keimung der Samen,
- kontrollierte Düngung mit beliebiger Nährsalzzusammensetzung,
- dadurch kräftige und rasche Entwicklung der Sämlinge,
- keine Verluste durch Vermehrungspilze,
- keine Würmer, Insekten und Schnecken im Beet,
- kein Unkraut, kein Jäten, dadurch keine Beschädigung der Sämlinge,
- Überbewässerung infolge des porösen Bimssandes unmöglich,
- dafür ausgezeichnete Wurzelentwicklung in dem durchlüfteten Substrat,
- außerordentlich leichtes Auspflanzen der gut bewurzelten Sämlinge ohne Wurzelbeschädigung.

Neue Forschungen und Versuche in den USA haben dargelegt, daß sowohl bei der Keimung der Samen, wie auch bei der Aufzucht der Sämlinge eine gute Durchlüftung des Pflanzsubstrates von größter Wichtigkeit ist. Je luftdurchlässiger und leichter das Aufzuchtssubstrat oder die Erdmischung ist, je besser die Dränage ist, um so besser sind das Keimresultat und die Aufzuchtserfolge. Auch dies ist eine Empfehlung für die erdelose Kultur der Sämlinge.

Künstliche Beleuchtung

Um bei der Aussaat von Liliensamen im Winter in Samenkästchen, Töpfen, im Gewächshaus oder im Kasten den winterlichen Lichtmangel zu beheben, wird den Sämlingen zusätzlich Licht gegeben. Es werden dafür Leuchtstofflampen der Farben Tageslicht oder Weiß (z.B. Lumilux) verwendet, die dicht über den Sämlingen aufgehängt werden.

Entstehung der neuen Lilien

Neue Lilien können auf drei Wegen entstehen: durch Kreuzung, durch Mutation und durch Polyploidie.

Unter Kreuzung versteht man die geschlechtliche Vereinigung von zwei verschiedenen Lilienarten oder Liliensorten. Aus der Aufzucht der dabei entstandenen Samen erhält man die Hybridlilien, die also zwei in ihrem Aussehen, in ihrer Haltung, in ihren Lebensansprüchen ganz verschiedene Eltern haben können.

Mutationen treten gelegentlich ohne menschliches Zutun auf. Man versteht darunter die vererbliche Veränderung einzelner Erbanlagen. Wird ein ganzer Komplex des vegetativen Gewebes in bezug auf ein Gen verändert, so spricht man von einem Sport. Mutationen lassen sich durch Bestrahlung des Gewebes mittels Röntgen- oder Radiumstrahlen auslösen, doch sind diese Mutationen meistens negativ, d.h. sie verstümmeln die Pflanzen oder deren Nachkommenschaft und machen sie steril.

Unter Polyploidie versteht man eine Vervielfachung der im Zellkern enthaltenen Chromosomen. Sie läßt sich künstlich herbeiführen und kann zu vergrößerter Blüte, wie überhaupt zu einer stärkeren Pflanze führen.

Kreuzen von Lilien

Die Beliebtheit, die in den letzten Jahren die Lilien in unseren Gärten gewonnen haben, gründet sich im wesentlichen auf die Schönheit, auf die Wuchsfreudigkeit und die Anpassungsfähigkeit der neuen Hybridlilien. Sie entstanden aus den Wildlilien, die bei uns in den Gärten oftmals zu wenig Schmuckwert besitzen, oder deren Lebensansprüche wir nicht oder nur mangelhaft befriedigen können, so daß sie über kurz oder lang Todeskandidaten sind.

Durch die Kreuzung dieser Wildlilien untereinander entstanden neue Lilien, die im Verlaufe der oftmaligen Kreuzungsoperationen vielfach die für die Gartenkultur ungeeigneten Eigenschaften ablegten, die den Eltern anhafteten und in verstärktem Maße die für Gartenzwecke geeigneten Eigenschaften der Eltern herauskehrten. Dies erreichten die Züchter durch eine rigorose Auslese. Jede Lilie, die dem Zuchtziel nicht entspricht bzw. von dem aufgestellten Wunschbild abweicht, wird ausgemerzt. Daß dabei Tausende von Lilien auf dem Abfallhaufen landen, bis eine sich behaupten kann, darf nicht überraschen.

Die Auslese beschränkte sich dabei nicht nur auf die Form, die Größe und die Farbe der Blüte, auch der Aufbau des Blütenstandes, die Länge und die Wuchsrichtung der Blütenstiele, der Abstand der Blüten voneinander, die Haltung der Blüte, ob hängend, ob waagrecht, nach außen schauend, oder ob die Blüten als aufrechte Schalen am Blütenstand stehen, ist hier von Bedeutung. Die Belaubung des Stengels, ob diese reich ist und eine gesunde grüne Farbe zeigt, ist gleichfalls von Wichtigkeit. Der wesentlichste Gesichtspunkt bei der Auslese muß aber stets sein, ob eine Lilie wüchsig, gesund und wenig krankheitsanfällig ist. Was nützt die schönste Lilie mit prachtvollen Blüten, wenn sie krankheitsanfällig ist, schlecht gedeiht und schnell verdirbt. Bei der gewerblichen Auswertung einer Neuzüchtung spielt die Vermehrbarkeit eine Hauptrolle. Eine Lilie, die durch Achselbulben oder Zwiebelschuppen leicht zu vermehren ist, wird dem Vermehrer viel mehr wert sein, als eine Lilie, die an den Zwiebelschuppen wenig oder kaum Bulben ansetzt. Oft entscheiden Kleinigkeiten, die der Laie kaum beachtet, daß eine Hybridlilie von der Vermehrung und Einführung in den Handel ausgeschlossen wird. Es müssen schon sehr viele gute Eigenschaften in jeder Hinsicht in einer Lilie zusammentreffen, damit sie herausgestellt, der Vermehrung zugeführt und in den Handel gegeben werden kann.

Ganz besondere Bedingungen müssen Lilien erfüllen, die als Schnittblumen gezogen und getrieben werden. Neben den oben genannten Eigenschaften sollen sie sich durch entsprechende Kühlbehandlung zu jeder Jahreszeit treiben lassen, damit der Schnittblumenmarkt das ganze Jahr durch mit Schnittlilien versorgt werden kann. Das Treiben soll in kürzester Zeit vorgenommen werden können. Die Blüten sollen möglichst fest sein, aufrecht stehen, das Blattwerk darf nicht zu üppig und zu groß sein, um gut und schadenfrei verpackt und verschickt werden zu können. Die Blüten müssen in Form und Farbe das Publikum ansprechen (hellgelbe, gelbe und orange Farben) und in der Vase nacheinander alle erblühen.

Daß unter Millionen von Hybridlilien kaum eine dieses Ziel erreicht, ersieht man daraus, daß 'Enchantment', eine der ersten Züchtungen Jan de Graaffs, heute nach 40 Jahren immer noch führend und unübertroffen ist, so daß etwa 126 Millionen Stiele jedes Jahr in den Handel gehen.

Der Laie mag daraus ersehen, daß für den Berufszüchter die Wirtschaftlichkeit, d.h. der Kostenaufwand einer Neuzucht sehr wichtig und oft allein ausschlaggebend ist. Die Neuzucht einer einzigen Lilie kostet oft die Aufzucht von Tausenden von Lilien, die Belegung von teurem Glashausraum und von Gartenplatz für Jahre, nicht gerechnet die Arbeit der Kreuzung.

Verwandschaftliche Beziehungen, Probleme der Unverträglichkeit

Es ist nicht so, daß wir jede Lilie mit jeder anderen Lilie kreuzen können. Nur diejenigen, die enge verwandschaftliche Beziehungen zueinander haben, können miteinander kreuzen, müssen aber nicht. Ob sich eine Lilie mit der anderen kreuzt, läßt sich weder durch Ansehen, noch durch Studium feststellen. Hier hilft nur probieren. Auch hängt das „Angehen" einer Kreuzung meist stark von äußeren Umständen ab. Schönes, trockenes Wetter und ein warmer Sommer tragen in der Regel sehr viel dazu bei, daß Kreuzungen gelingen, dagegen sind regnerisches Wetter und ein kalter Sommer sehr nachteilig.

Um das Wetterrisiko auszuschalten, geht man immer mehr dazu über, schwierigere Kreuzungen nicht im Freien, sondern im Gewächshaus auszuführen. Hier ist man vom Wetter unabhängig, kann Temperatur und Luftfeuchtigkeit nach Bedarf regulieren.

Man kann durchaus nicht sagen, diese Lilie läßt sich mit jener Lilie nicht kreuzen, wenn man nur eine einzige Bestäubung gemacht hat, die fehlgegangen ist. Um wirklich sicher zu gehen, muß man möglichst viele Bestäubungen ausführen, auch reziproke, dabei womöglich verschiedene Eltern der gleichen Art oder Sorte benützen, auch bei den äußeren Umständen die verschiedenen Möglichkeiten ausnützen.

Reziprok nennt man eine Kreuzung, wenn Mutter- und Vaterpflanze vertauscht werden. Wenn in dem einen Fall die Pflanze A mit Pollen der Pflanze B bestäubt wurde, so wird bei der reziproken Kreuzung die Pflanze B mit Pollen der Pflanze A bestäubt. Die reziproke Kreuzung ermöglicht es oft, anatomische oder genetische Unzulänglichkeiten der einen Pflanze zu überwinden, z.B. unfruchtbarer Pollen des einen Partners.

Das Gelingen von Kreuzungen zwischen entfernt stehenden Arten gehört zu den seltenen Glücksfällen, zu den Sternstunden der Kreuzungsarbeit, z.B. *L.* × *aurelianense* aus *L. sargentiae* × *L. henryi,* die E. Debras, Orleans, 1925 gelang.

Um zwei Lilien zu kreuzen, müssen wir den Pollen des einen Partners auf die Stempelnarbe der anderen Lilie bringen. Damit bringen wir die männlichen Geschlechtszellen, den Pollen, auf das weibliche Empfangsorgan, die Narbe. Auf der Narbe keimt, angereizt durch die Narbenabsonderung, der Pollen, indem er einen Pollenschlauch austreibt; dieser wächst durch das Narben- und Griffelgewebe bis in die Samenanlagen des Fruchtknotens, dort vereinigt sich die Spermazelle mit einer Eizelle. Da ein Fruchtknoten (Ovarium) einige hundert Samenanlagen (Eizellen) enthält, sind – damit alle Samenanlagen befruchtet werden – ebenfalls viele Pollenkörner notwendig, die ihren Weg zu den Eizellen finden müssen. Nur dann erhalten wir im Herbst eine volle Kapsel mit Liliensamen.

Wie schon gesagt, müssen die Kreuzungspartner in der Regel nahe miteinander verwandt sein, wenn der Pollen der einen Pflanze die Samenanlage der anderen Pflanze befruchten soll. Es wird also ohne weiteres möglich sein, eine Pflanze von *L. davidii* mit einem Partner gleicher Art zu kreuzen. Es wird auch gelingen, eine Pflanze von *L. davidii* durch Pollen von *L. davidii* var. *willmottiae,* einer sehr nahe verwandten Varietät, zu befruchten. Es ist jedoch nicht möglich, *L. davidii* erfolgreich mit Pollen von *L. auratum* oder *L. speciosum* zu bestäuben. Die verwandtschaftlichen Bande zwischen *L. davidii* und den beiden anderen genannten Lilien, die einer anderen Liliensektion angehören, sind zu gering.

Weiterhin ist es vielfach ausgeschlossen, bei einer Pflanze eine Befruchtung durch ihren eigenen Pollen herbeizuführen. Diese natürliche Schranke bezeichnet man als Selbstunverträglichkeit (self-incompatibility) oder Selbststerilität (self-sterility). Wenn eine selbststerile Pflanze vegetativ zu einem Klon vermehrt wurde (z.B. durch Zwiebelschuppen), so sind alle Pflanzen dieses Klons selbststeril und können sich nicht untereinander befruchten, geben also keinen Samen. Unter einem Klon versteht man alle Nachkommen einer Ausgangspflanze bei vegetativer Vermehrung.

Außer diesen rein genetischen Vorbedingungen muß der verwendete Blütenstaub (Pollen) lebensfähig sein, d.h. er muß einen Keimschlauch treiben und die Befruchtung herbeiführen können. Er darf nicht zu alt oder durch Regen verdorben sein.

Aber auch bei den weiblichen Blütenteilen müssen bestimmte Voraussetzungen erfüllt sein, damit es zur Befruchtung kommen kann. Die Narbe nimmt den Pollen nur an, wenn sie reif ist. Dies ist der Fall, wenn nach dem Aufblühen der Blüte die Narbe durch ausgeschiedenen zuckerhaltigen Saft klebrig ist. Wird der Pollen schon einige Tage früher auf die Narbe gebracht, so bleibt dieser meist keimkräftig bis die Narbe aufnahmebereit wird. Regen kann diese Keimfähigkeit zerstören.

Wenn die Narbe einer Blüte schon mit Pollen belegt, so ist es zwecklos, weiterhin Blütenstaub auf die Narbe zu bringen, ausgenommen dann, wenn es der eigene Blütenstaub einer selbststerilen Pflanze war. In diesem Falle kann noch keine Befruchtung stattgefunden haben und der fremde Blütenstaub kann immer noch zur Wirkung kommen.

Es besteht aber auch die Möglichkeit, mit einer Mischung von Pollen verschiedener Lilien Bestäubungen auszuführen. Von dieser Möglichkeit wird dann Gebrauch gemacht, wenn geringe verwandschaftliche Beziehungen den Versuch nahelegen, die Schranke der Unverträglichkeit zu durchbrechen. Man kann dann mit einer oder einigen wenigen Kreuzungen feststellen, ob einer der benützten Pollenspender eine Befruchtung auslöst; welcher, müßte bei Gelingen der Kreuzung später durch Einzelkreuzungen mit jedem der verwendeten Pollenspender festgestellt werden.

Da bei einer Kreuzung eine große Anzahl von Samenanlagen befruchtet werden müssen, besteht durchaus die Möglichkeit, daß Pollen verschiedener Lilienarten oder -sorten auf der Narbe zur Keimung gelangen und die Samenanlagen befruchten. Aus einer Samenkapsel erhält man dadurch uneinheitlichen Samen, weil verschiedene Pollenpartner beteiligt waren.

Um die Unverträglichkeit zweier Kreuzungspartner (cross-incompatibility) und Selbstunverträglichkeit (self-incompatibility) zu überwinden, ist man den Ursachen nachgegangen. Zumeist liegt bei dem Versuch, verschiedene entfernt verwandte Lilien zu kreuzen, der Fehler darin, daß die Pollenschläuche des zur Bestäubung angewendeten Pollens nicht schnell oder nicht tief genug von der Narbe in den Griffel hineinwachsen und die Eianlage erreichen. Es wird der Pollen einer langgriffeligen Lilie die Eianlage einer kurzgriffeligen Lilie eher erreichen, als umgekehrt der Pollen einer kurzgriffeligen Lilie die Eianlage einer langgriffeligen Lilie. Weiterhin wurde die Beobachtung gemacht, daß in einem überhitzten Glashaus (etwa 40 °C) Kreuzungen verschiedentlich besser gelungen sind.

Um bessere Befruchtungsergebnisse zu erhalten, hat man die folgenden Methoden angewendet:

1. Bei Kreuzungen womöglich die kurzgriffige Lilie als Mutter benützen.
2. Beschleunigung des Wachstums der Pollenschläuche durch die Anwendung von Wachstumshormonen. Nach Dr. Emsweller, Beltsville, wird mit dem in Lanolin (Wollfett) gelösten Wuchshormon die Basis der Samenanlage (Ovarium) eingefettet. Bei Trichterlilien werden ein oder mehrere Blütenblätter abgebrochen, um die Basis der Samenanlagen zu erreichen. Verwendet wird Naphtalinacetamid, welches 1%ig in geschmolzenem flüssigem Lanolin aufgelöst wird, bis dieses eine dunkle Farbe annimmt. Mit dem abgekühlten Fett wird die Basis der Samenanlage bestrichen.
3. Sogar das Kürzen der Griffel auf 1 cm und dessen Aufspaltung mit nachfolgender Bestäubung wurde mit Erfolg versucht und angewendet (NALS-LYB 1964, Peter Ascher).
4. Weiterhin soll es von Vorteil sein, nicht frisch erblühte, sondern ältere Blüten zu bestäuben.
5. Wie oben schon angeführt, erhöht eine höhere Temperatur die Bereitschaft, das Wachstum der Pollenschläuche anzuregen. Dazu kann in einem Gewächshaus die Tagestemperatur auf 35 bis 42 °C erhöht und die Bestäubung ausgeführt werden. Für Lilien aus den weniger warmen Zonen wäre die untere Temperaturgrenze einzuhalten.
6. Um eine Schädigung der gesamten Pflanze bei den vorgenannten extrem hohen Temperaturen zu vermeiden, hat Leonard Marshall versucht, nur den Griffel vor der Bestäubung zu erwärmen. Am Abend, bevor sich die Lilienblüte öffnen würde, wird diese mit einem Lysolspray behandelt, um eventuell anhaftenden Blütenstaub unschädlich zu machen. Mit sterilen Händen wird die Blüte geöffnet und die noch geschlossenen Staubbeutel entfernt. Ein Plastikbeutel wird über die Blüte gezogen, am

Blütenstiel geschlossen und befestigt. Am anderen Tag wird Wasser in einem elektrischen Milchflaschenerhitzer auf 41 bis 46 °C erwärmt, Blütenblätter und Staubfäden mit einer sterilen Schere abgeschnitten und der nun freiliegende Griffel vollständig in dem erwärmten Wasser für 6 Minuten untergetaucht. Nach dem Auftauchen wird der Griffel mit Narbe mit einem Wattebausch von Wasser gereinigt und die Bestäubung ausgeführt. Nach der Bestäubung wird die Narbe durch ein Folienhütchen gegen eine weitere Bestäubung geschützt.

Diese 6 Möglichkeiten, die Pollenaufnahme künstlich zu beeinflussen, können bei schwierig zu befruchtenden Lilien angewendet werden, sind jedoch keine absolut wirksamen Maßnahmen für diesen Zweck. Für normal Samen ansetzende Lilien haben sie keinen Belang.

Technik der Bestäubung

Die Praxis der künstlichen Bestäubung einer Lilie ist nicht schwierig. Die Blüten der Lilien sind groß, ebenso ihre Geschlechtsorgane, die zudem leicht zugänglich sind. Mitten aus der geöffneten Lilienblüte wächst aus dem Fruchtknoten im Blütengrund der Griffel heraus, der an seinem äußersten Ende zur Narbe verdickt ist. Um den Fruchtknoten bzw. den Griffel stehen 6 Staubfäden, an deren Ende die Staubbeutel angeheftet sind, die den Blütenstaub enthalten. Öffnet sich die Blüte frühmorgens, so sind die Staubbeutel meist noch geschlossen. Erst durch die steigende Sonnenwärme des Tages öffnen sie sich und geben den Blütenstaub frei. Zu gleicher Zeit wird die Griffelnarbe mehr oder weniger feuchtklebrig und dadurch reif für das Auskeimen der Pollenkörner, bzw. empfänglich für die austreibenden Pollenschläuche.

Die Übertragung des Blütenstaubes auf natürlichem Wege kann durch Insekten, durch den Wind oder durch Erschütterungen erfolgen.

Die von uns angestrebte künstliche Befruchtung soll der natürlichen Befruchtung zuvorkommen bzw. diese ersetzen. Es soll vermieden werden, daß der Blütenstaub irgendeiner fremden Lilie, aber auch der eigene Blütenstaub, die Befruchtung durchführt. Es soll nur die von uns mit ausgewähltem Blütenstaub gezielt ausgeführte Befruchtung zum Tragen kommen.

Meist hat jeder Lilienzüchter seine besondere Praxis der Bestäubung, weshalb ich bei der folgenden Beschreibung von meiner eigenen Technik einer kontrollierten Bestäubung ausgehen will:

Aus der zu bestäubenden Blüte werden, sobald sie sich morgens öffnet oder bevor sie sich geöffnet hat und solange die Staubbeutel noch geschlossen sind und nicht stäuben, mittels einer Pinzette die Staubbeutel entfernt. Mit der gesäuberten, eventuell mit Spiritus desinfizierten Pinzette wird ein Staubbeutel der Partner-Blüte aufgenommen und

---

Oben links: *L. canadense* ist eine der entzückendsten amerikanischen Wildlilien mit sehr graziösen Glockenblüten; sie scheint am besten auf Sandboden zu gedeihen. Oben rechts: *L. carniolicum* kommt in verschiedenen Spielarten, hauptsächlich in Jugoslawien und Griechenland vor. Mitte links: *L. candidum,* die weiße Madonnenlilie, gedeiht vorzüglich in alten Bauerngärten, wo sie Lehmboden und manchmal eine leichte Kuhmistabdeckung hat. Mitte rechts: *L. cernuum.* Unten links: *L. chalcedonicum.* Unten rechts: *L. grayi,* aufgenommen im Botanischen Garten Edinburgh, ist eine sehr elegante amerikanische Wildlilie, aber nicht ganz leicht einzugewöhnen.

auf der Narbe der zu bestäubenden Blüte abgestrichen. Um weitere, zufällige und unerwünschte Bestäubungen zu vermeiden, wird aus Aluminiumfolie (von einer Schokoladentafel) über einer Bleistiftspitze ein Hütchen gedreht, das der bestäubten Narbe aufgesetzt und am Griffel mit den Fingern zugedrückt wird. Dadurch ist die Narbe gegen eine nachträgliche Fremdbestäubung vollkommen gesichert. Die Kreuzung (Mutter × Vater) wird, mit einer fortlaufenden Nummer und Datum versehen, in das Zuchtbuch eingetragen, z.B. Nr. 147, 18.6.1966, *L. martagon* var. *cattaniae* × *L. hansonii.*

Ein Etikett mit der gleichen Nummer wird an dem Stiel der Einzelblüte befestigt. Weil Papieretiketten zu leicht verwittern, benutze ich stärkere Aluminiumfolie (von Zahnpastatuben), in welche mit der Schreibmaschine fortlaufende Nummern eingestanzt sind. Die Folienstreifen mit den Nummern werden nach Bedarf jeweils abgetrennt.

Meist ein bis zwei Wochen nach dem Verblühen zeigt das Aufrechtdrehen des Fruchtknotens und sein Anschwellen an, daß die Befruchtung stattgefunden hat.

Andere Züchter benutzen Pinsel oder die aus dünnem Draht und Wolle zusammengedrehten Pfeifenputzer für die Übertragung des Blütenstaubes. Hierbei besteht aber die Möglichkeit, daß man auch Blütenstaub von früheren Bestäubungen mitüberträgt, sofern man nicht grundsätzlich jeweils ein neues Instrument benutzt.

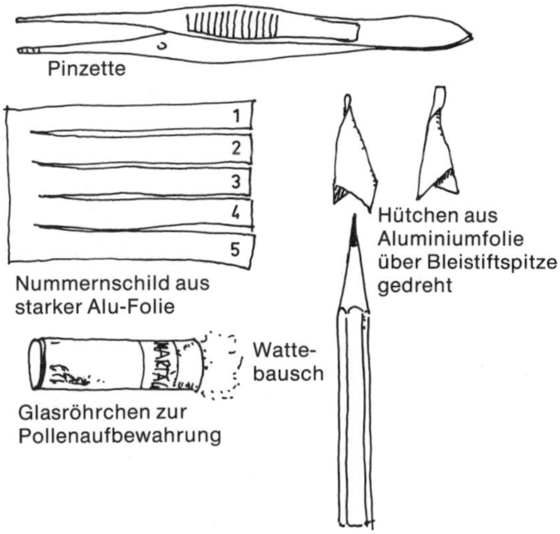

Werkzeug für die Kreuzungsarbeit

Der Blütenstaub, der für die Befruchtung verwendet werden soll, kann frisch aus einer Blüte gebrochen werden. Er kann auch schon Tage oder Wochen vorher von einer Blüte gesammelt, an der Luft getrocknet und aufbewahrt werden. In einem Exsikkator, bei −2°C aufgehoben, hält er sich monatelang lebensfähig. In Glasröhrchen oder in Aluminiumfolie verpackt, läßt sich Blütenstaub verschicken, sogar von und nach Übersee. Damit ist die Möglichkeit gegeben, auch Kreuzungen mit Blütenstaub von Lilien auszuführen, deren Blütezeit schon früher ist oder die in fremden Ländern wachsen.

Auch besteht die Möglichkeit, bestimmte Lilien in einem Treibhaus frühzeitig zur Blüte zu bringen, damit sie gleichzeitig mit ihrem Partner blühen, oder die Zwiebel durch längere Kühllagerung erst später zu treiben und zur Blüte zu bringen, damit diese zur Kreu-

Oben links: *L. ciliatum,* am Wildstandort bei Trapezon in der Türkei. Oben rechts: *L. concolor* var. *luteum,* eine asiatische Steppenlilie. Unten links: *L. davidii* ist eine chinesische Wildlilie mit waagrecht abstehenden Blütenstielen. Samenauslesen können pyramidenförmige Blütenstände mit 50 bis 60 Blüten bringen. Unten rechts: *L. hansonii,* der gelbe japanische Türkenbund gedeiht bei etwas Schatten und genügender Feuchtigkeit gut bei uns.

zung mit einer spätblühenden Lilie Verwendung finden kann.

Zu einer ernsthaften Zuchtarbeit gehört, daß man die Bestäubungsarbeit so sauber als möglich durchführt, daß die Blüte frisch geöffnet wird, damit die Narbe noch rein von Blütenstaub ist, daß der Blütenstaub nicht verunreinigt ist durch fremden Blütenstaub, daß die Gläschen, in welchen der Blütenstaub aufbewahrt wird, ausreichend bezeichnet und etikettiert sind, und daß schließlich die Narbe so gut und dicht eingehüllt wird, daß Fremdbestäubungen unmöglich sind. Im anderen Fall zieht man unter Umständen Sämlinge auf, die mit der gewünschten Kreuzung nichts zu tun haben, die Zuchtarbeit verfälschen und nur unnütze Arbeit machen.

Zweck der künstlichen Bestäubung

Mit der künstlichen Bestäubung kann man zweierlei erreichen. Erstens läßt sich eine Lilienart sortenecht erhalten, indem man die unerwünschte Fremdbestäubung ausschaltet. Zweitens ist es möglich, durch Kreuzung aus zwei verschiedenen Lilienarten oder Liliensorten neue Lilien – Hybridlilien – zu erhalten. Die zweite Möglichkeit, die man Hybridisation nennt, öffnet alle Tore für den Gewinn neuer Lilien, von Formen und Farben, die bis dahin unbekannt waren oder von Pflanzen, die den Kulturbedingungen besser angepaßt sind als die Wildformen.

Die im Erbgut festgelegten Eigenschaften der aus einer Kreuzung hervorgegangenen Pflanzen werden durch die Mendelschen Vererbungsgesetze bestimmt. Die erste Kreuzung von zwei verschiedenen Exemplaren ergibt eine meist ziemlich uniforme Nachkommenschaft (F_1) von Zwischenformen. Aus der Kreuzung dieser F_1-Generation mit den Eltern (Rückkreuzung) oder der F_1-Geschwister untereinander resultiert meist eine sehr große Zahl verschiedener, interessanter Formen- und Farbvarietäten (F_2). Aus weiteren Kreuzungen erhaltene Generationen werden fortlaufend F_2, F_3 usw. bezeichnet (F bedeutet Filial).

Die einmalige oder mehrmalige Rückkreuzung der F_1-Generation mit dem einen oder anderen Elternteil ist ein Mittel, um gewünschte Eigenschaften in den Nachkommenschaften verstärkt anzuhäufen.

Die Kunst des Züchters besteht nun darin, die ihm für die Weiterzucht in einer bestimmten Richtung geeignet erscheinenden Pflanzen auszuwählen und durch Weiterzucht die gewünschten Eigenschaften zu verstärken oder zu fixieren (Auslesezucht) oder zu versuchen, durch Kreuzung verschiedener Konstitutionstypen oder Farbtypen neue Kombinationen unter diesen herzustellen (Kombinationszüchtung).

Polyploidie

Wir wissen, daß Lilien normalerweise 24 Chromosomen, je ein Paar von 12 Typen, in den Zellkernen aller Zellen führen. Wir nennen eine solche Pflanze diploid. Den vier amerikanischen Forschern A.F. Blakeslee, A.G. Avery, B.R. Nebel und M.L. Ruttle gelang es um 1935 durch Behandlung von Samen oder von jungen Sämlingen mit einer Lösung von Colchicin in Wasser, die Zahl der Chromosomen in den Zellkernen zu verdoppeln. Colchicin ist ein aus der Herbstzeitlose *(Colchicum)* gewonnenes Alkaloid, ein Herzgift. Es wirkt nur auf sich teilende Zellen, also auf wachsendes Gewebe. Durch das Eingreifen dieses Giftes während der Zellteilung, und zwar speziell während der Teilung der Chromosomen, kann diese Verdoppelung des Chromosomensatzes bestehen bleiben. Wenn auch bei der weiteren Zellteilung diese Chromosomenverdoppelung erhalten bleibt, spricht man in diesem Fall von Tetraploidie.

Le Vern Freimann stellte Tetraploide her, indem er Lilienzwiebelschuppen mit dem Saft von im Mörser zerstoßenen Zwiebeln von *Colchicum* (Herbstzeitlosen), der natürlichen Quelle von Colchicin, unterschiedlich lang behandelte.

Damit aus einer einzelnen tetraploiden Zelle durch weitere Zellteilung eine tetraploide Pflanze entsteht, ist es notwendig, daß die Zellen des Wachstumskegels während der Teilung vom Colchicin getroffen werden, denn vom Wachstumskegel geht die Zellteilung und damit das Wachstum des ganzen Pflanzensprosses aus. Werden andere Zellen getroffen, so kann es sein, daß sich nur ein Blatt oder sogar nur ein Blatteil tetraploid entwickelt.

Eine tetraploide Lilie hat doppelt so viele Chromosomen wie eine diploide Pflanze, nämlich 2 × 24 = 48 Chromosomen. Sie ist daran kenntlich, daß die Blätter größer und dicker, die Stengel kräftiger und höher und auch die Lilienblüten gegenüber der Ausgangsform um ein beträchtliches größer sind. Die Blütenblätter zeigen mehr Substanz und genau das ist es, was der Züchter will: stärkere Pflanzen mit größeren Blüten.

Von *L. longiflorum* (Osterlilie) wurden schon verschiedene Tetraformen gezogen, die bedeutend größere und kräftigere Blüten haben. S. L. Emsweller hat von seinen Hybriden 'Cavalier', 'Mega' und 'Brandywine' mittels Colchicin auch Tetraformen gezogen, die bedeutend stärker sind als die diploiden Formen.

Die Chromosomenverdoppelung wird auch ausgenützt, um sterile Hybriden fruchtbar zu machen. Eine Verdoppelung der Chromosomen in einer Pflanze macht diese meist fruchtbar; sie setzt, mit dem Pollen einer ebenfalls tetraploiden anderen Pflanze bestäubt, Samen an. Auch der Pollen tetraploider Pflanzen ist größer als der diploider Lilien, ebenso die Spaltöffnungen an der Blattunterseite. Die Kreuzung diploider Lilien mit tetraploiden kann Samen ergeben. Die daraus gezogenen Lilien sind triploid und meist steril. Sie besitzen 3 × 12 = 36 Chromosomen.

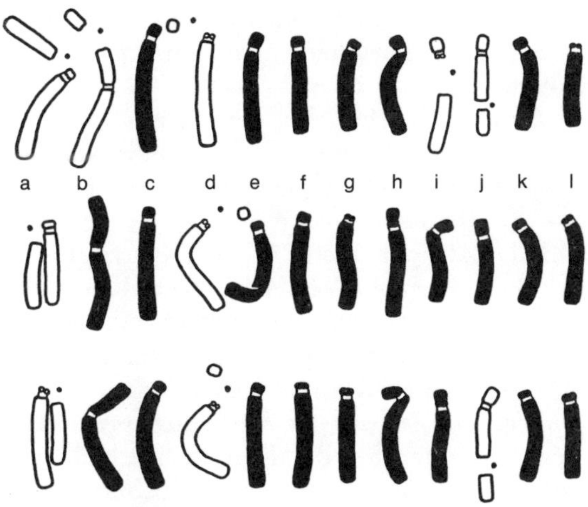

Chromosomenbild von 'Schellenbaum', 2n = 36, allotriploid. Vergrößerung 2000fach von S. Noda, Osaka Gakuin Universität Japan. Die schwarzen Punkte bei den Chromosomen bedeuten farblose Kernzusammenziehungen.

Um Polyploidie bei Lilien künstlich herbeizuführen, verwendet man abgetrennte Zwiebelschuppen, die mit Colchicin behandelt werden. Dazu stellt man die abgetrennten Zwiebelschuppen mehrere Tage lang warm, so daß – angeregt durch die Wärme – eine Zellteilung stattfindet. Da die Kallusbildung bei den Zwiebelschuppen stets an der Bruchstelle erfolgt, werden diese Bruchstellen etwa 2 Stunden in eine Schale mit Colchicinlösung (0,2%) getaucht (nach neuesten Erkenntnissen etwa 18 Stunden in 0,03 bis 0,05% Colchicin). Anschließend werden sie getrocknet, mit einem Fungizid eingestäubt und wie bei der Schuppenvermehrung mit einem feuchten Substrat warm aufgesetzt. Wie schon gesagt, diese Colchicinbehandlung ist stets ein Schuß ins Dunkle, man wird verhältnismäßig sehr wenige Treffer, weniger als 1:100, erzielen. Daher ist es notwendig, möglichst viele

Schuppen mit Colchicin zu behandeln, wenn die Erfolgsaussichten nicht zu klein sein sollen.

Außer Zwiebelschuppen können aber auch keimende Samen oder Sämlinge an den Wachstumskegeln in gleicher Weise mit Colchicin behandelt werden.

Da Colchicin nicht nur ein Herzgift ist, sondern auch im Verdacht steht, Krebs zu erzeugen, muß man sehr bedacht sein, dieses beim Arbeiten nicht auf die Haut zu bringen, ansonsten aber sofort abzuwaschen.

Triploide Lilien (mit 3 Chromosomensätzen) entstehen bei der Kreuzungsarbeit immer wieder ohne unser Zutun, insbesondere bei Kreuzungen verwandtschaftlich weit entfernter Lilien (Cernuum-Kreuzungen von C.F. Patterson, Lankongense-Kreuzungen von Dr. North). Außerdem können Triploide und Tetraploide bei Kreuzungen entstehen, die bei sehr hoher Temperatur (über 40 °C) im Glashaus ausgeführt werden. Es wird vermutet, daß die hohen Temperaturen die Eizellen hindert, sich zu teilen, bevor sie mit der Samenzelle verschmelzen. Falls eine Lilie keinerlei Pollen von nahen Verwandten aufnimmt, besteht der Verdacht, daß sie triploid ist.

Bei der Bestäubung von triploiden und aneuploiden, also an sich nahezu sterilen Lilien mit Pollen von tetraploiden Lilien, erhält man zumeist pro Kapsel einige wenige Samen mit guten Embryos. Chromosomenzählungen haben ergeben, daß einige dieser so gezogenen Pflanzen tetraploid sind, der Rest meist triploid. Durch Kreuzung diploider mit tetraploiden Lilien können in geringem Maß triploide erzielt werden, die dann wieder als Ausgangsmaterial für die Züchtung von tetraploiden dienen können. Durch Rückkreuzungen und Kombination der Verfahren können somit interessierende Gene von der diploiden auf die tetraploide Ebene gebracht werden (D. Eckart Schmitzer und Viktor Straßer, schriftl. Mitteilung, 14.4.80).

Von den asiatischen Lilien sind nach Schmitzer, Nürnberg, als gesichert triploid zu betrachten: 'Discovery', 'Fireking', 'Hornback's Gold', 'Zigeunerliebe', 'Schellenbaum', *L. tigrinum* var. *splendens* und *L. tigrinum* var. *fortunei*. Als tetraploide Lilien konnten bisher nur 'Tetra Mountaineer', 'Tetra Tabasco' und 'Tetra Black Beauty' bestätigt werden.

'Tetra Enchantment' ist aneuploid (etwa 40 Chromosomen), während 'Tetra Mega' und 'Tetra Destiny' als diploid nachgewiesen wurden. Im übrigen sind hier Untersuchungen und Versuche noch im Fluß.

Züchtungsarbeit

Für den ernsthaften Züchter sind grundlegende Kenntnisse in der Vererbungslehre wichtig. Sie sind noch gar nicht so alt. Erst in unserem Jahrhundert hat man begonnen, sich wissenschaftlich mit der Vererbung auseinanderzusetzen, hat die Chromosomen in den Zellkernen entdeckt, die die Träger der Vererbung sind, hat in den Chromosomen die Gene festgestellt. Jedes dieser Gene ist für die Weitervererbung einer gewissen Eigenschaft verantwortlich. Diese Eigenschaften, die zusammen das Bild einer Pflanze ausmachen, sind fast unzählige, bei unseren Lilien beispielsweise die Form der Zwiebel, Form, Zahl und Farbe der Zwiebelschuppen, die Form der Blüte, ob hängend, seitlich schauend, aufrecht, ob Blütenblätter schmal, breit, zugespitzt, stumpf, ob sie rot, dunkelrot, mahagonirot sind, ob die Mitte orangerot oder andersfarbig, ob die Sprenkelung auf den Blütenblättern schwarz, braun, schokoladefarben oder dunkelrot ist, ob die Sprenkel klein oder groß sind, ob die Sprenkel über das ganze Blütenblatt gehen oder in Art eines Musters auf einem Teil des Blütenblattes beschränkt sind, usw. Die Zahl dieser und anderer Eigenschaften geht in die Tausende.

Hierzu gehören nicht nur äußerlich sich ausprägende Eigenschaften, sondern auch innere, wie Widerstandsfähigkeit gegen Krankheiten, Vorliebe bzw. Toleranz für Kalkboden, Frostempfindlichkeit usw.

Für jede dieser Eigenschaften ist ein Gen in den Chromosomen verantwortlich, oftmals sogar mehrere Gene, um z. B. eine Farbsteigerung zu erreichen.

Der Züchter muß lernen, diese Eigenschaften zu unterscheiden und die geringsten Änderungen in den von ihm gewünschten oder unerwünschten Eigenschaften festzustellen, um für die weiteren Kreuzungen die geeigneten Partner auswählen zu können, die in seinem Sinn zu einem Fortschritt führen sollen. Oft sind es nicht die starken Veränderungen eines Blütenstandes, beispielsweise ob die Farbe der Blüten von Rot nach Gelb umschlägt, sondern die ganz kleinen, etwa ob die Blütenstiele eines Blütenstandes länger oder kürzer sind (längere Blütenstiele können einen Blütenstand größer, voller, eleganter machen), ob eine Blüte stark zurückgeschlagene Blütenblätter hat oder einen flach ausgebreiteten Blütenkelch (durch die flach ausgebreiteten Blütenblätter erscheint die Blüte größer), welche eine Pflanze über die andere hinausheben und wertvoller machen. Es kann eine Lilie ausgezeichnete Blüheigenschaften haben, so daß sie auf Ausstellungen prämiiert wird, aber sich schlecht durch Schuppen vegetativ vermehren lassen. Diese langsame und daher kostspielige Vermehrung kann sie für den Handel bedeutungslos machen, so schön und interessant sie sonst auch wäre.

Zur Zuchtarbeit gehören unbedingt die genaue Führung eines Zuchtbuches und die Benennung der Sämlinge mit Nummern. Nur so ist es möglich, Feststellungen hinsichtlich der Zucht und der Vererbung nachträglich zu treffen, herauszufinden, welche Pflanze eine gewünschte Eigenschaft gut vererbt oder von welchem Partner unerwünschte Eigenschaften vererbt werden, so daß er aus der Zucht ausgeschlossen werden muß.

Für die Zuchtarbeit ist es auch bedeutungslos, wie die Sämlinge aufgezogen werden. Es ist ein Aufzuchtverfahren anzustreben, das die geringsten Ausfälle gibt, weil sonst ein Teil unserer Kreuzungs- und Befruchtungsarbeit umsonst wäre. Hier ein Beispiel: E. Debras hat bei seiner ersten erfolgreichen Kreuzung *L. sargentiae* × *L. henryi* zwei Samen erhalten, die beide keimten. Ein Sämling ging ein. Wäre der zweite Sämling durch schlechte Aufzucht ebenfalls eingegangen, so hätten wir eventuell noch Jahre warten müssen, bis wir eine Hybride wie *L.* × *aurelianense* erhalten hätten.

An dieser Stelle muß auf die Möglichkeit hingewiesen werden, daß sich Samenkapseln entwickeln, die keine keimfähigen Samen enthalten. Die Samen sind dünn, die Mitte ist leer, es ist kein oder ein kaum sichtbarer Embryo enthalten. Dies hat Dr. Emsweller insbesondere bei Kreuzungen von *L. speciosum* × *L. auratum* beobachtet. Der Embryo war nicht fähig, weiterzuwachsen, weil durch Unverträglichkeit von Pollen- und Eizelle kein Endosperm entwickelt wurde. Aus den gleichen Kreuzungen konnten lebensfähige Embryos aus den noch grünen Samen herausoperiert werden. Wenn dies etwa 45 bis 60 Tage nach der Bestäubung geschieht, so kann dieser Embryo auf Agar-Agar-Nährboden, versorgt mit Nährsalzen, Zucker, Spurenelementen und eventuell auch Vitaminen, aufgezogen werden, so daß er Wurzeln und Blätter entwickelt. Die Ausführung dieser Embroykultur muß absolut steril durchgeführt werden, die Aufzucht der Embryos geschieht steril in Reagenzgläsern auf Agar-Agar-Nährboden bei Temperaturen von etwa 22 bis 27 °C. (Der Staudengarten 2/1976, Judith McRae; s. Kapitel „Embryokultur").

Die Hybridisation ist wohl die interessanteste Tätigkeit der Lilienzucht. Welche Erfolge die Kreuzungs- und Züchtungsarbeit bei den

Lilien bringen kann, zeigt die Lebensarbeit von Jan de Graaff, dem bekanntesten Lilienzüchter der USA, ja der Welt. Durch planmäßige, großzügige und wissenschaftlich kontrollierte Züchtungsarbeit hat er einen Großteil der heute im Handel befindlichen Gartenlilien geschaffen und insbesondere erreicht, daß diese Lilien den Lebensbedingungen in unseren Gärten besser angepaßt sind.

Der Lilienliebhaber kann in gleicher Weise an dieser interessanten Arbeit, neue Lilien zu schaffen, teilhaben. Selbst wenn hundert neue Lilien in unserem Garten blühen, so werden wir doch stets mit Ungeduld darauf warten, bis eine unserer eigenen Züchtungen zum erstenmal an einem Sommermorgen ihre Blüte öffnet. Mit Neugierde und Erstaunen werden wir ihr ins Gesicht schauen. Dieses Gefühl, durch unsere Tätigkeit etwas Neues zu schaffen, schöpferisch zu sein, gibt wirkliche Befriedigung.

Wenn Jan de Graaff in breiter Front die neuen Lilien schuf und ihre Pflanzung in unseren Gärten ermöglichte, so tat er das als der größte gewerbsmäßige Lilienzüchter. Viele der kleinen Fortschritte, aber auch die großen Sprünge in der Züchtung, verdanken wir jedoch Liebhaberzüchtern und Lilienliebhabern. E. Debras, Orleans, schenkte uns die *L. × aurelianense,* die heute in tausend Formen und Sorten, strotzend von Gesundheit, aus unseren Gärten nicht wegzudenken ist. Roy M. Wallace (Australien) schuf die Auratum-Speciosum-Hybride 'Jillian Wallace', die ob ihrer Einmaligkeit, mit der sie die Schönheit und Farbenpracht zweier japanischen Lilien vereinigte, Aufsehen bei den Lilienzüchtern der ganzen Welt erregte und sie zum begehrtesten Zuchtobjekt machte. Prof. Patterson, Saskatoon (Kanada), gelang als erstem die Kreuzung von *L. cernuum* mit dem Davidii-Umbellatum-Elegans-Komplex. Dadurch brachte er neue Farben, Rosa-, Perlmutt- und Pastelltöne, in das Liliensortiment und schuf die Grundlage zur Züchtung weißer Asiatischer Hybriden.

L.N. Freimann, Bellingham (USA) ist der Vater der 'Golden Regale'. Hunderte von Züchtern haben sich an der Aufgabe versucht, in der Königslilie das vorhandene Gelb so zu verstärken, daß die ganze Lilie die gelbe Farbe zeigt. L.N. Freimann, einem Landwirtschaftsfachberater, gelang dies in seinem kleinen Garten. Ausgerüstet mit den Kenntnissen der Vererbungslehre, einem sicheren Spürgefühl und der Zielstrebigkeit und Ausdauer des geborenen Züchters hat er Jahr für Jahr eine Kreuzung an die andere gefügt, bis nach 14 Jahren Zuchtarbeit die 'Golden Regale' stand.

Es ist nicht so, daß das in den Lilien liegende Potential an Kreuzungsmöglichkeiten ausgeschöpft wäre. Die in den Lilien schlummernden Erbanlagen geben Raum für eine fast unendliche Zahl von Neukombinationen. Immer wieder ist es möglich, durch gezielte Zucht besondere Eigenschaften und besondere Merkmale zu Tage zu bringen und auszulesen. Für den Amateurzüchter stehen Tausende von Möglichkeiten offen, sich züchterisch zu betätigen. Der Tieferschürfende wird bald die Grenzen ausmachen, innerhalb derer sein Tätigkeitsdrang Befriedigung findet.

Feinde der Lilien

Tierische Schädlinge

Wühlmäuse

Wer Wühlmäuse im Garten duldet, wird immer wieder Verluste an Zwiebelpflanzen beklagen müssen. Auch Lilienzwiebeln sind ein Leckerbissen für Wühlmäuse. Die vollkommene Ausrottung dieser Nagetiere ist oft schwierig. Meist wandern die unwillkommenen Gäste aus angrenzenden Feldern und Gärten wieder ein. Dezimieren lassen sie sich durch Giftköder, durch Gas und mittels Fallen.

Um die Zwiebeln vor Wühlmausfraß zu schützen, kann sie mit einem Brei aus Mennige und Wasser angestrichen werden, oder sie wird mit einem Drahtgeflecht umgeben, das in die Erde mit eingegraben wird. Es gibt auch besondere Drahtkörbe für diesen Zweck.

Feldmäuse

Sie werden sich nur dann im Winter an den Lilienzwiebeln vergreifen, wenn diese durch eine dichte Decke von Stroh oder Laub abgedeckt sind. Eine solche dichte Abdeckung der Lilienpflanzungen ist daher zu vermeiden. Feldmäuse können durch Giftköder (Giftweizen) bekämpft werden, auch das Einstäuben der Zwiebeln mit geeigneten Präparaten beim Versetzen wird empfohlen.

Schnecken

Schnecken können große Schäden an den jungen Austrieben der Lilien anrichten. Meist wird der Hauptsproß am Kopf oder seitlich angefressen, so daß er verwelkt und eingeht. Auch unter Sämlingen in kalten Kästen vermögen Schnecken viel zu verderben. Oft sind es die Nacktschnecken, die sich im Herbst und Winter in die Erde zurückziehen, sich an den Lilienzwiebeln niederlassen und Fraßschäden verursachen. Als bestes Vertilgungsmittel haben sich verschiedene Streumittel auf der Basis von Metaldehyd erwiesen. Sobald im Frühjahr das Wetter wärmer wird und die Vegetation ergrünt, muß oftmals gestreut werden, damit alle Schneckenarten, vor allem auch die Nacktschnecken vernichtet werden.

Nematoden (Älchen)

Die winzig kleinen Fadenwürmer, die von außen in die Pflanzen eindringen, können die Wurzeln, auch Blätter und Knospen befallen (bekannt ist die Älchenkrankheit des *Phlox*). Die Älchen sind in ihrer Entwicklung von genügender Bodenfeuchtigkeit und von höheren Temperaturen abhängig. Im allgemeinen wird der Liebhabergärtner kaum etwas mit Nematoden zu tun haben. Der gewerbsmäßige Lilienanbauer aber kann bei Nematodenbefall starke Ausfälle durch Mißwuchs haben, wie überhaupt die Nematoden in Monokulturen und vor allem bei mehrmaligem Anbau hintereinander verstärkt auftreten. Da Älchen auch in Samen vorkommen können, sind die holländischen Lilienanbauer gehalten, die auszusäenden Samen vorher einer Warmwasserbehandlung zu unterwerfen (s. Kapitel „Aussaatsubstrat“).

Für den Lilienanbauer kommen im allgemeinen nur zwei Nematodenkategorien in Frage.

Blatt- und Blütenälchen. Diese dringen von außen durch die Spaltöffnungen in die Blätter ein. Dazu brauchen sie feuchte Witterung. Blätter und Blüten werden infolge der Saugtätigkeit der Älchen mißfarbig glasig, verkrüppeln und werden später braun.

Zur Bekämpfung der hier meist in Frage kommenden Blattnematoden (*Aphelenchoides fragariae* und *A. ritzemabosi*) wird in Holland Warmwasser angewendet. Die Lilienzwiebeln werden 2 Stunden lang in Warmwasser von genau 39 °C gebadet. Um die Temperatur während dieser Zeit exakt aufrechtzuerhalten, sind besondere Vorkehrungen und Apparate notwendig. Nach dem Baden werden die Zwiebeln in eine Fungizidlösung getaucht und getrocknet. Sie müssen innerhalb von 3 Tagen gepflanzt werden.

Wurzelnematoden. Die hier wichtigen Vertreter (*Pratylenchus penetrans* und *Rotylenchus robustus*) sind freilebende Älchen (nicht zu verwechseln mit den Wurzelgallenälchen). Sie dringen aus dem Boden in die Lilienwurzeln ein und sind schwieriger zu bekämpfen als die Blatt- und Blütenälchen. Zeichen für den Befall ist meist ein frühes Vergilben und Absterben des Triebes und der Blätter. In großen Pflanzungen sind oft nur kleinere Bezirke befallen und zeigen diese Symptome. Die Schädigung der Wurzeln zeigt sich meist daran, daß diese bis auf einige wenige Stumpen vernichtet sind.

Für den Liebhabergärtner genügt es in der Regel, wenn er durch Abschneiden der befallenen Wurzeln den Großteil der Schädlinge ausscheidet. Im Großen ist es wichtig, nur gesunde, nematodenfreie Zwiebeln zu pflanzen und den Boden nematodenfrei zu halten. Dies kann durch Bodendämpfung oder chemische Desinfektion des Bodens erfolgen.

Zur Bodenentseuchung werden verschiedene Mittel auf dem Markt angeboten. Als geeignete Präparate zur Desinfektion gelten Shell DD Super, Telone, Terabol und Temik, außerdem eignen sich zur Bodenentseuchung Basamid, Shell DD, Di-Trapex. Sie werden nach Vorschrift in den Boden eingebracht. Bei vergasenden Präparaten ist eine Bodenabdeckung mit Folien oder ein Wassersiegel notwendig. Die Karenzzeit für die Bepflanzung ist für die einzelnen Entseuchungsmittel zu beachten.

Durch das Saugen der Nematoden an den Pflanzengeweben besteht außerdem die Gefahr der Sekundärinfektion durch Pilzbefall. Nach holländischen Untersuchungen gibt es auch Pflanzen, die den Nematodenbesatz herabsetzen. *Tagetes* sind als ausgesprochene Feindpflanzen für freilebende Nematoden anzusehen (H. Faber, Gartenwelt 7/66; H. J. Jensen, NALS-LYB, 1963).

Tausendfüßler

Sie sind oft an und in Lilienzwiebeln anzutreffen. Während man früher annahm, daß sie nichtprimäre Schädlinge sind, haben Beobachtungen in den USA erwiesen, daß Tausendfüßler unmittelbar Fraßschäden an den Lilienschuppen verursachen können, die oft sehr weitgehend sind. Zur Vernichtung der Tausendfüßler werden geeignete Stäube-/Streumittel ausgebracht und untergegraben. Auch systemische Insektizide können als Gießmittel angewendet werden.

Lilienhähnchen (*Crioceris lilii* Scop.)

Dieser Käfer ist, wie sein Name schon sagt, auf Liliengewächse spezialisiert. Er sucht vor allem Lilien und Maiglöckchen heim. Der etwa 8 mm lange, schön siegellackrot gefärbte Käfer legt im Mai–Juni auf der Unterseite der Lilienblätter orangerote Eier in Reihen ab. Die bald schlüpfenden, schleimigen (Kot), gelben Larven setzen das Freßwerk der Käfer an den Blättern und Blüten fort. Die Blätter zeigen aneinandergereihte charakteristische runde Freßstellen. Auch Blütenknospen werden nicht verschont. Lilienhähnchen kommen nicht in allen Gegenden vor, wenn sie aber irgendwo vorhanden sind, darf man sicher sein, daß sie eine Lilienpflanzung finden und heimsuchen. Absammeln der Käfer und Larven, Stäuben mit Parathion (E605) und mehrmaliges Spritzen z.B. auch mit Metasystox erweisen sich als wirksam. Öfteres Nachsehen ist bei Befall notwendig, weil im Herbst meist noch eine zweite Generation auftreten kann.

Das Zwiebelhähnchen *(Crioceris merdigera L.)* tritt ebenfalls an Lilien auf.

Lilienhähnchen. Dieser rote Käfer mit seinen Larven ist ein unliebsamer Lilienschädling. Blätter, Blüten und Knospen werden von ihm angefressen.

Minierfliege
(*Liriomyza urophorina* Mik.)

Dieser Lilienschädling scheint vor allem in Mitteldeutschland (Thüringen, Sachsen) außerordentlich häufig aufzutreten. Die Wirtspflanzen sind *L. martagon, L. candidum*, es werden aber auch alle anderen Lilien davon befallen. Im Gebiet um Erfurt sind 50 bis 60% der Blütenknospen von *L. candidum* befallen. Die Tiere überwintern als kleine Puppen von 3 mm Länge im Erdboden, aus welchen Ende Mai–Anfang Juni die 2,5 bis 3 mm großen schwarz und gelbfarbenen Fliegen schlüpfen. Die Weibchen legen sofort bis zu 8 Eier in die Lilienknospen ab, wo sich die Larven entwickeln. Gegen Ende Juni verpuppen sich die Larven im Boden, um im nächsten Jahr zu schlüpfen. Systemische Insektizide Metasystox und E 605 können zur Bekämpfung von Fliegen, Eiern und Larven ab Anfang Juni angewendet werden. Es wird jedoch eine Verdoppelung der normalen Konzentration der Spritzbrühe empfohlen.

Liliengallmücke
(*Contarinia martagonis* Kieff und *C. lilii* Kieff)

Ab Mitte Mai legt diese Gallmücke ihre Eier in den meist oberen Blütenknospen von Lilien ab, wodurch die Knospen im Wachstum zurückbleiben, bleich und oft ungleichmäßig aufgetrieben werden, schließlich vertrocknen. Im Inneren befinden sich oft über 40 gelblich-weiße Larven, die sich schließlich im Boden verpuppen. Die Bekämpfung kann, wie bei der Minierfliege, durch Spritzen mit systemischen Insektiziden vorgenommen werden (DIG-Jahrbuch 1967).

Lilienthrips (*Liothrips vaneecki* Priesner)

Diese auch Blasenfüße oder Fransenflügler genannten Tiere sind kleine Insekten in der Form eines Kommas, etwa 1 mm groß und kleiner, schwarz, braun und milchweiß, je nach Entwicklungsstadium.

Die Thripse halten sich zwischen den Schuppen der Lilienzwiebeln auf und saugen an diesen. Bei starkem Befall kann ihr Saugen verursachen, daß die Sprosse im Frühjahr gestaucht und krumm austreiben. Der wesentliche Schaden scheint aber darin zu bestehen, daß die Beschädigungen, die sie an der Oberhaut der Zwiebelschuppen anrichten, Anlaß dazu sind, daß pilzliche Krankheitserreger Öffnungen zum Eintritt in die Gewebe der Zwiebelschuppen finden. Am stärksten befallen werden locker zusammengesetzte Zwiebeln der asiatischen Lilien und Hybriden, während die festgebauten Zwiebeln der Trichterlilien selten unter Befall leiden. Von Thripsen heimgesuchte Zwiebeln fallen dadurch auf, daß sie einen strengen, widerlichen Geruch ausströmen. Thripsbefall ist ziemlich verbreitet in den USA, dort auch an Wildstandorten von Lilien, ferner in Europa und Japan. Auch aus Deutschland wurde Thripsbefall von L. Steffen, Kiel, berichtet (Gartenwelt 6/62). Zur Bekämpfung der Thripse wird von den Holländern empfohlen, die Zwiebeln 15 Minuten in eine Lösung von 60 cm^3 Parathion (25%) auf 10 l Wasser zu tauchen, wobei nach der Tauchung mit reinem Leitungswasser nachzuspülen ist. Außerdem ist in den Pflanzboden ein insektizides Streumittel einzuarbeiten. Die Amerikaner (NALS-LYB 1963) empfehlen, die ausgegrabenen Zwiebeln 1 Stunde lang in Wasser von 43,5 °C (110 °F) zu tauchen, wobei diese Temperatur während dieser Zeit aufrecht erhalten bleiben muß, aber nicht überschritten werden darf. Eventuell sind auch Spritzungen an den aufgepflanzten Beständen mit Parathion und Metasystox wirksam. Auf Lager liegende Zwiebeln sind im Herbst bis zur Auspflanzung mit E 605 einzustäuben.

Blattläuse

Diese Pflanzensauger sind als die Hauptüberträger der Virosen bei Lilien und Tulpen gefährlich und hier besonders die Grüne Pfirsichblattlaus *(Myzus persicae)* und die Kartoffelblattlaus *(Macrosiphum solanifolii).* Die geflügelten Blattläuse setzen sich auf den verschiedensten Pflanzen, auch auf Lilien, fest. Durch ihre Saugtätigkeit können sie die von dem Besuch anderer viruskranker Pflanzen stammenden Viren auch auf die Lilien übertragen.

Zur Vertilgung der Blattläuse sind 3- bis 4wöchentliche Spritzungen mit systemischen Mitteln, z. B. Metasystox, zu empfehlen. Dabei sollen nicht nur die Lilien, sondern auch andere von Blattläusen befallene Pflanzen (Rosen) gespritzt werden. Durch die Spritzungen werden nicht nur unmittelbar die Blattläuse vernichtet, sondern das von der Pflanze aufgenommene Metasystox wirkt noch bis zu 3 Wochen für später befallende Blattläuse tödlich. Um die Übertragung von Mosaikviren in das Blattgewebe durch Blattläuse zu verhindern, werden in den USA und in Holland die Lilienkulturen wöchentlich von Mai bis August mit Albolineum, einer Mineralölemulsion (2,5 l Albolineum + 100 l Wasser), gespritzt.

Pilzkrankheiten

Bei uns sind es im wesentlichen zwei Erkrankungen, die durch Pilze hervorgerufen werden, nämlich durch *Botrytis* und *Fusarium.* Sie verursachen an den Lilien starke Schädigungen. In den USA sind noch eine Reihe weiterer, oft sehr gefährlicher Pilzkrankheiten bekannt geworden, die, da sie bei uns noch nicht beobachtet worden sind, hier unberücksichtigt bleiben können.

Grauschimmel *(Botrytis)*

Dieser allgemein verbreitete Pilz ist der Erreger einer Krankheit, die Blätter, Blüten und

Stengel befällt. Sie tritt meist dann auf, wenn im Sommer warmes und zugleich regnerisches (gewitteriges) Wetter herrscht, wenn Sonnenschein und Regen abwechselnd auftreten. Meist bilden sich zuerst auf den Blättern kleine runde oder elliptische Flecke von brauner Farbe *(Botrytis elliptica)*, später wird das ganze Blattwerk von einem grauen Schimmelrasen überzogen und stirbt ab *(B. cinerea)*.

Wenn zu dieser Zeit die Lilien abblühen und die abgefallenen, verwelkenden Blütenblätter naß auf den Blättern oder am Boden liegen, so werden diese schnell ein Opfer dieses Schimmelpilzes, der dann auch auf die gesunden Pflanzen weitergreift. Zuletzt sterben Blätter und Stengel ab und werden braun. Eine Schädigung der Zwiebel tritt insofern ein, als durch das Absterben der Blätter die Vegetationszeit abgekürzt wird und eine Rückleitung der Assimilationsprodukte zur Zwiebel vorzeitig beendet wird. Auf die Zwiebel tritt *Botrytis* nicht über. Vom Schimmelpilz werden jedoch Samenkapsel und Samen befallen. Die Samen werden dadurch keimunfähig.

Gegen Botrytis-Befall können Spritzungen mit Fungiziden eingesetzt werden (s. Kapitel „Bekämpfung der Lilienkrankheiten").

Grauschimmel. Regenzeiten und feuchte Lagen leisten dieser Pilzkrankheit Vorschub. Sie befällt Blüten, Blätter und Stengel, selbst die Samenkapseln mit den Samen werden befallen und dadurch verdorben. Um diesen Grauschimmelbefall *(Botrytis)* zu vermeiden, muß vorbeugend mit einem Fungizid gespritzt werden. Am besten hat sich selbstangesetzte Kupferkalkbrühe bewährt.

Zwiebelbodenfäule *(Fusarium)*

Diese Krankheit dürfte die größten Ausfälle bei der Pflanzung von Lilien verursachen. Denken wir an die Millionen von Auratum-Zwiebeln, die Jahr für Jahr aus Japan eingeführt und gepflanzt werden; fast alle gehen im Laufe von 1 bis 2 Jahren ein, werden ein Opfer der Fusarium-Krankheit.

Am Zwiebelboden und an den Zwiebelschuppen entstehen durch den Pilzbefall braun bis schwarz gefärbte Gewebezerstörungen, die auch auf die Wurzeln übergreifen und diese zum Absterben bringen (die Zwiebeln zeigen kaum Wurzeln). Bei Fortschreiten der Krankheit zerfallen die Zwiebeln, so daß man beim Nachgraben oft nur noch die Spitzen der Zwiebelschuppen vorfindet. Als Erreger dieser Krankheit wird der Pilz *Fusarium oxysporum* f. *lilii* angesprochen, doch dürften weitere Pilze und Bakterien beteiligt sein. Der Pilz kommt in fast allen Böden vor, tritt jedoch am stärksten auf, wenn mehrmals in dem gleichen Boden Lilien gepflanzt oder gezogen werden. In diesem Falle können die Zwiebeln ganzer Beete innerhalb kürzester Zeit zerstört werden.

Zur Bekämpfung dieser gefährlichsten Lilienkrankheit ist es am wichtigsten, den Boden von diesen Pilzen frei zu halten. Am besten wird dies durch Dämpfung oder chemische Entseuchung des Bodens erreicht, bevor ein Beet neu bepflanzt wird (s. Kapitel „Bodenentseuchung").

Gute Erfolge hat man in den USA mit der Desinfektion der zu pflanzenden Zwiebeln gemacht (s. Kapitel „Bekämpfung der Lilienkrankheiten"). Außerdem versichere man sich, daß nur gesunde, nicht von der Fusarium-Fäule befallene Zwiebeln gepflanzt werden.

Viruskrankheiten

Viruskrankheiten können bei fast allen Pflanzen auftreten und je nach Virusart und Befallsgrad mehr oder weniger große Schäden hervorrufen. Auch Lilien sind gegen Viruskrankheiten nicht gefeit. Die fast vollständige Vernichtung des auf der Bermuda-Insel betriebenen Anbaus von *L. longiflorum*-Zwiebeln in den Jahren 1919 bis 1925 veranlaßte die Amerikaner F. P. McWhorter und Philip Brierley, diesen Viruskomplex eingehend zu erforschen. In Holland wurde die Virusfrage im Hinblick auf den Lilienzwiebelanbau in diesem Land durch das Laboratorium voor Bloembollenonderzoek, Lisse, ausführlich behandelt. Die nachfolgenden Ausführungen entstammen zumeist diesem Rapport von 1974. In Holland konnten 5 Virusarten festgestellt werden, die in Lilien vorkommen:

- latentes oder symptomloses Lilienvirus,
- Lilienmosaikvirus (gleich dem Tulpenmosaikvirus),
- Gurkenmosaikvirus,
- Arabismosaikvirus,
- Tabakmottelvirus.

Viruskrankheiten können an fast allen Lilien auftreten, wenn auch die Befallserscheinungen verschieden schwer und nicht auf allen Lilienspezies und Cultivaren gleich sind. Bei starkem Befall kann eine Kultur vollständig vernichtet werden. Das latente Lilienvirus, das in fast allen Lilien vorhanden ist, wirkt meist nie allein. Erst wenn die Pflanze noch von einem weiteren Virus befallen ist, tritt die spezifische Krankheit zu Tage (Mischvirose).

Latentes Lilienvirus, Lilienmosaikvirus und Gurkenmosaikvirus werden durch Blattläuse von Pflanze zu Pflanze übertragen, wobei die saugende Laus die Viren aufnimmt und durch Saugen an einer anderen Pflanze sofort wieder weiter gibt.

Die Bekämpfung der Blattläuse mit systemisch wirkenden Insektiziden ist nur erfolgreich bei Läusen, die auf den Lilien sitzen. Anfliegende Blattläuse können jedoch ohne weiteres durch ihren Stich Viruskeime mehrfach übertragen, bis sie durch das im eingesogenen Pflanzensaft enthaltene Insektizid abgetötet werden. Deswegen spritzen die Holländer mit Mineralölemulsionen, die auf den Blättern einen Ölfilm bilden, so daß die Läuse mit ihrem Saugapparat die Pflanzenoberfläche nicht erreichen. Die Ansteckungsgefahr wird dadurch deutlich herabgesetzt.

Die Spritzung mit Albolineum erfolgt in Holland mit 2,5 l Albolineum auf 100 l Wasser, also 2,5 %ig, in den Monaten Mai, Juni, Juli wöchentlich, im August (September) alle 10 Tage in jeweils 2 Gängen, nachmittags oder abends. Der Aufwand beträgt 800 bis 900 l Spritzbrühe pro Hektar.

Arabismosaikvirus und Tabakmottelvirus werden durch im Boden freilebende Nematoden (*Xiphinema*- und *Trichodorus-Arten*) übertragen, wobei die Nematoden monatelang Träger von Viren sein können.

Die Bekämpfung der frei im Boden lebenden Älchen kann nur durch Bodenentseuchungsmittel bewerkstelligt werden. Außerdem sind die Anpflanzungen unkrautfrei zu halten, weil auch Unkräuter diese Älchen beherbergen. Die Anbauflächen sind auf viruskranke Pflanzen stets zu kontrollieren. Diese sind samt der Zwiebel zu roden und zu vernichten.

Um Lilien virusfrei zu machen, gibt es keinerlei chemische Mittel. Die einzige bisher bekannte Möglichkeit ist die der Meristemkultur. Dabei wird von einem lebenden

Viruskrankheiten und ihre Bekämpfung
(gekürzt aus Ir. C. J. Asjes: Virussen en Virusziekten in lelies en mogelijkheden tot bestrijding. Laboratorium voor Bloembollenonderzoek, Lisse, 1974)

Virus	Krankheit	Symptome	Vorkommen	Überträger	Bekämpfung
Latentes Lilienvirus	Virus latent vorhanden	nicht sichtbar	*L. speciosum*-Cultivare und Asiatische Hybriden 100%	Blattläuse	Gewebekultur, Spritzung mit Mineralölen
Latentes Lilienvirus + Lilien-mosaikvirus	Mosaik	Mosaikzeichnung, sich ausbreitend von den Nerven bis auf das ganze Blatt, mitunter dort rötlich gefärbtes, absterbendes Gewebe; Zwiebel ohne Symptome	*L. speciosum*-Cultivare; mitunter hoher Prozentsatz	Blattläuse	Rodung kranker Pflanzen, Spritzung mit Mineralölen
	Braunring-krankheit (Bräune)	Blätter heller gefleckt nach dem Austrieb bis zur Blüte; frühzeitiges Absterben der Pflanze; braune Ringflecken auf den Zwiebelschuppen	Asiatische Hybriden; oftmals hoher Prozentsatz	Blattläuse	Rodung kranker Pflanzen, Spritzung mit Mineralölen
Latentes Lilienvirus + Gurken-mosaikvirus	Gurken-mosaik	meist unsichtbar; Verbreiterung der Blattnerven und Mosaikzeichnung über das ganze Blatt, Striche von absterbendem Gewebe; auch Mißbildung der Blüten	empfindliche Cultivare; gelegentlich hoher Prozentsatz; Midcentury-Hybriden, L. 'Tabasco'	Blattläuse	Rodung kranker Pflanzen, Spritzung mit Mineralölen
Arabis-Mosaikvirus + Latentes Lilienvirus	Ringkrankheit	Mosaik von hellfarbigen Strichen und Flecken auf den untersten Blättern; frühzeitiges Absterben der Pflanzen; Zwiebeln mit cremefarbenen Ringen von abgestorbenem Gewebe auf den Schuppen	*L. tigrinum* manchmal hoher Prozentsatz; auch in anderen Cultivaren	freilebende Älchen im Boden	Rodung kranker Pflanzen; Bodenentseuchung
Latentes Lilienvirus + Tabak-mosaikvirus		hellere Nerven, Drehwuchs der Blätter und auch der ganzen Pflanzen		freilebende Älchen im Boden	Rodung kranker Pflanzen

Pflanzentrieb der oberste, nur Bruchteile eines Millimeters große Wachstumskegel abgeschnitten und künstlich in einem Nährsubstrat aufgezogen. Dieser Wachstumskegel ist meist virusfrei und kann bei weiterer Vermehrung virusfreie Pflanzen geben. Virusfreie Pflanzen unterscheiden sich von virusbefallenen durch größere Wuchskraft, größere Blattmenge, größere Höhe, größere Blüten, längere Wachstumsperiode, daher auch durch mehr Zuwachs (s. Kapitel „Gewebekultur“).

Um den Viruskrankheiten im Garten zu begegnen, können verschiedene Wege beschritten werden, die aber stets nur Teillösungen darstellen:

Man kann Lilien nur aus Samen ziehen, denn Samen übertragen keine Viruskrankheiten. Man würde dadurch auf viele schöne Lilien verzichten müssen, ebenso wie auf die sonstigen Pflanzen, die Virusträger sind.

Die andere Möglichkeit ist, nur Lilien zu pflanzen, die extrem virustolerant sind, wie *L. tigrinum*, 'Bright Star' oder 'Black Beauty', also Lilien, die gedeihen und gut blühen, selbst wenn sie Virusträger sind. Auch dies bedeutet eine starke Einschränkung des Pflanzenprogramms.

Dann kann man versuchen, die Virusüberträger, die Blattläuse, auszuschalten, indem man mit Insektiziden spritzt oder die natürlichen Feinde der Blattläuse, z. B. Marienkäfer, einsetzt. Auch hierdurch erreicht man nur eine Verminderung, in keinem Fall die Vernichtung aller Läuse.

Der beste Weg ist noch die Verwendung von Spritzungen mit Mineralölemulsionen, wodurch verhindert wird, daß der Stich der Blattläuse bis in das Blatt reicht.

Wildlilien

Klassifikation der Lilien

Die Lilien sind ein altes Pflanzengeschlecht, das sich auf der nördlichen Erdhalbkugel entwickelt und sich auch stets auf diese Hemisphäre beschränkt hat, denn von der südlichen Halbkugel ist keine Lilie bekannt. Anscheinend waren die gemäßigte Zone und die Subtropen stets ihre Heimat gewesen.

Viele Lilienarten sind im Laufe der Entwicklungsgeschichte verlorengegangen, sie konnten sich den veränderten Lebensbedingungen, die durch geologische Veränderungen und Klimaverschiebungen entstanden sind, nicht anpassen, waren vielleicht auch in ihrer geographischen Verbreitung so beschränkt, daß sie sich auch nicht auf die Wanderschaft begeben konnten und vor den anrückenden Unbilden des Klimas ihnen günstigere Regionen aufsuchen konnten. So ist das auf uns überkommende Wildliliensortiment sehr rudimentär und lückenhaft. Da und dort findet sich alleinstehend eine Lilie, deren Ursprung weit zurückreicht, dann treten wieder Gruppen von Lilien auf, welche zeitlich sich erst später entwickelt haben und dadurch heute noch in enger Verwandtschaft stehen.

Der österreichische Botaniker Stephan L. Endlicher hat 1836 als erster eine Klassifizierung der damals bekannten Lilienarten durchgeführt, die mit Veränderungen später (1925) von E.H. Wilson in seinem Buch „The Lilies of Eastern Asia" übernommen wurde. Dieses System der Klassifikation hat im wesentlichen nur eine Eigenschaft berücksichtigt, nämlich die Blütenform und die Haltung der Blütenblätter. Dadurch wurden verschiedene zusammengehörige Liliengruppen, z.B. die des amerikanischen Kontinents, auseinandergerissen. Diese Klassifikation war unnatürlich und befriedigte nicht.

Schließlich war es H.F. Comber, der im „Lily Yearbook" 1949 der RHS eine neue Klassifikation vorschlug, die sich nicht nur auf die Blütenform beschränkte, sondern auch andere Eigenschaften der Lilien zu ihrer Einteilung beizog, so die Keimung der Samen, die Anordnung der Blätter, die Form der Zwiebeln und der Zwiebelschuppen und noch viele andere. Dadurch kam er zu einer neuen Einteilung, die im wesentlichen entwicklungsgeschichtlich zu erklären ist und dadurch den natürlichen Verhältnissen näher kommt.

In den 7 Sektionen stehen jeweils die Lilien beisammen, die sich auch verwandtschaftlich nahe stehen. Diese Sektionen, die zum Teil nochmals Unterteilungen erfahren haben, sind:

1. die Martagon-Sektion,
2. die Amerikanische Sektion,
3. die Candidum-Sektion,
4. die Orientalische Sektion,
5. die Asiatische Sektion,
6. die Trompetenlilien-Sektion,
7. die Dauricum-Sektion.

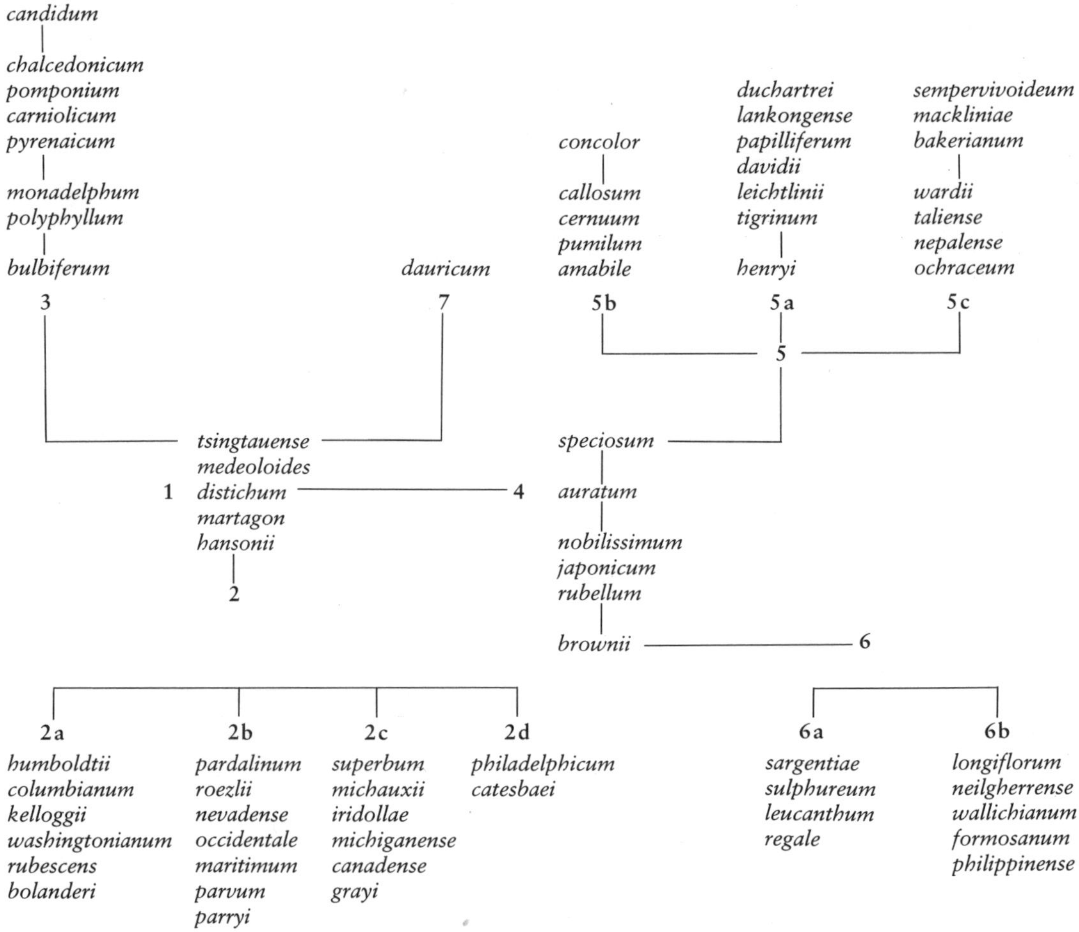

Mutmaßliche verwandtschaftliche Beziehungen der Gattung *Lilium* (nach Harold Comber)

Oben links: *L. harrisianum* gedeiht ausgezeichnet und üppig in der etwas feuchteren Farnschlucht des Botanischen Gartens in München. Oben rechts: *L. henryi,* eine sehr gesunde, unverwüstliche Lilie aus China, die keine besonderen Bodenansprüche stellt und über 2 m hoch werden kann. Mitte links: *L. japonicum.* Mitte rechts: *L. mackliniae,* eine sehr seltene Wildlilie aus Burma. Unten links: *L. martagon* var. *album.* Nicht immer wird der weiße Türkenbund so große und kräftige Blütenstände geben. Unten rechts: *L. monadelphum* gehört ebenso wie *L. szovitsianum* und *L. kesselringianum* zu den drei gelbblühenden Kaukasuslilien.

Nach ihrer Abstammung und ihrer Verwandtschaft ergibt sich für die Lilien die auf Seite 86 dargestellte Einteilung der typischen Arten, die sicher noch nicht der letzte Versuch sein wird, die Lilien der Welt zu gruppieren.

Für die entwicklungsgeschichtliche Abstammung der Lilien hat Dr. Lighty einen hypothetischen Stammbaum aufgestellt, der insbesondere die getrennten Entwicklungsräume in Asien, Europa und Nordamerika berücksichtigt (Abb. Seite 90).

Oben links: *L. henryi* var. *erecta.* Oben rechts: *L. pumilum,* eine schöne feine Lilie, die gut blüht, jedoch immer wieder aus Samen nachgezogen werden muß. Unten links: *L. nepalense,* eine sehr schöne Lilie vom Fuß des Himalaya. Unten rechts: *L. pyrenaicum.*

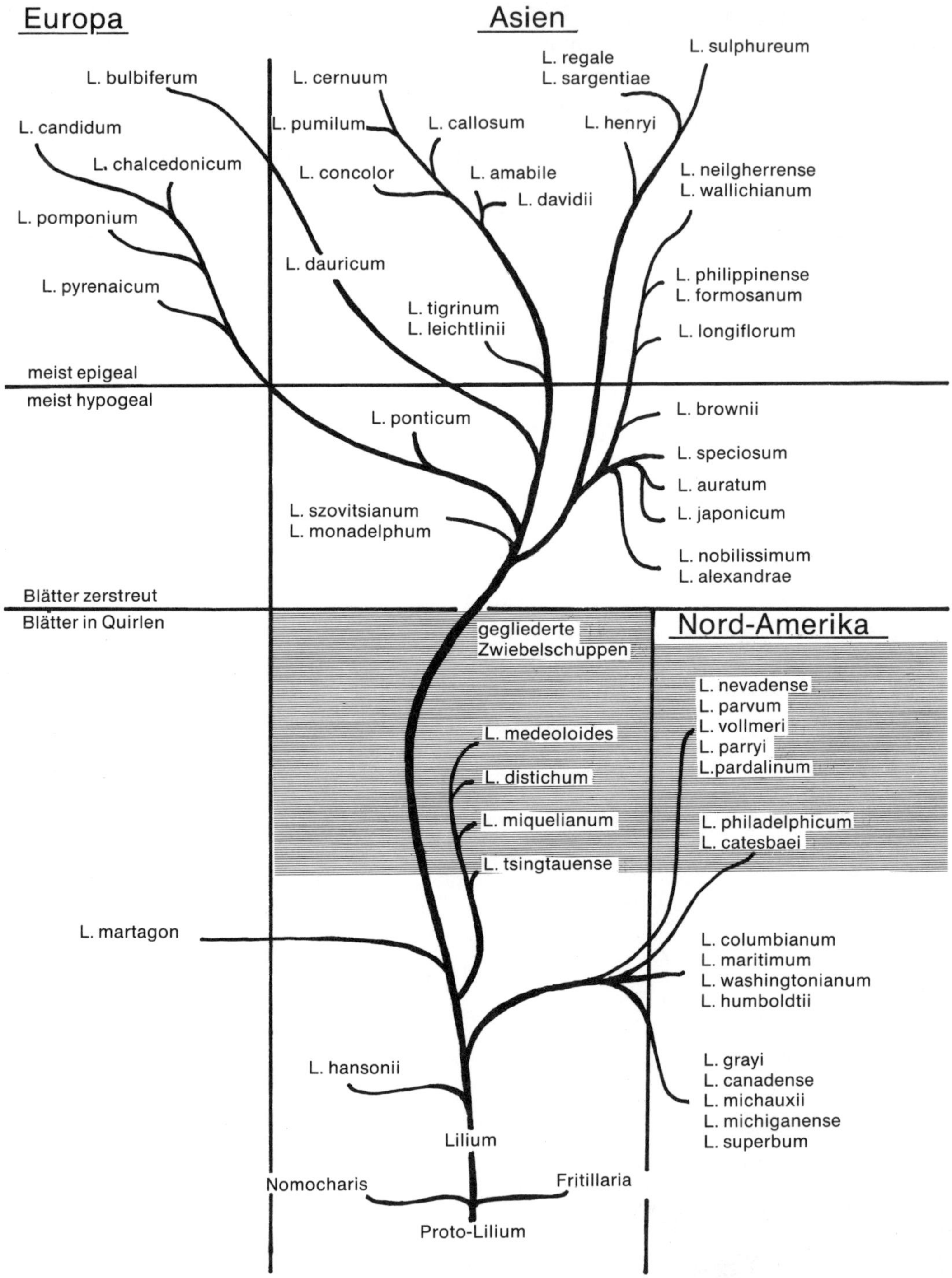

Europa
Asien
Nord-Amerika
L. bulbiferum
L. candidum
L. chalcedonicum
L. pomponium
L. pyrenaicum
L. cernuum
L. pumilum
L. callosum
L. concolor
L. amabile
L. davidii
L. dauricum
L. tigrinum
L. leichtlinii
L. regale
L. sargentiae
L. sulphureum
L. henryi
L. neilgherrense
L. wallichianum
L. philippinense
L. formosanum
L. longiflorum
meist epigeal
meist hypogeal
L. ponticum
L. brownii
L. speciosum
L. auratum
L. japonicum
L. szovitsianum
L. monadelphum
L. nobilissimum
L. alexandrae
Blätter zerstreut
Blätter in Quirlen
gegliederte
Zwiebelschuppen
L. nevadense
L. parvum
L. vollmeri
L. parryi
L.pardalinum
L. medeoloides
L. distichum
L. miquelianum
L. tsingtauense
L. philadelphicum
L. catesbaei
L. martagon
L. columbianum
L. maritimum
L. washingtonianum
L. humboldtii
L. hansonii
L. grayi
L. canadense
L. michauxii
L. michiganense
L. superbum
Lilium
Nomocharis
Fritillaria
Proto-Lilium

Lilium Linné

L. alexandrae Wallace 1893

Eine in Japan beheimatete Lilie, die einen ganz beschränkten Wildstandort hat, nämlich die südlich der japanischen Hauptinseln gelegene Riu-kiu-Insel Uke-shima und einige Nachbarinseln. Der japanische Name ist „Uke-Yuri". Sie wächst auf diesen kleinen Inseln in Tälern und auf Feldern.

Diese Lilie wurde bisher, auch im Lilien-Standardwerk Woodcock and Stearn, „Lilies of the World", meist als *L. nobilissimum* beschrieben. Erst der japanische Botaniker Moto'o Shimizu hat diesen Irrtum richtiggestellt. Die Lilie wird bis 100 cm hoch, die Blüte ist groß, trichterförmig, reinweiß, selten blaßrosa und wird horizontal oder leicht aufrecht getragen, mit starkem Wohlgeruch. Stigma und Pollen purpurbraun. Blütezeit Mai bis Juli.

Die Samenkeimung erfordert eine Bodentemperatur von etwa 20 °C. Keimung innerhalb 6 bis 12 Monate, jedoch entweder im Frühjahr oder im Herbst. Bildet Achselbulben. Diese außerordentlich schöne Lilie kann bei uns nur im Gewächshaus oder im Topf gezogen werden, sie gilt als sehr virusanfällig.

'Easter Bunny' (Abb. Seite 205) von Ruth P.H. Clas war die erste lebensfähige *L. alexandrae*-Hybride (RHS-LYB 1969).

Die hypothetische Entwicklungsfolge der größeren Liliengruppen (nach Dr. Lighty)

Weitere Kreuzungen von Edward und Judith McRae zwischen 1970 und 1973:

L. alexandrae	× *L.* 'Pink glory',
	× *L. rubellum,*
	× Miniatur-Auratum-Hybriden
	× *L.* 'Little Rascals',
	× *L. nobilissimum,*
L. 'Easter Bunny'	× *L. alexandrae,*
	× *L. speciosum.*

Diese Kreuzungen wurden durch Embryokultur erhalten (NALS-LYB 1952, Moto'o Shimizu; NALS-LYB 1972, McRae).

L. amabile Palibin 1901

Heimat: Korea. Dagelet Island. Wächst in sandigem Lehmboden zwischen Gras und Sträuchern, Zwiebeln weiß, kugelig zugespitzt. Stiel 40 bis 100 cm hoch, Blätter ziemlich zahlreich, länglich-lanzettlich, die Blattspitze in einen leicht verdickten braunen Punkt auslaufend. Blütenstand traubig mit 1 bis 6 Blüten von Türkenbundform, Blütenfarbe glänzendes Orangerot, mit schwarzer Sprenkelung. Staubbeutel dunkel-schokoladebraun, Pollen zinnoberrot. Samenkapsel länglich-oval. Samen Schnellkeimer. Blütezeit Juni bis Juli.

Diese Lilie wurde erst verhältnismäßig spät eingeführt. 1918 und 1919 sandte E.H. Wilson Samen nach den USA, wodurch diese Lilie im Westen verbreitet wurde. Sie besticht durch ihre glänzend orange-zinnoberrote Blütenfarbe. Einige wenige dieser Pflanzen geben einen wirksamen Blickfang. Sie hält in voller Sonne aus ohne auszubleichen, auch verträgt sie reichliche Trockenheit. Der Geruch dieser Lilie ist unangenehm.

L. amabile var. **luteum.** In Aussaaten von *L. amabile* wurde in Holland wie in England eine Form mit glänzend orangegelber Farbe gefunden. Sowohl die gelbe als auch die rote Form wurden zu Kreuzungen benutzt, wobei diesen Hybriden als Erbteil die kräftige Farbe und die glänzende Oberfläche der Blüten mitgegeben wurden.

Mit *L. maculatum* entstand 'The Duchess' (Skinner), mit *L. tigrinum* entstand 'Cardinal', von J.C. Taylor in Guelph, Ontario, gezogen. Jan de Graaff kreuzte *L. amabile* in seine Fiesta- und Midcentury-Hybriden ein. Leonard Marshall erhielt gut blühende Hybriden zwischen *L. amabile* mit *L. callosum, L. pumilum* und *L. maximowiczii.*

L. amoenum Wilson 1920

Eine zarte, 15 bis 30 cm hohe, schön rosa blühende Lilie, die in 1830 bis 2200 m Höhe in der chinesischen Provinz Jünnan gefunden wurde. Sie ähnelt einem kleinen *L. rubellum.* Die Blüten sind leicht nickend, glocken- bis schalenförmig, von tief rosa Farbe. Jan de Graaff hat diese Lilien aus Samen vermehrt und zu akklimatisieren versucht.

L. arboricola W.T. Stearn 1954

Einer der letzten Funde des leider schon verstorbenen Pflanzensammlers Frank Kingdon Ward. Diese Lilie ist ein Kuriosum, denn sie wächst auf Bäumen in den Wäldern Nord-Burmas.

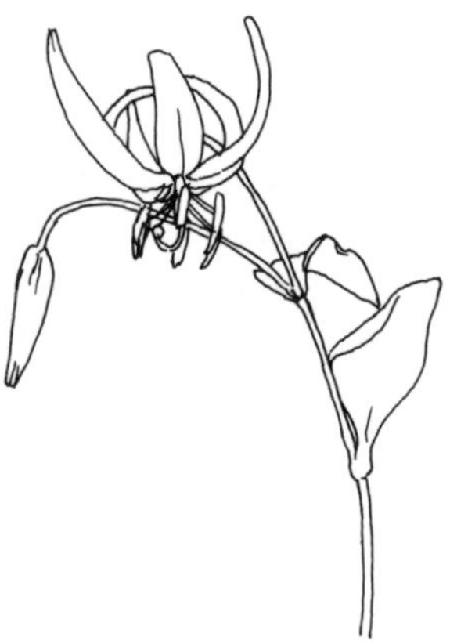

L. arboricola

Ward fand sie 1953, schickte Zwiebeln und Samen nach England, wo sie 1954 blühte und auf der Chelsea-Blumenschau gezeigt wurde. Kingdon Ward schrieb über seine Neuentdeckung: „Sie ist von entzückender Farbe, von Martagontyp, mit dem Duft von Muskatnuß, die rundlich zurückgebogenen Blütenblattspitzen sind von nilgrüner Farbe und von seidenartiger Oberfläche, wozu die zinnoberorangefarbigen Staubgefäße in einem erstaunlichem Kontrast stehen." Obwohl mehrere Zwiebeln in Liverpool und auch in Wisley Garden blühten, kam keine über den zweiten Winter. So ist diese seltene und seltsame Neueinführung der Kultur wieder verlorengegangen (RHS-LYB 1955).

L. armenum (Mishch.) Mandenova

Diese Lilie war früher von P.L. Mishchenko als eine Varietät von *L. szovitsianum* Fisch. und Lall., var. *armenum* Mishch. bezeichnet worden.

Kaukasus: Region von Dirachichag, Kirovokan, um den Goktscha-See, in Waldlichtungen in langem Gras, 1800 bis 2000 m hoch, schattige Nordhänge. Zwiebel breitoval, etwa 10 × 8 cm groß, äußere Schuppen stark goldgelb, Stiel bis 200 cm hoch, eng mit Blättern besetzt, mit 10 bis 12 goldgelben Blüten, die im Verblühen dunkler werden. Die Blütenform ist becher-glockenförmig. Die Blütenblätter sind längs des Kiels dunkelpurpurfarben gesprenkelt oder mit Papillen besetzt. Die Staubbeutel sind tiefgelb, der Blütenstaub dunkelgelb oder rostrot. Die im Juni blühenden Blumen strömen einen strengen, unangenehmen Geruch aus (RHS-LYB 1966, V. Eremin).

L. auratum Lindley 1862, Goldbandlilie

Ihre Schönheit, Eleganz, Farbigkeit und selbst ihr feiner Duft stellt sie über alle anderen Wildlilien (Abb. Seite 52).

Ihre Heimat ist Japan; ihr japanischer Name ist „Yama-Yuri". Dort ist sie fast über die ganze Hauptinsel Honshu, ausgenommen die Westspitze, verbreitet; auf einigen anderen Inseln dürfte sie Kulturflüchtling sein. Sie wächst auf Berghängen, die nach Osten geneigt sind, manchmal selbst in senkrechten Felsspalten, meist zwischen niederem Gras, Bambus, Rhododendron, von Seehöhe bis 1500 m Höhe, oft zusammen mit *L. japonicum*, *L. maximowiczii* und *L. medeoloides* in vulkanischen Aschen und mageren Schuttböden. Zwiebeln größer als die anderer Lilien, in der Kultur 7,5 bis 10 cm, flach-rund, gelblich mit rosa Punkten. Stengel kräftig, purpurgrün 90 bis 240 cm hoch, Blätter dunkelgrün, kurz gestielt, schmal bis breitlanzettlich, bis 22 cm lang. Blüten seitlich stehend, groß, wohlriechend, flach schalenförmig, die Blütenblätter an den äußersten Spitzen zurückgebogen oder zurückgerollt, Blüten bis zu 25 bis 30 cm Durchmesser, in der Farbe wachsig-weiß mit einem goldgelben Mittelstreifen und karminroten Tupfen und Papillen. Pollen schokoladebraun. In der Natur bringt der Stengel höchstens bis zu 6 Blüten, in der Kultur ein Vielfaches davon. Blütezeit August bis September, Samenkapseln länglich mit 300 bis 400 Samen, Langsamkeimer. *L. auratum* gehört zu den Arten, die Stengelwurzeln bilden.

Diese Lilie gedeiht am besten in feuchtem, gleichmäßig temperiertem Meeresklima, weshalb wir in Deutschland die besten Horste dieser Lilie in Norddeutschland, in Oldenburg, Friesland, Schleswig-Holstein, antreffen. Sie gedeiht auch gut in England, in den USA in Oregon und Washington, ganz ausgezeichnet in Australien in Victoria, in Neuseeland. Pflanzung in kalkfreiem Laubhumus-Torf-Sandboden. Die Zwiebeln sollen 15 bis 25 cm tief, je nach Boden gepflanzt werden. Darüber wird Laubhumus angehäufelt. Der Boden soll leicht sauer (pH 5,5 bis 6,5) sein. Gedüngt soll nur mit gut verrottetem Kompost werden, als Abdeckung aufgebracht.

Potomac-Hybride, entstanden aus Kreuzungen von *L. auratum* und *L. speciosum*

Von *L. auratum* gibt es eine Reihe von Wildformen, die in die Kultur eingeführt worden sind.

L. auratum 'Crimson Queen', eine der besten Formen mit großen Blüten und einem breiten, crimsonfarbenen, sich verlaufenden Band auf der Blütenblattmitte.

L. auratum var. **platyphyllum** ist eine breitblättrige Form, die auch härter als der Typ ist. Die Blüten erscheinen zahlreich und sind sehr groß, bis zu 30 cm Durchmesser. Nach E.H. Wilson ist es die im Süden Japans verbreitete Form.

L. auratum var. **rubro-vittatum.** In dieser Form wird der gelbe Mittelstreifen als dunkel-crimsonfarbiger Streifen gegen die Blütenblattspitzen fortgesetzt. Stark rot gepunktet.

L. auratum var. **rubrum.** In dieser Form ist der Mittelstreifen ganz crimsonrot. Solche rotfarbene Goldbandlilien findet man in Japan wild, im Verhältnis eine rote auf 100 000 andere.

L. auratum var. **tricolor.** Ähnlich der Varietät *platyphyllum* mit gelben Band und leichter Sprenkelung.

L. auratum var. **virginale.** Reinweiß mit Goldband mit gelber Sprenkelung. Kreuzungen sind mit *L. speciosum* gelungen *(L. × parkmannii)*; diese Hybriden zählen zu den schönsten, die es von Lilien gibt. Weiterhin sind auch die japanischen Lilien *L. japonicum* und *L. rubellum* in diesen Komplex eingekreuzt worden (Dr. N.E. Pfeiffer, Boyce Thompson Institute, New York 1942).

Kreuzungen mit *L. auratum:*
- *L. auratum* × *L. japonicum* und *L. auratum* × *L. rubellum* = Atomic Hybrids (Woodriff);
- *L. auratum* mit zwergigem Wuchs (Dr. Yeates, Neuseeland) wurde von den Oregon Bulb Farms benützt, um zwergige Auratums für Topfpflanzen zu züchten ('Little Rascals') (NALS-LYB 1972, McRae);
- *L. auratum* var. *praecox* × *L. alexandrae* (OBF);
- *L. auratum* × *L. longiflorum,* steril (Japan);
- 'Imperial Crimson', 'Imperial Silver' und 'Imperial Gold' Strains (OBF) entstanden aus komplexen Auratum-Speciosum-Kreuzungen;
- 'Imperial Pink' und 'Pink Glory' entstanden aus Auratum-Speciosum-Kreuzungen mit *L. japonicum* (OBF);
- 'Magic Pink' Strain entstand als F_1-Kreuzung aus einem virustolerantem rot-gebändertem *L. auratum*-Klon × *L. rubellum* (OBF).

L. bakerianum Collett and Hemsley 1890

Diese Lilie wurde 1888 in Oberburma gefunden und nach dem englischen Botaniker John G. Baker benannt, der sich zu seiner Zeit viel um die Beschreibung und Einführung neuentdeckter Lilien verdient gemacht hat. Diese Lilie hat eine sehr weite Verbreitung, infolgedessen ändert sie auch stark ab, so daß 5 Formen beschrieben werden. Sie ist bei uns nicht winterhart und muß im Gewächshaus gezogen werden. Ihre Seltenheit und auffallende Farbe ist dies aber wert. Außer in Oberburma wird sie in den Westprovinzen Chinas bis zu den Vorbergen des östlichen Himalajas gefunden, und zwar in 1200 bis 3600 m Höhe. Die typische Form der Lilie hat einen traubigen Blütenstand mit bis zu 8 hängenden, glockenförmigen, wohlriechenden Blüten mit grünlicher Grundfarbe, während der Schlund je nach Vorkommen rötlichbraun überlaufen und gesprenkelt ist. Höhe der Pflanze mehr oder weniger 30 bis 100 cm.

Alle diese Formen sind durch weiße, rosa, gelbe und grünliche Glocken gekennzeichnet, die im Schlund kräftig und oft sehr dunkel mit Kastanienbraun, Purpur oder Karmin gezeichnet sind.

L. bolanderi S. Watson 1887

Diese Lilie, die aus den Siskiyou-Bergen, 900 bis 1800 m hoch, im südlichen Oregon und Nordkalifornien stammt, schaut fast wie eine Glockenblume aus. Zwiebel mit lose angewachsenen Schuppen, grünlichgelb. Sie wächst 30 bis 90 cm hoch und trägt 3 bis 6 Quirle von wachsartig blaugrünen, lanzettlichen Blättern. Der traubige Blütenstand trägt bis zu 9 zarte Blüten von reiner Glockenform. Sie sind außen samtig ziegel- bis weinrot, innen schwach crimsonrot und fein rot getupft.

L. bolanderi blüht im Juli und wächst in steifem Lehmboden auf Fels- und Schuttunterlage auf Berghängen. In den Siskiyou-Bergen fällt 130 bis 190 cm Regen im Jahr, meist im Frühjahr, während der Herbst und Winter trocken sind, mit Schneedecke im Winter. Die Lilie gehört zum sogenannten Landtyp der westamerikanischen Lilien, für die die beste Dränage lebensnotwendig ist, wobei jedoch der Unterboden nicht zu trocken werden darf, eventuell sogar der Bewässerung bedarf. Blüht aus Samen gezogen in 4 Jahren. Hybriden mit *L. pardalinum* (RHS-LYB 1951 bis 1952).

L. brownii F.E. Brown 1845

L. brownii var. **brownii** ist der Typ. Eine Trichterlilie von besonderer Schönheit, die um 1835 wahrscheinlich von Kanton nach England eingeführt wurde, 90 bis 120 cm hoch wachsend. Zwiebel weißgelblich, fest mit breiten Schuppen. Die etwa 15 cm lange, waagrecht abstehende Trompete ist rein cremeweiß innen, außen purpurrosa bis schokoladefarbig, manchmal grün überlaufen. Blütezeit Juli. Sie setzt keine Samen an, weil sie ein Klon ist und kann nur vegetativ vermehrt werden. Sie setzt Samen an mit *L. brownii* var. *australe* und var. *viridulum*. Sie ist jedoch nicht ganz hart bei uns. Ihre eigentliche Heimat ist nicht bekannt.

L. brownii var. **australe.** Vorkommen in den südchinesischen Provinzen Fukien, Hongkong, Kwangtung, Kwangsi, Jünnan. Gegenüber der var. *viridulum* hat diese Varietät aus dem Süden kleinere Zwiebeln, schmälere Blätter und ein starkes, fast ausdauerndes Wachstum. Sie ist bei uns nicht winterhart (NALS-LYB 1959).

L. brownii var. **viridulum** (var. *colchesteri* Wils.) kommt in fast allen Provinzen Zentralchinas bis auf 1500 m Höhe wild vor. Die Zwiebel wird auch für Speisezwecke angebaut. Die Zwiebel ist groß, cremeweiß, der Blütenstengel wird 100 bis 200 cm hoch, die Blätter sind länglich-lanzettlich, die stark duftenden Blüten sind bis zu 15 cm lang, öffnen sich mit blaßgelber Farbe, die schnell in Weiß übergeht, im Innern ist die Blüte mit grünen Nektarstreifen, außen mit grünen und purpurrosa Markierungen gezeichnet.

Blütezeit August bis September. Diese Lilie ist, obwohl sie auch in den nördlichen Provinzen Chinas vorkommt, nicht ganz leicht zu kultivieren. Sie setzt Samen an.

L. bukozanense Honda 1942

Diese Lilie wurde erst 1942 in Japan auf dem Berg Buko, 60 km nordwestlich von Tokio entdeckt. Dort wächst sie in 600 m Höhe aus fast senkrechten Felswänden mit abwärts hängendem Stengel mit aufrecht getragenen, großen Schalenblüten von orangeroter Farbe mit kräftiger Sprenkelung. Der hängende Stengel wird auch bei Topfkultur beibehalten (NALS-LYB 1960, Moto'o Shimizu).

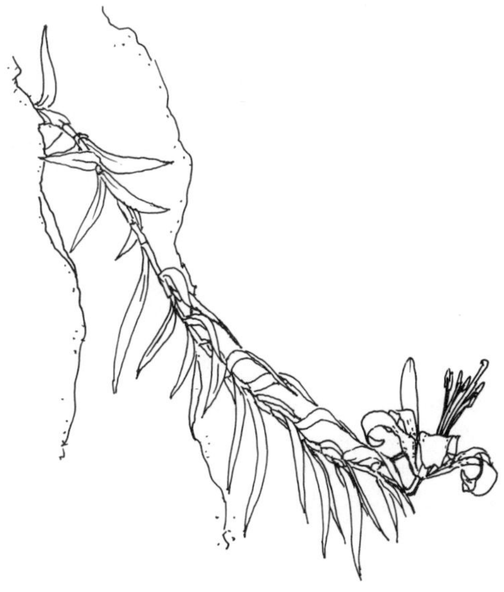

L. bukozanense

L. bulbiferum Linné 1753, Feuerlilie

Diese europäische, auch in Deutschland vorkommende Lilie (Abb. Seite 34) war schon den Kräuterbuchschreibern des 16. Jahrhunderts bekannt, so Leonhard Fuchs 1542 oder Hieronymus Bock 1546, welche sie als „goldt gilg“ bezeichneten und dazu als Abbildung jeweils einen Holzschnitt der ganzen Pflanze gaben. Unter dem Namen *L. bulbiferum* gehen jedoch zwei Formen, die typische *L. bulbiferum,* welche Bulben in den Blattachseln bringt und die ssp. *croceum,* die diese Eigenschaft nicht hat, wobei zu bemerken ist, daß es Übergänge gibt, d.h. eine Pflanze bringt Achselbulben nur unter besonderen Umständen hervor oder wenn der Haupttrieb beschädigt wurde; außerdem überschneiden sich die Verbreitungsgebiete.

L. bulbiferum ssp. **bulbiferum.** Diese Form ist sehr selten geworden, gelegentlich findet man sie noch in Oberbayern, Thüringen, im Erzgebirge, Adlergebirge.

Zwiebeln rund, weiß, Stengel 60 bis 120 cm hoch mit zahlreichen lanzettlichen Blättern, in den Blattachseln der oberen Blätter entstehen im Laufe des Sommers meist Achselbulben.

Blüten in endständigen Dolden mit bis zu 20 aufrechten orangegelben Schalenblüten, wobei die Farbe in den Blütenblattspitzen sich rotorange verfärbt, mit leichter Sprenkelung. Runde Samenkapsel. Stengelwurzler.

Kreuzungen mit *L. maculatum, L. × hollandicum, L. davidii, L. concolor, L. monadelphum, L. pumilum.*

L. bulbiferum var. **chaixii,** eine in den französischen Seealpen, im Vartal und Val di Minera vorkommende Zwergform. Blüten orangegelb, rötliche Zipfel (RHS-LYB 1957).

L. bulbiferum ssp. **croceum.** Diese von Woodcock und Stearn als Varietät beschriebene Lilie (Abb. Seite 52) hat ihr Hauptverbreitungsgebiet in den Alpen. In den Nordalpen tritt sie mit Vorliebe in den Föhntälern auf, sonst in Österreich, Kärnten, Tirol, in der Schweiz, in Ostfrankreich, Nord- und Mittelitalien, Korsika, auf Fels, auf Schutthalden, in Feldern.

Im Aussehen kräftiger als die var. *typicum,* gelborangefarbige Blüten mit weniger Rot, stärker braungesprenkelt. Nach Hegi, G. sind die Blattoberseiten nicht glänzend wie beim Typ, sondern matt; der Grund dafür sind Papillen auf der Blattoberfläche.

L. bulbiferum var. **giganteum,** eine besonders große Form, 150 bis 180 cm hoch werdend, welche südlich Neapel am Vesuv und im Kratergebiet von Cigliano vorkommt.

L. callosum Siebold und Zuccarini 1839

China (Hupeh), Mandschurei, Japan, Formosa.

Diese zarte, 30 bis 90 cm hoch werdende Lilie trägt im Juli bis August an schlanken Stielen bis zu 9 kleine Blüten in Türkenbundform, die in einem engen Trichter enden. Ihre Farbe ist ein ungewöhnlicher Ton von Ziegelrot mit feiner schwarzer Sprenkelung im Trichterinneren. Weil die Blattspitzen meist verdickt sind, erhielt sie den Beinamen *callosum* = dickhäutig, dick. Dies ist eine Lilie für den Steingarten, sie läßt sich aus Samen, die schnell keimen, gut vermehren. Nach R.W. Lighty dürfte eine bei uns unbekannte Form mit größeren Blüten in Korea existieren.

L. callosum hat die weiteste Verbreitung der asiatischen Lilien. In der UdSSR an der Küste um Wladiwostok, nördlich Chabarowsk, Nordost- und Zentralchina, Formosa, in Japan, Nordteil der Insel Kyushu, Inseln Kaonsi und Shikoki, Riu-Kiu Inseln, Insel Tshushima (RHS-LYB 1969).

L. callosum var. **flaviflorum**. Auf der japanischen Insel Okinawa wächst diese gelbblühende Form.

Kreuzung mit *L. concolor* = 'Evening Star' (Skinner), *L. callosum* var. *flaviflorum* × *L. concolor* var. *coridion* = 'Sugekime' (Myodo 1963).

L. callosum × *L. pumilum*
(NALS-LYB 1973, S. R. Bucknell);
L. callosum × *L. amabile*
(Leonard Marshall);
L. callosum × *L. dauricum*
(Leonard Marshall);
L. maximowiczii × (*L. callosum* × *L. amabile*) = 'Maxiclas' (Ruth Clas).

L. canadense Linné 1753, Kanada-Lilie

Schon 1620 wurde diese amerikanische Lilie (Abb. Seite 69) in Europa eingeführt, 1629 von Parkinson beschrieben und 1753 von Linné benannt. Sie hat in Nordamerika ein weites Verbreitungsgebiet. Dieses reicht in Kanada über den 50. Breitengrad nach Norden, im Süden ungefähr bis zum 35. Breitengrad. Während die Lilie im Osten der USA und Kanadas stark verbreitet ist, übersteigt sie im Westen die Rocky Mountains nicht. Wie ihr amerikanischer Name „Meadow Lily" aussagt, ist sie eine Bewohnerin feuchter Wiesen, wächst an Gräben, an Straßen und Bahndämmen, aber auch an Waldrändern oder in Gesträuch, wo sie vor dem grasenden Vieh, aber auch vor dem Abmähen sicher steht.

Fleischige Wurzelrhizome bilden jährlich an ihren Enden schuppige Zwiebeln, aus welchen im nächsten Jahr 60 bis 150 cm hohe, glattgrüne Stengel entspringen, mit Quirlen von Blättern besetzt und an langen, graziös gebogenen Blütenstielen in doldiger Anordnung bis zu 20 Blüten tragend, die von Juni bis Juli erblühen. Diese sind meist von gelber Farbe, innen mit schwarz-purpurfarbenen Tupfen bedeckt. Die Blüte zeigt Türkenbundform, wobei die Blütenblätter nur halb zurückgebogen sind, so daß eine recht elegante Glockenform entsteht.

Überhaupt ist der Aufbau eines Blütenstandes von *L. canadense* ein ästhetischer Genuß.

Damit die Kanada-Lilie bei uns gedeiht, sind ihre Rhizome in einen sauren, feuchten, sehr durchlässigen Boden aus Sand, Lehm und Torf zu pflanzen, unter den Rhizomen ist eine gute Dränage aus Schutt und Reisiglagen einzubauen. Bei guter Dränage ist sogar eine reichliche Bewässerung angebracht. Sie ist eine der meist virus-verdächtigen Spezies und sollte daher möglichst weit entfernt von anderen Lilien gepflanzt werden. Die Samen sind Langsamkeimer, nach dem Keimen der Samen wird die Pflanze nach 3 bis 4 Jahren blühfähig. *L. canadense* kreuzt mit seinen verschiedenen Formen untereinander und mit *L. superbum, L. michiganense, L. michauxii, L. columbianum.*

Bei der weiten Verbreitung ist es nicht verwunderlich, daß zahlreiche Varietäten und Formen festgestellt wurden.

L. canadense var. **coccineum** hat dunkel-ziegelrote Blüten mit gelbem Schlund und ist sehr stark gesprenkelt.

L. canadense var. **editorum** wächst in den trockeneren Gebieten der Appalachian-Berge und unterscheidet sich von der typischen Form durch breitere Blätter und rote, zierlichere Blüten.

L. canadense var. **flavo-rubrum** mit tief orangefarbenen Blüten, gelbem Schlund, getupft.

L. canadense var. **flavum** mit reingelben Blüten, schokoladefarben gesprenkelt, ist die am weitesten verbreitete Form von *L. canadense.*

L. canadense var. **immaculatum** Blüten rein hell-kadmiumgelb ohne Sprenkelung. Mrs. J.

Norman Henry hat eine ganze Reihe dieser Formen gesammelt und in ihrem Garten in Pennsylvanien aufgepflanzt.

L. candidum Linné 1753, Madonnenlilie

In Deutschland, aber auch in ganz Mitteleuropa, ist die weiße Madonnenlilie altbekannt (Abb. Seite 69, 169). Als Symbol der Reinheit ist sie seit dem Mittelalter das Attribut vieler Heiliger, der Mutter Gottes und des heiligen Josef. Als solche ist sie auf vielen Altarbildern und Plastiken in Deutschland, Italien und Frankreich dargestellt. Es ist anzunehmen, daß die Madonnenlilie durch die Kreuzfahrer im 12. Jahrhundert aus Kleinasien und Palästina nach Mitteleuropa eingeführt wurde, wahrscheinlich aber durch die Römer schon über die Alpen gebracht worden ist. Sie ist im Mittelmeerraum, jedoch bereits ein bis zwei Jahrtausende früher bei den Ägyptern, bei den Kretern, bei den Griechen und Römern Kulturpflanze aus medizinischen Gründen gewesen, so daß es heute nicht absolut sicher ist, wo ihr Wildstandort war. Ihr Vorkommen wird aus Herat in Afghanistan, aus dem Libanon, aus Israel, Haifa, aus Beirut und aus dem Hinterland von Smyrna berichtet. 1916 bis 1917 wurde während des 1. Weltkrieges an der Salonikifront nördlich von Saloniki von einem englischen Soldaten die var. *salonikae* entdeckt, eine Form mit schmäleren Blütenblättern, schmäleren und gewellten Basalblättern. In Griechenland wurde sie noch im Wardartal bei Doiran und bei Demirkapu im Buschwerk, an Felswänden, sowie nahe der albanischen Grenze bei Krystallopag gefunden.

Zwiebel breit, rund, weiß oder gelblich, mit kräftigen, mehrjährigen Basalwurzeln. Basalblätter erscheinen im September und überwintern als ein grüner Blätterschopf glatter, breitlanzettlicher Blätter. Der Blütenstengel erscheint im Frühjahr, wird meist bis 80 bis 120 cm hoch, auch höher und trägt im Juni bis Juli 5 bis 20 reinweiße, weitoffene, trichterförmige, wohlriechende Blüten, die in Rispen stehen. Pollen hellgelb. Bei uns meist kein Fruchtansatz, jedoch in wärmeren Gegenden, in Frankreich und Italien möglich. Auch in der Türkei, in Griechenland und Israel setzen die Wildformen Samen an. Samen keimen meist sehr unregelmäßig, liegen bis 2 Jahre. Die Lilie muß im August, sobald Blätter und Stengel eingezogen haben, versetzt und gepflanzt werden. Sie hat hierin noch den Lebensrhythmus ihrer südlichen Heimat bewahrt, wo nach der Dürre des Sommers die Herbstregen neues Pflanzenleben erwecken.

Zu ihrem Gedeihen braucht sie einen kalkhaltigen Boden und wenig Störung. Bekanntlich gedeiht sie vorzüglich und jahrzehntelang ausdauernd in Bauerngärten in einem gut kalkhaltigen Lehm- oder Lößboden. Die Zwiebel darf nicht tiefer als 3 cm unter dem Erdboden gepflanzt werden. Der Pflanzort soll sehr sonnig und geschützt sein (RHS-LYB 1954).

L. candidum var. **cernuum** mit schmalen, spitzen Blütenblättern und schwarzem Stengel. Angeblich Samen ansetzend.

L. candidum var. **salonikae** von einem Wildstandort bei Saloniki, Griechenland. Blüten kleiner, spitze, schmale Blütenblätter, Samen ansetzend.

Der Cascade Strain, wie er jetzt von den Oregon Bulb Farms verkauft wird, wurde von Prof. George Slate aus Kreuzungen zwischen *L. candidum* und *L. candidum* var. *salonikae* während 30 Jahren gezogen und ausgelesen (Abb. Seite 34).

Die älteste und bekannteste Kreuzung ist L. × *testaceum* = *L. candidum* × *L. chalcedonicum*.

Neu ist die Kreuzung *L. candidum* × *L. monadelphum* (Charles Robinsons 'June Fragrance' 1969).

Tief rosafarbene Hybriden entstanden bei Ed und Judith McRae aus 'June Fragrance' × aufrechte weiße und rosafarbene Asiatische Hybriden, mit Embryokultur gezogen.

L. candidum × *L. cernuum* und *L. candidum* × verschiedene Asiatische Hybriden wurden von Dr. Wilbert Ronald mit Hilfe der Embryokultur gezogen. *L. candidum* (Slate Strain) × *L. monadelphum* (McRae 1979).

L. carniolicum Bernhardi 1837, Krainer-Lilie

Die Lilien dieser Spezies (Abb. Seite 69) wachsen auf dem Balkan, von Krain über Istrien, Dalmatien, Kroatien, Albanien, Griechenland bis Bulgarien und Rumänien. In ihrer Erscheinungsform ist diese Lilie so vielgestaltig, daß sie in verschiedene Varietäten gegliedert wurde. Von einigen Botanikern wurde die Varietät *jankae* sogar als eigene Spezies *L. jankae* Kerner abgetrennt.

Gemeinsam haben alle Formen, daß sie auf Gebirgsmatten, zwischen Fels und Busch in hartem Lehm- und Geröllboden wachsen, der von wenig Humus überdeckt ist. Die Dränage in Kalkboden ist sehr gut.

Gelbliche Zwiebeln von 6 bis 7 cm Durchmesser, Blütenstiele 30 bis 90 cm hoch mit vielen zerstreut stehenden lanzettlichen Blättern, die waagrecht mit leicht aufwärts gebogenen Spitzen, vom Stengel abstehen. Die Blüten haben Türkenbundform und stehen an verhältnismäßig kurzen dicken Blütenstielen. Blütezeit Ende Mai bis Juni.

Nach W. B. Turrill (RHS-LYB 1954) können die Varietäten, die vielleicht besser nur als geographische Varietäten anzusprechen sind, folgendermaßen unterschieden werden:

Farbe der Blumenblätter	Blattnerven auf der Blattunterseite: haarig	glatt oder fast glatt
orange oder rot	*carniolicum*	*bosniacum*
gelb	*jankae*	*albanicum*

L. carniolicum var. **albanicum** Baker 1973 hat glatte Blätter und bernsteingelbe Blüten mit zinnoberrotem Pollen, meist 1- bis 4blütig und niedrig. Verbreitung in den Bergen Montenegros, Albaniens, Nordgriechenlands, Mazedoniens.

L. carniolicum var. **bosniacum** Beck, hat glatte Blattnerven und orangerote Blüten. Verbreitung in Bosnien, im Trescavica-Gebirge auf Gebirgsmatten, 1400 m hoch. Hier in Bosnien überlappen sich die Verbreitungsgebiete der var. *jankae*, der var. *bosniacum* und der var. *albanicum*.

L. carniolicum var. **carniolicum** hat behaarte Blattnerven auf der Blattunterseite und rotorangefarbene bis hellrote Blüten in Türkenbundform mit roten Pollen, meist 1- bis 6blütig. Diese Lilie ist eine alpine bis subalpine Pflanze und wächst auf alpinen Matten zwischen Felsen und Gebüsch, meist auf Kalkuntergrund. Ihre Verbreitung reicht im Norden von den Karawanken, Istrien bis nach Dalmatien.

L. carniolicum var. **jankae** hat behaarte Blattnerven und Blattränder, kanariengelbe Blüten in Türkenbundform, die im Schlund fein schwarz gesprenkelt sind. Blütenstaub zinnoberrot, meist 1- bis 4blütig. Die Verbreitung dieser Lilie liegt einerseits in Bosnien und Südkroatien, 600 bis 1300 m hoch, andererseits in Bulgarien (Rhodope-Gebirge), in Serbien und Rumänien (Siebenbürgen) (RHS-LYB 1973).

L. catesbaei Walter 1788

Nordamerika in den Staaten Florida, Louisiana, Virginia, Georgia, Carolina. Wächst in Kiefernwäldern und in Sumpfland.

Zwiebel klein, aus schmalen, losen, weißlichen Schuppen zusammengesetzt. Die Grundblätter sind sehr schmal länglich-lan-

L. catesbaei

zettlich und sind ausdauernd. Der Blütenstiel ist 30 bis 50 cm lang mit zahlreichen, wechsel- oder verschiedenständigen, aufrecht stehenden lineal-lanzettlichen Blättern. Blüten meist nur einzeln, aufrechte Sternschale, scharlach, gelb gezeichnet mit starken braunen Flecken. Die Form ihrer Blüte mit den langgestielten Blütenblättern unterscheidet sie von allen anderen Lilien (s. Abb. oben). Blütezeit August.

Es werden noch Varietäten dieser Lilie beschrieben. Ihren Heimatstandorten zufolge (in saurem Boden und in Sümpfen) ist diese Lilie sehr schwer zu ziehen. Pflanzung der Zwiebel in sandig-torifigem Schlamm auf Sphagnum-Unterlage in Töpfen, Töpfe ständig mit dem Boden in Wasser stehend. Samenkeimung innerhalb 40 Tagen. Kreuzungen mit anderen Lilien sind bisher nicht gelungen.

L. caucasicum A. Grossheim
(*L. martagon* ssp. *caucasicum* Mishch.)

Kaukasus, nordöstliches Schwarzmeerufer in Abchasien, in der Region Schwarzes Meer und Cis-Kaukasien, bei Tuapse, in 300 bis 500 m Höhe in Wäldern, in Eichen- und Buchenwäldern, in Farn- und Grasweiden.

Zwiebeln breit-oval, gelbe Schuppen, 4 bis 5 cm, Stiel 80 bis 150 cm, in Kultur bis 220 bis 250 cm hoch werdend, ziemlich stark mit kurzen Haaren besetzt, Stengelwurzler, Blätter meist in 2 Quirlen, kleinere Blätter verstreut den Stengel aufwärts, leicht spinnwebartig behaart. Die Blüten sind weit offen mit einem kurzen und breiten Trichter, mit 3,5 bis 4 cm langen Blütenblättern, in der Farbe Lilarosa. Die Knospen sind stark haarig drüsig. Die Staubbeutel sind dunkelpurpurfarben, die Blütenstaub kräftig ziegelrot. Blütezeit Ende Juni bis Ende Juli. Samenreife Mitte September, Langsamkeimer. Gedeiht in der Sonne, auch in Kalkboden (RHS-LYB 1966, NALS-LYB 1973, Baranova).

L. cernuum Komarov 1901

Die hübsche kleine Lilie, deren hängende Blüten in Türkenbundform die für Lilien seltene Farbe Lila bis Fliederfarben aufweisen und leicht karmin getupft sind, kommt aus Korea, der Mandschurei und der russischen Ussuri-Region (Abb. Seite 69).

Die Zwiebel ist verhältnismäßig groß, weiß und besteht aus wenigen dicken Schuppen. Der Stengel erreicht 30 bis 80 cm Höhe, trägt schmale, grasartige Blätter und im Juni wenige, oft bis 8, bei Auslesen auch mehr Blüten, welche einen sehr feinen Duft ausströmen. Der Pollen dieser Lilie ist orangefarben. In ihrer Heimat wächst diese Lilie in lehmigem Sand, Alluvialboden, aber auch auf Felsboden zwischen Gras und Gestrüpp in meist voller Sonne oder leichtem Schatten. Die Lilie ist an und für sich kurzlebig. Um sie im Garten zu halten, sollte sie immer wieder aus Samen nachgezogen werden, was keine Schwierigkeiten macht. Schnellkeimer, Stengelwurzler. Aus den Diamantbergen Koreas wird auch eine weißblühende Form *L. cernu-*

um var. *candidum* beschrieben. Bekannt wurde diese Lilie in letzter Zeit dadurch, daß es Prof. C.F. Patterson, Saskatoon, gelang, diese Lilie mit *L. davidii* zu kreuzen und daraus kräftige Hybriden in Pastelltönen zu ziehen.

Diese Lilie ist auch dafür verantwortlich, daß es gelang, Asiatische Lilien mit weißen Blüten, sowohl als aufrechten Schalen wie auch in Türkenbundform zu züchten. Die Cultivare Pastell-Hybriden, 'Edith Cecilia', 'Sunrise', 'Prince Charming', 'Pirate', 'Sterling Star' und 'Twilight' (Abb. Seite 159) führen Blut von *L. cernuum* (OBF).

L. cernuum × *L. concolor, L. cernuum* × *L. dauricum* var. *alpinum, L. cernuum* × *L. pumilum* stammen von Leonard Marshall.

L. chalcedonicum Linné 1753

Griechenland: Euböa, Kandyli-Berg, Tirphys-Gebirge, 1000 m, in Trockentälern auf Kalkgestein, in Gras unter Nadelbäumen.

Weiße, breite Zwiebeln, gelblich, Stengel 60 bis 120 cm hoch, viele zerstreut stehende, lanzettliche Blätter, die unteren abstehend und lang, die oberen schmäler und mehr aufrechtstehend und an den Stengel angeschmiegt. Bis 10 Blüten in Martagonform. Blütenblätter fleischig, mandarinrot, im Typ ohne Sprenkelung, Pollen tief-rotorange. Blütezeit Juli bis August.

Sie ist eine der schönsten europäischen Lilien (Abb. Seite 69), verlangt warmen, kalkhaltigen Lehmboden, ist jedoch stark botrytisanfällig. Merkwürdigerweise scheint sie gut in Norddeutschland an der Küste und angeblich auch im Allgäu zu gedeihen. Sie soll 1597 von Master Harbran aus Konstantinopel nach England gebracht worden sein.

L. chalcedonicum var. **maculatum** hat eine dichte schwarze Sprenkelung. Mit *L. chalcedonicum* wird vielfach *L. heldreichii* zusammengeworfen, doch dürfte diese eine eigene Art sein.

Kreuzt mit *L. candidum (L.* × *testaceum)* (RHS-LYB 1954, 1969).

L. ciliatum P.H. Davis 1965

In der Türkei an der Süd- und Südostküste des Schwarzen Meeres, in 1500 bis 2400 m Höhe, an Waldrändern, in Gebüsch, auf Grasmatten. Bei Trapezunt, Bayburt-Of-Pass, Ziganapass. Große Zwiebel, 5 bis 10 cm im Durchmesser, Stengel 60 bis 150 cm, 2 bis 10 Blüten, flachkugelig, elfenbein, creme bis schwefelgelb mit purpurbrauner Mitte und feiner Punktierung. Blätter lineallanzettlich, rauh auf beiden Seiten, Ränder mit lang gewimperten Haaren. Blütezeit Juni bis Juli (Abb. Seite 70).

Diese Lilie wurde bis vor kurzem als *L. ponticum* angesprochen, von der sie sich durch die größeren Zwiebeln, der starken Bewimperung der Blattränder und der helleren Blütenfarbe unterscheidet (RHS-LYB 1970, Davis und Henderson).

L. columbianum Hanson 1874

Diese Lilie erhielt ihren Namen vom Columbia-Fluß im Staat Washington, an dessen Ufern sie zuerst gefunden wurde. Sie hat die weiteste Verbreitung der Westküsten-Lilien. Diese reicht vom nördlichen Kalifornien durch Oregon und Washington, dem westlichen Idaho bis ins südliche Britisch-Columbien, von Seehöhe steigt sie bis 1800 m. Sie wächst in feuchten Wiesen und im offenen Waldland unter verschiedensten klimatischen Bedingungen.

Kleine Zwiebel, weiß, etwa 4 cm, schlanker Blütenstiel, 60 bis 150 cm. Die breitlanzettlichen Blätter stehen in einer Anzahl von Quirlen um den unteren Teil des Stengels. Der Blütenstand ist eine Traube mit 6 bis 10 kleinen, hängenden, trichterförmigen Blüten, deren Blütenblätter von der Mitte ab stark zurückgeschlagen sind. Ihre Farbe ist glänzend Gelb- bis Rotorange mit zahlreichen, kleinen, purpurfarbenen Sprenkeln im Schlund. Blütezeit Juni – Juli – August.

Kreuzungen mit *L. parryi, L. pardalinum, L. harrisianum, L. kelloggii, L. washingtonianum.* Sehr langsam wachsend (NALS-LYB 1975, C.F. Hanum).

L. columbianum var. **ingramii** ist eine kräftige Pflanze, die eventuell eine Naturhybride sein könnte. Es wird auch von Wildhybriden mit *L. occidentale* berichtet. Kreuzungen wurden erzielt mit *L. canadense* und *L. kelloggii.*

Sie gehört zu den amerikanischen Landtyplilien, die in einem Lehm-Sand-Boden bei guter Dränage gedeihen.

L. concolor Salisbury 1806

Heimat: Zentralchina, Hupeh, Hunan, Jünnan, in Japan auf Honshu, Shikoko, Kyushu, in Rußland am mittleren Amur und bei Wladiwostok (Dauria und Süd-Premorie). Korea, auf Kalkfelsuntergrund, in Humusnestern, auf Lehm und Sand, auf Wiesen und in Gebüschen, 300 bis 1200 m.

Diese Lilie ändert stark ab, und es werden von ihr eine Reihe von Varietäten beschrieben, die, wie E. H. Wilson schreibt, schwer in eine Ordnung zu bringen sind. Sie ist eine kleine, hübsche Lilie mit aufrechtstehenden, einzelnen oder bis zu zehn Blüten in Sternform, die im Juni bis Juli erblühen, glänzend scharlachrot und ohne Sprenkel. Die linealischen bis lanzettlichen Blätter stehen zerstreut, waagrecht vom 30 bis 90 cm hohen Stengel ab. Die Zwiebel ist klein, rund, weiß, mit wenigen breiten Schuppen und nicht langlebig. Schnellkeimer. Pflanzung in voller Sonne.

L. concolor var. **coridion** Baker 1871, zitronengelbe Blüten mit kleinen braunen Sprenkeln. Die beste Form.

L. concolor var. **partheneion** Baker 1871, mit roten Blüten, grün und gelb gestrichelt, schwarz gesprenkelt.

L. concolor var. **pulchellum** Regel 1876, aus Korea, der Mandschurei und Sibirien stammend. Blütenfarbe zinnober bis orangerot, gesprenkelt.

L. concolor var. **stictum.** Heimat Shantung. Blüten scharlachrot mit schwarzen Sprenkeln.

L. concolor 'Dropmore' ist eine von Dr. F. L. Skinner gezogene Hybride von der roten Typenform, gekreuzt mit *L. concolor* var. *pulchellum.* Sehr harte, kräftige Hybride mit orangeroten Blüten.

L. concolor 'Okihime' mit reingelben, ungesprenkelten Blüten, größer als der Typ. Zwiebeln teilen sich vielfach. Hybriden wurden mit *L. dauricum, L. callosum, L. cernuum* und *L. pumilum* gezogen.

Für den Schnitt und für die Binderei ist diese kleine Lilie mit den sternförmigen Blüten sehr geeignet, die gelbblühende Form wirkt im Garten durch ihre leuchtende Farbe besonders gut (NALS-LYB 1959).

L. dauricum Ker-Gawler 1809
(heute *L. pensylvanicum* Ker-Gawler 1805)

Diese bei uns schon lange bekannte Lilie ist in Nordost-Asien weit verbreitet: in Rußland vom Altai bis in die Amur-Region, in der Mongolei, in der nördlichen Mandschurei, Nord-Korea, Kamtschatka, Hokkaido. Der Name rührt von der alten Bezeichnung Da-

L. dauricum

vuria, Dahuria, Dauria für Südostsibirien her.

Zwiebel weiß, breit-rund 3 bis 8 cm, mit eingeschnürten, gliederförmigen Schuppen. Auf 30 bis 75 cm hohen, meist gerippten Stengeln mit engzerstreut stehenden, lanzettlichen, dunkelgrünen Blättern sitzen 1 bis 6 aufrechte, kelchförmige Schalenblüten von orangeroter bis scharlachroter Farbe mit verschieden starker Sprenkelung in einem doldenförmigen Blütenstand. Die Blütenknospen und der obere Teil des Stengels sind meist stark flaumig behaart. Die Zwiebel wächst oft weit, ehe der Stengel aufsteigt. Saliwski berichtet von 2 m hohen Riesenexemplaren mit 12 bis 15 Blüten bei der russischen Stadt Chabarowsk. Sie ist eine sehr harte Lilie, die in fettem, feuchtem, kalkfreiem Boden gedeiht. Blütezeit Juni. Es ist die am frühesten erblühende Asiatische Lilie, weshalb sie als Kreuzungspartner für Treiblilien von Bedeutung ist.

Als Varietäten werden eine var. *alpinum* mit nur 10 bis 20 cm hohen Stengeln und eine var. *luteum* mit reingelben, schwarzgesprenkelten Blüten genannt.

Sie wurde gerne für Kreuzungen benutzt. Isabella Preston (Kanada) zog damit ihre berühmten Stenographer- und Fighter-Hybriden. Jan de Graaff kreuzte sie in seine Midcentury-Hybriden ein. Nach Moto'o Shimizu wurde diese Lilie vor 200 Jahren von japanischen Gärtnern mit *L. maculatum*, besser bekannt als *L. wilsoni*, einer weiteren japanischen Wildlilie, gekreuzt. Daraus sollen die Hybridlilien *L.* × *elegans* entstanden sein (NALS-LYB 1960, 1969).

L. davidii Duchartre 1877

Benannt wurde diese Lilie nach dem französischen Missionar Armand David, der 1869 Zwiebeln dieser Lilie im Westen der chinesischen Provinz Szetschuan sammelte und nach Paris schickte. Ihre Heimat ist West-Szetschuan, Nordwest-Jünnan, wo sie in 1500 bis 3000 m Höhe wächst (Abb. Seite 70).

Mit ihrem straffen und starr aufrechten Stiel, der im unteren Teil eng mit zahlreichen schräg aufwärts bis waagrecht abstehenden Blättern besetzt ist, deren Spitzen nach abwärts gekurvt sind, und der im oberen Teil zu einem langen, pyramidenförmigen Blütenstiel ausgewachsen ist, der an steif waagrecht abstehenden Blütenstielen oft 6 bis 20, sogar bis 40 Blüten trägt, ist diese Lilie eine der schönsten Lilien des Martagontyps. Die Blüten sind zinnoberrot bis scharlachrot und gegen das Innere fein schwarz gesprenkelt, duftlos. Der Pollen ist scharlachrot. Die 8 bis 12 cm langen, 2 bis 3 mm breiten Blätter sind an den Rändern rauhborstig, der Stengel und die Knospen sind oft flockig behaart. Die Zwiebel ist weiß, verfärbt sich rötlich, wenn sie der Luft ausgesetzt ist, wird meist 3 bis 5 cm groß, meist breiter als hoch. Samenkapseln länglich-rund, setzen reichlich Samen an. Schnellkeimer. In der Kultur macht sie keine Schwierigkeiten und kommt in jedem normalen Gartenboden durch. Durch Auslese und Kreuzung mit var. *unicolor* und var. *willmottiae* entstanden eine Reihe von noch reicher blühenden Formen, mit größeren Blüten oder auch mit Sekundärblüten an den Blütenstielen.

L. davidii var. **macranthum** Rafill 1938. Bis 1,8 m hoch, 2 bis 3 orangefarbene Blüten pro Blütenstiel.

L. davidii var. **unicolor** Cotton 1938. Der italienische Missionar Giraldi führte 1895 nach Italien eine Lilie ein, die zuerst *L. biondii* genannt wurde, die Holländer führten sie unter dem Namen *L. willmottiae* var. *unicolor*, die Engländer unter dem Namen *L. sutchuenense*. Diese Lilie ist schwächer als die Stammform, wird kaum 90 cm hoch, der Blütenstand trägt höchstens 10 bis 15 Blüten von blaß-orangeroter Farbe mit wenigen schwach gezeichneten rötlichen Sprenkeln. Gedeiht in jedem Gartenboden. Sämlinge sind ebenfalls ungesprenkelt oder schwach gesprenkelt.

L. davidii var. **willmottiae** Rafill 1938. Diese Lilie, die im allgemeinen der Stammform gleicht, hat eine elegantere Form. Sie besitzt jedoch einen drahtigeren Stengel, mit enger gestellten und längeren Blütenstielen, die dazu graziös nach abwärts gebogen sind, deren Blätter breiter, auch noch enger gestellt und länger sind. Sie zeigt auch keine rauhe oder flockenartige Behaarung. Die Blütenfarbe ist Orangerot mit kastanienbraunen, feinen Sprenkeln. Der Stiel, welcher der Zwiebel entspringt, wandert manchmal im Boden und setzt an den Stengelinternodien kleine Tochterzwiebeln an. Die Samenkapseln sind zylindrisch-rund und enthalten bei Bestäubung reichlich Samen, Schnellkeimer. Durch Auslese kann man verbesserte, kräftig wachsende und sehr reich blühende Formen erzielen. Holländer und Engländer führen eine Form 'Improved'.

Obwohl diese Lilie schon 1868 durch A. Henry und Père Farges entdeckt wurde, so kam sie doch erst nach 1908 zur Verbreitung, als E. H. Wilson Zwiebeln nach Amerika und England schickte. Sie ist eine gute Gartenlilie, die in jedem Boden gedeiht. Durch Tochterzwiebeln und Samen ist sie leicht zu vermehren. Ihre Heimat hat sie in den chinesischen Provinzen West-Hupeh, Ost-Szetschuan, Süd-Schensi, in Gebirgen, 1200 bis 2400 m hoch (RHS-LYB 1949).

L. davidii 'Maxwill'. Diese Lilie ist bei Dr. F. L. Skinner 1928 entstanden, indem *L. davidii* var. *willmottiae* mit einer Lilie gekreuzt wurde, die angeblich *L. leichtlinii* var. *maximowiczii*, wahrscheinlich aber eine *L. davidii* war. Es ist eine sehr kräftige Lilie mit starkem Stengel wie *L. davidii*, mit einem schönen pyramidalen Blütenaufbau. Infolge des kräftigen straffen Stengels eignet sie sich besonders gut dazu, Hybriden eine kräftige Konstitution und einen guten Blütenaufbau zu geben.

Hybriden mit *L. davidii* und der Varietät *willmottiae* entstanden mit *L. bulbiferum* var. *croceum, L. cernuum, L. dauricum, L. amabile, L. pumilum, L. tigrinum*. Die Preston-Hybriden wurden durch Kreuzung der Hybride *L. dauricum* × *L. maculatum* mit *L. davidii* var. *willmottiae* erzielt.

Oben: *L. rhodopeum* aus Bulgarien wurde erst 1952 entdeckt. Unten links: *L. regale* muß man aus Samen ziehen und mit Rosen, Rittersporn oder Fingerhut als Begleitung pflanzen. Unten rechts: *L. szovitsianum*, eine der im Kaukasus vorkommenden duftenden Lilien.

terlage auf Berghängen. In den Siskiyou-Bergen fällt 130 bis 190 cm Regen im Jahr, meist im Frühjahr, während der Herbst und Winter trocken sind, mit Schneedecke im Winter. Die Lilie gehört zum sogenannten Landtyp der westamerikanischen Lilien, für die die beste Dränage lebensnotwendig ist, wobei jedoch der Unterboden nicht zu trocken werden darf, eventuell sogar der Bewässerung bedarf. Blüht aus Samen gezogen in 4 Jahren. Hybriden mit *L. pardalinum* (RHS-LYB 1951 bis 1952).

L. brownii F.E. Brown 1845

L. brownii var. **brownii** ist der Typ. Eine Trichterlilie von besonderer Schönheit, die um 1835 wahrscheinlich von Kanton nach England eingeführt wurde, 90 bis 120 cm hoch wachsend. Zwiebel weißgelblich, fest mit breiten Schuppen. Die etwa 15 cm lange, waagrecht abstehende Trompete ist rein cremeweiß innen, außen purpurrosa bis schokoladefarbig, manchmal grün überlaufen. Blütezeit Juli. Sie setzt keine Samen an, weil sie ein Klon ist und kann nur vegetativ vermehrt werden. Sie setzt Samen an mit *L. brownii* var. *australe* und var. *viridulum*. Sie ist jedoch nicht ganz hart bei uns. Ihre eigentliche Heimat ist nicht bekannt.

L. brownii var. **australe.** Vorkommen in den südchinesischen Provinzen Fukien, Hongkong, Kwangtung, Kwangsi, Jünnan. Gegenüber der var. *viridulum* hat diese Varietät aus dem Süden kleinere Zwiebeln, schmälere Blätter und ein starkes, fast ausdauerndes Wachstum. Sie ist bei uns nicht winterhart (NALS-LYB 1959).

L. brownii var. **viridulum** (var. *colchesteri* Wils.) kommt in fast allen Provinzen Zentralchinas bis auf 1500 m Höhe wild vor. Die Zwiebel wird auch für Speisezwecke angebaut. Die Zwiebel ist groß, cremeweiß, der Blütenstengel wird 100 bis 200 cm hoch, die Blätter sind länglich-lanzettlich, die stark duftenden Blüten sind bis zu 15 cm lang, öffnen sich mit blaßgelber Farbe, die schnell in Weiß übergeht, im Innern ist die Blüte mit grünen Nektarstreifen, außen mit grünen und purpurrosa Markierungen gezeichnet.

Blütezeit August bis September. Diese Lilie ist, obwohl sie auch in den nördlichen Provinzen Chinas vorkommt, nicht ganz leicht zu kultivieren. Sie setzt Samen an.

L. bukozanense Honda 1942

Diese Lilie wurde erst 1942 in Japan auf dem Berg Buko, 60 km nordwestlich von Tokio entdeckt. Dort wächst sie in 600 m Höhe aus fast senkrechten Felswänden mit abwärts hängendem Stengel mit aufrecht getragenen, großen Schalenblüten von orangeroter Farbe mit kräftiger Sprenkelung. Der hängende Stengel wird auch bei Topfkultur beibehalten (NALS-LYB 1960, Moto'o Shimizu).

L. bukozanense

bis über 3000 m über dem Meer verbreitet. Während sie in Meereshöhe 200 cm hoch wird, ist sie in 3000 m Höhe eine nur 30 cm hohe Pflanze, die als var. *pricei* benannt wurde. Im subtropischen Tiefland soll sie in 6 bis 8 Monaten von der Aussaat an in Blüte kommen und ohne auszusetzen während jeder Jahreszeit blühen. Bei uns blüht sie im Freiland spät im Oktober und fällt meistens dem Frost zum Opfer. Die dann erschöpfte, sehr kleine Zwiebel ist kaum winterhart und kommt selten durch.

Zwiebel weiß oder gelblich, nur 3 bis 4 cm groß, Stengel dunkelpurpurfarben, 120 bis 150 cm hoch (Auslesezuchten mit bis 300 cm hohen Stengeln), dicht mit grasartigen, langen Blättern bedeckt. Blüten hängende, enge, weiße Trichter, 12 bis 15 cm lang, Trichter weit geöffnet, außen meist mit rosa überlaufenen Mittelrippen. Blütenstaub gelb. Blüten meist nur 1 bis 2 pro Stengel (Auslese mit 30 bis 40 Blüten). Samenkapsel langer Zylinder, Samen sehr dünn mit häutigem Rand. Keimung sofort. Das Kennzeichnende dieser Lilie ist, daß sie kaum eine Zwiebel hat und ständig neue Triebe bildet, so daß sie das ganze Jahr hindurch blühen würde, wenn der Winter sie nicht zum Absterben brächte. Sie gedeiht daher besser in einem Kalthaus. Bei uns muß ihr im Freien ein geschützter warmer Standort geboten werden. Da sie kurzlebig ist, ist es notwendig, sie immer wieder durch Aussaat aus Samen nachzuziehen.

Gegen Virusinfektionen ist sie sehr empfindlich und geht sofort ein. Deshalb wird sie als Testpflanze für Virusbefall verwendet. Zu diesem Zweck wird Saft von virusverdächtigen Pflanzen auf diese Lilie übergeimpft. Stirbt die Testpflanze unter den typischen Krankheitserscheinungen ab, so ist der Virusverdacht bestätigt.

Von dieser Lilie sind verschiedene Formen im Handel. Die interessanteste ist *L. formosanum* var. *pricei.*

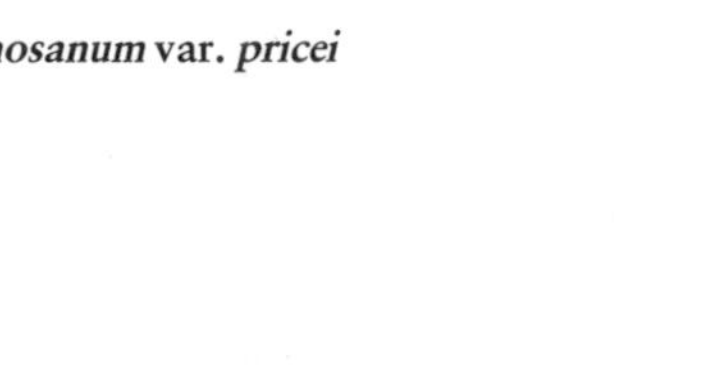

L. formosanum var. *pricei*

L. formosanum var. **pricei.** Diese zwergige Hochgebirgsform wird nur 30 bis 60 cm hoch und trägt 1 bis 2 lange, feinröhrige, weiße Trichter, die am Rücken kräftig rot gezeichnet sind. Diese Form ist winterhart und für den Steingarten geeignet, die Blütezeit ist Juli bis August.

An Kreuzungen gibt es:

L. formosanum × *L. philippinense* (RHS-LYB 1949),

L. formosanum × *L. nepalense* ('Formolense', Neuseeland),

L. formosanum var. *pricei* × *L. longiflorum* (*L.* × *zalivskii*),

L. formosanum × *L. longiflorum* 'Tetrabel'.

L. fortunofulgidum Roane und J. de N. Henry 1980

Diese Lilie, die erst 1979 von Josephine de N. Henry in Georgia, Thomas Country, am Ochlockonee River gesammelt wurde, gehört wie *L. gazarubrum, L. iridollae* und *L. maryhenryae* in die Verwandtschaft von *L. michauxii* und *L. superbum,* die ebenfalls in den Südoststaaten der USA wachsen. Sie soll auch im Leon Country, Florida, vorkommen.

Zwiebel länglich-oval, 4 cm lang, 2 cm hoch, bildet neue Zwiebeln an kurzen weißen Stolonen. Stengel bis 1,40 m hoch mit 3 bis 8 horizontalen Blattkränzen und zerstreut stehenden, lanzettlichen Blättern. Doldiger Blütenstand mit 1 bis 5 hängenden Blüten. Blütenblätter schmal, zurückgerollt, gelborange im Grund, in den Spitzen in orange-rot übergehend, mit orangeroten Tupfen, grüner Nektarfurche. Samenkapseln länglich-oval, 3,5/2 cm. Blütezeit Mitte bis Ende Juli (NALS-LYB 1980/81).

Feuchter, saurer Boden.

L. gazarubrum Roane und J. de N. Henry 1980

1978 von Josephine de N. Henry im Staate Mississippi gefunden. Zwiebel 6/3 cm mit dreieckförmigen, ungegliederten Schuppen. Stengel bis 1,20 m hoch, an der Basis purpurrot. Blätter lanzettlich, schräg aufrecht in Blattkränzen und zerstreut stehend. Bis zu 9 hängenden Blüten mit zurückgerollten Blütenblättern, gelborange im Grund, an der Spitze in scharlachrot übergehend, mit stumpf scharlachroten Tupfen, grüne Nektarfurche, Samenkapseln 4/2 cm, länglich-oval. Samen dreieckig-rund. Blütezeit Ende Juni.

L. georgicum J. Mandenova 1942
(L. ponticum C. Koch)

Kaukasus, Georgien, nördlich Tiflis, bei Gudaur an der Militärstraße, auf Bergwiesen in langem Gras in 2200 bis 2500 m Höhe.

Diese Lilie, die vielleicht mit *L. ponticum* identisch ist, hat eine breit-ovale Zwiebel mit blaß-cremefarbenen Schuppen, der Stiel wächst 70 bis 80 cm hoch, ist eng mit lanzettlichen Blättern, die an den Blattadern und Rändern steif behaart sind, besetzt und trägt meist 4 bis 7 Blüten von tiefgelber Farbe mit stark orangefarbenen Pollenbeuteln. Die Blütenform ist trichterförmig-glockenförmig, die Blütenblätter sind 5,5 bis 7 cm lang und an der Basis meist purpurfarben. Die Blütenblätter sind längs des Kiels mit dunkel-purpurfarbenen Papillen oder Flecken besetzt. Die Blüten haben einen scharfen, unangenehmen Geruch.

L. grayi Watson 1879

Der Name erinnert an den amerikanischen Botaniker Asa Gray, der die Pflanze zuerst sammelte. Die amerikanische Lilie (Abb. Seite 69) hat ein kleines Verbreitungsgebiet in den Staaten, Nord-Carolina, Tennessee und Virginia und ist eng mit *L. canadense* verwandt, dem es auch in der Haltung gleicht. Abweichend von *L. canadense* sind die 1 bis 8 Blüten, glatte Trichter, die Blütenblattsegmente sind nicht zurückgebogen oder zurückgerollt. Blüten außen tief-karminfarbig, innen orange, kräftig rot-purpurfarben gesprenkelt. Pollen orangebraun. Wächst auf Berghängen der Alleghanies in 900 bis 1800 m Höhe. Die Zwiebeln sind Rhizome mit gelblich-weißen Schuppen, ähnlich *L. canadense.* Nicht so wüchsig wie *L. canadense,* Langsamkeimer.

L. hansonii Leichtlin 1871

Heimat: Dagelet-Inseln vor der Küste Koreas (Takeshima), Diamond-Berge, Negita-Berge in Korea. Japanischer Name „Takeshima Yuri". Wächst auf der Insel Takeshima auf den Felsklippen der Küste bis fast 900 m Höhe in bestem Laubhumusboden, in Gestrüpp und offenen Wäldern. Blütezeit Juni.

Zwiebel gelblich-weiß, flach-kugelig, etwa 5 bis 6 cm, Stengel hohl, grün, kräftig 60 bis 150 cm hoch mit mehreren Blattquirlen und einigen einzelnen Blättern am oberen Stengelteil, Blätter länglich bis lanzettlich etwa 12 × 3 cm, Blüten mit strengem Duft, Türkenbundtyp, hängend, mit sehr dicken, zurückgeschlagenen, fleischigen Blütenblättern von orangegelber Farbe, braun gesprenkelt. 4 bis 12 Blüten pro Stiel. Staubgefäße purpurfarben mit gelben Pollen. Diese Lilie ist bei uns sehr leicht zu kultivieren und hält jahrzehntelang im Garten aus. Als Standort werden leicht schattige und feuchte Plätze mit reichem Laubhumus im Boden vorgezo-

L. auratum var. **rubrum.** In dieser Form ist der Mittelstreifen ganz crimsonrot. Solche rotfarbene Goldbandlilien findet man in Japan wild, im Verhältnis eine rote auf 100 000 andere.

L. auratum var. **tricolor.** Ähnlich der Varietät *platyphyllum* mit gelben Band und leichter Sprenkelung.

L. auratum var. **virginale.** Reinweiß mit Goldband mit gelber Sprenkelung. Kreuzungen sind mit *L. speciosum* gelungen *(L. × parkmannii);* diese Hybriden zählen zu den schönsten, die es von Lilien gibt. Weiterhin sind auch die japanischen Lilien *L. japonicum* und *L. rubellum* in diesen Komplex eingekreuzt worden (Dr. N.E. Pfeiffer, Boyce Thompson Institute, New York 1942).

Kreuzungen mit *L. auratum:*
L. auratum × *L. japonicum* und
L. auratum × *L. rubellum* =
Atomic Hybrids (Woodriff);
L. auratum mit zwergigem Wuchs (Dr. Yeates, Neuseeland) wurde von den Oregon Bulb Farms benützt, um zwergige Auratums für Topfpflanzen zu züchten ('Little Rascals') (NALS-LYB 1972, McRae);
L. auratum var. *praecox* × *L. alexandrae* (OBF);
L. auratum × *L. longiflorum,* steril (Japan);
'Imperial Crimson', 'Imperial Silver' und 'Imperial Gold' Strains (OBF) entstanden aus komplexen Auratum-Speciosum-Kreuzungen;
'Imperial Pink' und 'Pink Glory' entstanden aus Auratum-Speciosum-Kreuzungen mit *L. japonicum* (OBF);
'Magic Pink' Strain entstand als F_1-Kreuzung aus einem virustolerantem rot-gebändertem *L. auratum*-Klon × *L. rubellum* (OBF).

L. bakerianum Collett and Hemsley 1890

Diese Lilie wurde 1888 in Oberburma gefunden und nach dem englischen Botaniker John G. Baker benannt, der sich zu seiner Zeit viel um die Beschreibung und Einführung neuentdeckter Lilien verdient gemacht hat. Diese Lilie hat eine sehr weite Verbreitung, infolgedessen ändert sie auch stark ab, so daß 5 Formen beschrieben werden. Sie ist bei uns nicht winterhart und muß im Gewächshaus gezogen werden. Ihre Seltenheit und auffallende Farbe ist dies aber wert. Außer in Oberburma wird sie in den Westprovinzen Chinas bis zu den Vorbergen des östlichen Himalajas gefunden, und zwar in 1200 bis 3600 m Höhe. Die typische Form der Lilie hat einen traubigen Blütenstand mit bis zu 8 hängenden, glockenförmigen, wohlriechenden Blüten mit grünlicher Grundfarbe, während der Schlund je nach Vorkommen rötlichbraun überlaufen und gesprenkelt ist. Höhe der Pflanze mehr oder weniger 30 bis 100 cm.

Alle diese Formen sind durch weiße, rosa, gelbe und grünliche Glocken gekennzeichnet, die im Schlund kräftig und oft sehr dunkel mit Kastanienbraun, Purpur oder Karmin gezeichnet sind.

L. bolanderi S. Watson 1887

Diese Lilie, die aus den Siskiyou-Bergen, 900 bis 1800 m hoch, im südlichen Oregon und Nordkalifornien stammt, schaut fast wie eine Glockenblume aus. Zwiebel mit lose angewachsenen Schuppen, grünlichgelb. Sie wächst 30 bis 90 cm hoch und trägt 3 bis 6 Quirle von wachsartig blaugrünen, lanzettlichen Blättern. Der traubige Blütenstand trägt bis zu 9 zarte Blüten von reiner Glockenform. Sie sind außen samtig ziegel- bis weinrot, innen schwach crimsonrot und fein rot getupft.

L. bolanderi blüht im Juli und wächst in steifem Lehmboden auf Fels- und Schuttun-

Lilium Linné

L. alexandrae Wallace 1893

Eine in Japan beheimatete Lilie, die einen ganz beschränkten Wildstandort hat, nämlich die südlich der japanischen Hauptinseln gelegene Riu-kiu-Insel Uke-shima und einige Nachbarinseln. Der japanische Name ist „Uke-Yuri". Sie wächst auf diesen kleinen Inseln in Tälern und auf Feldern.

Diese Lilie wurde bisher, auch im Lilien-Standardwerk Woodcock and Stearn, „Lilies of the World", meist als *L. nobilissimum* beschrieben. Erst der japanische Botaniker Moto'o Shimizu hat diesen Irrtum richtiggestellt. Die Lilie wird bis 100 cm hoch, die Blüte ist groß, trichterförmig, reinweiß, selten blaßrosa und wird horizontal oder leicht aufrecht getragen, mit starkem Wohlgeruch. Stigma und Pollen purpurbraun. Blütezeit Mai bis Juli.

Die Samenkeimung erfordert eine Bodentemperatur von etwa 20 °C. Keimung innerhalb 6 bis 12 Monate, jedoch entweder im Frühjahr oder im Herbst. Bildet Achselbulben. Diese außerordentlich schöne Lilie kann bei uns nur im Gewächshaus oder im Topf gezogen werden, sie gilt als sehr virusanfällig.

'Easter Bunny' (Abb. Seite 205) von Ruth P. H. Clas war die erste lebensfähige *L. alexandrae*-Hybride (RHS-LYB 1969).

Weitere Kreuzungen von Edward und Judith McRae zwischen 1970 und 1973:

L. alexandrae × *L.* 'Pink glory',
× *L. rubellum,*
× Miniatur-Auratum-Hybriden
× *L.* 'Little Rascals',
× *L. nobilissimum,*
L. 'Easter Bunny' × *L. alexandrae,*
× *L. speciosum.*

Diese Kreuzungen wurden durch Embryokultur erhalten (NALS-LYB 1952, Moto'o Shimizu; NALS-LYB 1972, McRae).

L. amabile Palibin 1901

Heimat: Korea. Dagelet Island. Wächst in sandigem Lehmboden zwischen Gras und Sträuchern, Zwiebeln weiß, kugelig zugespitzt. Stiel 40 bis 100 cm hoch, Blätter ziemlich zahlreich, länglich-lanzettlich, die Blattspitze in einen leicht verdickten braunen Punkt auslaufend. Blütenstand traubig mit 1 bis 6 Blüten von Türkenbundform, Blütenfarbe glänzendes Orangerot, mit schwarzer Sprenkelung. Staubbeutel dunkel-schokoladebraun, Pollen zinnoberrot. Samenkapsel länglich-oval. Samen Schnellkeimer. Blütezeit Juni bis Juli.

Diese Lilie wurde erst verhältnismäßig spät eingeführt. 1918 und 1919 sandte E. H. Wilson Samen nach den USA, wodurch diese Lilie im Westen verbreitet wurde. Sie besticht durch ihre glänzend orange-zinnoberrote Blütenfarbe. Einige wenige dieser Pflanzen geben einen wirksamen Blickfang. Sie hält in voller Sonne aus ohne auszubleichen, auch verträgt sie reichliche Trockenheit. Der Geruch dieser Lilie ist unangenehm.

L. amabile var. **luteum.** In Aussaaten von *L. amabile* wurde in Holland wie in England eine Form mit glänzend orangegelber Farbe gefunden. Sowohl die gelbe als auch die rote Form wurden zu Kreuzungen benutzt, wobei

---

Die hypothetische Entwicklungsfolge der größeren Liliengruppen (nach Dr. Lighty)

Zwiebel groß, einseitig weiterwachsend, gelblichweiße Schuppen, sehr tief im Boden. Stengel 120 bis 180 cm hoch mit zahlreichen, gewellten, glänzenden, ovallanzettlichen Blättern, mit 10 bis 15 Blüten im Juni an einem pyramidalen Blütenstand. Blüten nikkende Türkenbundform, glänzend orangefarben, kastanienbraun oder purpurfarben gesprenkelt, Pollen dunkelorange. Samen sind Langsamkeimer.

L. humboldtii ist eine in allen Teilen sehr variable Lilie, so daß bei 1000 Sämlingen kaum eine der anderen gleicht. Sie gehört zum Landtyp, wächst oft in steinhartem, trockenem Boden. Soll im Herbst und Winter durch Überdecken vor Nässe geschützt werden. Bildet aus Schuppen keine Zwiebelbulben. Die früher als Varietäten dieser Lilie angesehenen var. *bloomerianum* und var. *ocellatum* sind jetzt in der Spezies *L. ocellatum* vereinigt.

Kreuzungen mit *L. pardalinum* und *L. parryi*.

L. iridollae M. G. Henry 1947

Nordamerika, Südalabama und Nordwest-Florida. Wächst auf torfigen Wiesen und in Sphagnum-Sümpfen.

Kleine weiße Zwiebeln, welche an dünnen Stolonen gebildet werden. Blütenstiel 90 bis 150 cm hoch, Blätter meist in Quirlen, lanzettlich, obere Hälfte des Stieles fast unbelaubt. Blüten meist einzeln, jedoch bis 8 Blüten pro Stengel möglich. Blüten martagonförmig, hängend, Blütenblätter zurückgerollt, Blütenfarbe warmes, goldenes Gelb, kräftig braune Sprenkelung am unteren Ende des Blütenblattes, grüne Nektarfurche. Blütezeit Juni bis Juli.

Diese Lilie wurde erst 1940 von Mrs. Mary G. Henry in den Sümpfen von Südalabama aufgefunden. Sie gehört in die Verwandtschaft von *L. canadense* und *L. superbum*. Samen keimen innerhalb 1 bis 2 Monaten.

L. japonicum Thunberg 1780

Japan: Im Südteil der Hauptinsel Honshu, von Seehöhe bis 1050 m, meist Ost- und Nordhänge, Bambus- und *Rhododendron*-Unterwuchs. Japanischer Name „Sasa Yuri“ (Bambus-Lilie). Zwiebel cremeweiß, oval etwa 4 cm Durchmesser, Schuppen schmal und lang, süßschmeckend (Zwiebeln werden gegessen). Stengel 30 bis 90 cm hoch, dünn. Blätter lanzettlich, wenigblättrig. Blüten meist 1 bis 3 pro Stiel, Blütenfarbe klares Rosa, aber auch Weiß. Blütenform kurze, glockenförmige Trompete, Pollen rotbraun (Abb. Seite 87). Blütezeit je nach Höhenlage von Mai bis August. Selbstfertil. Langsamkeimer.

Diese schöne japanische Lilie ist der Gartenkultur schwer zugänglich, selbst in Japan wird sie wenig gezogen, obwohl sie in der Natur reichlich vorkommt. Sie ist vor allem stark dem Pilzbefall ausgesetzt, so auch Zwiebelschuppen bei der Vermehrung. Die Bodentemperatur soll 15 °C nicht überschreiten, daher die Zwiebel im Halbschatten zwischen Gras und niedrige Sträucher auf Nordhängen tiefer als andere Lilienzwiebeln pflanzen. Pflanzerde sandiger Lehm mit Holzkohlenpulver und Lauberde. Nach Ralph Warner ist es am besten, diese Lilie an einen Wassergraben mit fließendem, kaltem Wasser zu setzen. Die Lilie kreuzt mit *L. rubellum, L. auratum, L. speciosum,* angeblich auch mit *L. cernuum* und *L. wallichianum,* alles Lilien, welche kein Karotinoidpigment enthalten (NALS-LYB 1956, Moto'o Shimizu; NALS-LYB 1962).

L. kelleyanum Lemmon 1903
(*L. fresnense* Eastwood)

Die Existenz und Verbreitung dieser Lilie wurde 1952 von Lawrence Beane durch Kulturversuche nachgewiesen. Sie gehört zur Pardalinum-Gruppe und war früher auch unter dem Namen *L. fresnense* beschrieben worden. Sie wird bis 200 cm hoch und kann bis 70 wohlriechende Blüten an einem pyramidalen Blütenstand tragen. Die Blütenfarbe ist Kadmiumgelb, leicht purpurfarben gesprenkelt, mit grünlichem Schein an der Blütenbasis. Die Blüte ist nickend im Martagontyp, doch sind die Blütenblätter nicht vollständig zurückgerollt, sondern stehen wie eine Krone nach oben. Blütezeit Juni bis Mitte August.

Zwiebelrhizome mit vielen kleinen zusammengesetzten Schuppen. Sumpftyp. Vorkommen in Kalifornien: von Oregon südwärts durch die Sierraberge bis Tulare County, Kingsriver, Fresno County, bis 2700 m Höhe.

Naturhybriden mit *L. parvum* (NALS-LYB 1952).

L. kelloggii Purdy 1901

Eine sehr wohlduftende Lilie, deren Verbreitung im „redwood belt" von Nordwest-Kalifornien zum südlichen Oregon liegt. Sie sieht einer verkleinerten Ausgabe von *L. rubescens* ähnlich. Kleine Zwiebel, 5 bis 10 cm groß, Stengel 45 bis 120 cm, manchmal bis 240 cm hoch, die Blätter sind hellgrün und in 4 bis 8 Quirlen angeordnet. Bis zu 30 Blüten sind in einem langen, pyramidalen Blütenstand aufgebaut. Es sind hängende Türkenbundblüten, deren Blütenblattspitzen stark nach außen umgeschlagen sind. Die Blüten sind zuerst elfenbeinweiß mit rosa Spitzen, um sich mit zunehmendem Alter nach Rosa bis Magentarot zu verfärben, dabei braune bis weinrote Sprenkel bekommend; bezeichnend ist ein zitronengelber Mittelstreifen auf jedem Blütenblatt. Blütezeit Juli. Langsamkeimer. Landtyp. Kultur bei bester Dränage mit Bodenbeschattung.

Hybriden wurden mit *L. parryi* und mit *L. martagon* erhalten ('Kelmarsh', Wyatt) (NALS-LYB 1952).

L. kesselringianum Mishchenko 1914

Westliches Transkaukasien: Sakhum, Batum, 1500 m. Diese Lilie unterscheidet sich von der ähnlichen *L. monadelphum* durch geringere Wuchshöhe, 60 bis 120 cm, durch blasse, strohgelbe Blüten und zimtbraune Sprenkelung, durch schmälere Blütenblätter, die weniger zurückgeschlagen sind, und kürzere Staubgefäße, die nicht miteinander verwachsen sind. Zwiebeln ziemlich groß. Der Stengel bildet Stengelwurzeln und ist dicht mit Blättern bewachsen. Der lockere, pyramidenförmige Blütenstand bringt 8 bis 10 Blüten, die fein zimtfarbig getupft sind, der Duft kann unangenehm sein. Staubbeutel braun. Samenkapseln 4 bis 5 cm groß. Langsamkeimer (Saliwski).

Die Lilie trägt den Namen von W. Kesselring, der vor dem 1. Weltkrieg in St. Petersburg (Leningrad) Inhaber des bekannten russischen Gartenbaubetriebes Regel und Kesselring war (NALS-LYB 1965).

L. kosa Orekhovs und Eremin 1957

Nordkaukasus: Nalschik. Diese kräftige und starke Kaukasuslilie wurde erst 1957 von Yuri Kos entdeckt. Zwiebel sehr groß, breitoval, 14 bis 18 cm (oft bis 2 kg schwer werdend), mit zahlreichen schmalen, rosagelben Schuppen. Der Blütenstiel wächst 150 bis 180 cm hoch, ist eng mit wechselständigen, länglich-lanzettlichen Blättern bis 12 cm Länge, 3 cm Breite besetzt. Die Blüte ist trichterförmig bis glockenförmig, seitlich schauend, blaßgelb und in der Natur leicht rosa überlaufen. Auf dem Mittelteil der Blütenblätter befinden sich kleine, zimtrote Tupfen. Die Staubbeutel sind glänzend gelb, der Pollen rostig-gelb. Pro Stengel stehen meist 2 bis 5, manchmal 7 Blüten, denen ein angenehmer Duft nach Nachtviolen entströmt. Sie blüht von Mitte bis Ende Juni. Samen reifen Ende August.

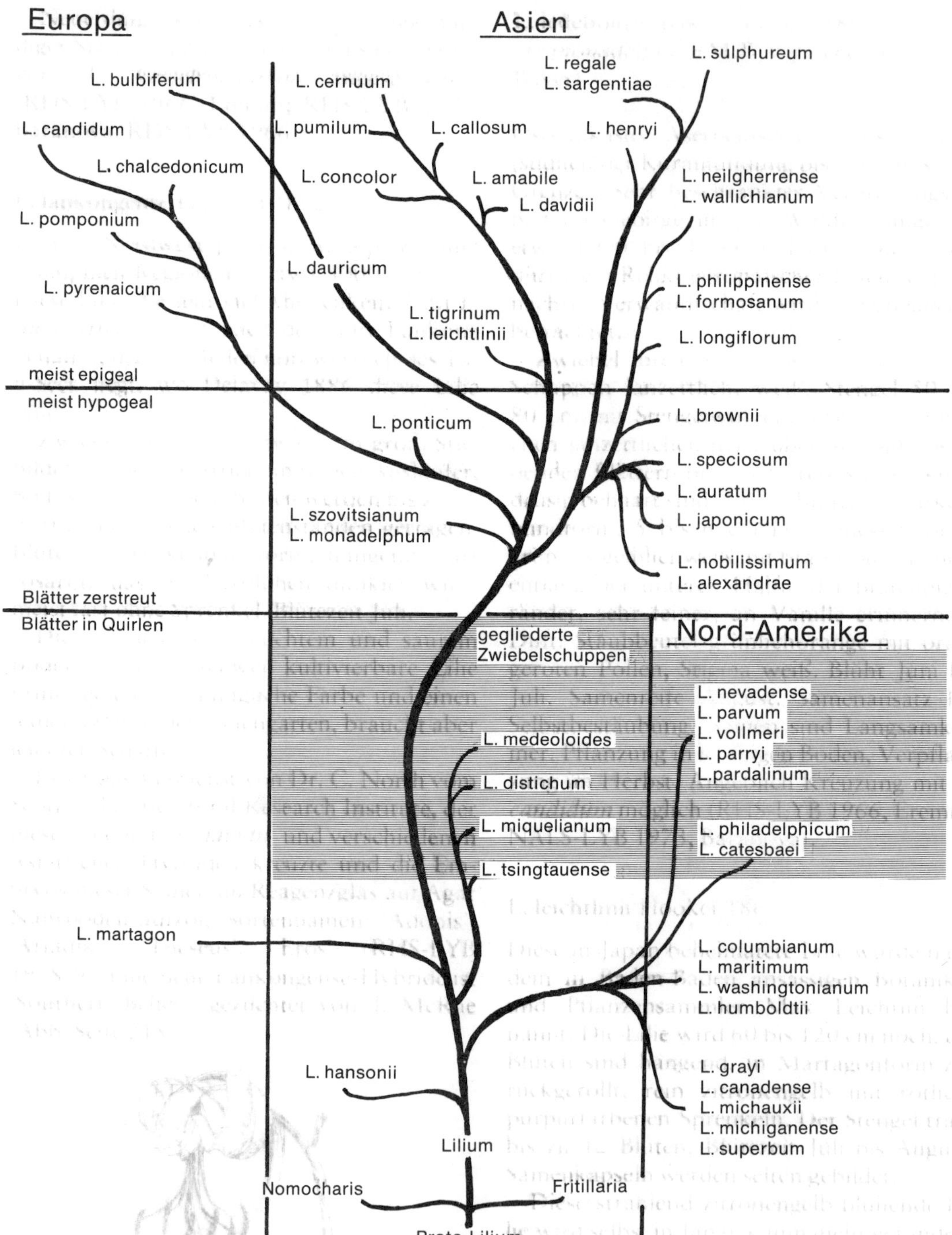
Europa
Asien
Nord-Amerika
L. bulbiferum
L. candidum
L. chalcedonicum
L. pomponium
L. pyrenaicum
L. cernuum
L. pumilum
L. callosum
L. concolor
L. amabile
L. davidii
L. dauricum
L. tigrinum
L. leichtlinii
L. regale
L. sargentiae
L. sulphureum
L. henryi
L. neilgherrense
L. wallichianum
L. philippinense
L. formosanum
L. longiflorum
meist epigeal
meist hypogeal
L. ponticum
L. brownii
L. speciosum
L. auratum
L. japonicum
L. szovitsianum
L. monadelphum
L. nobilissimum
L. alexandrae
Blätter zerstreut
Blätter in Quirlen
gegliederte
Zwiebelschuppen
L. nevadense
L. parvum
L. vollmeri
L. parryi
L.pardalinum
L. medeoloides
L. distichum
L. miquelianum
L. tsingtauense
L. philadelphicum
L. catesbaei
L. martagon
L. columbianum
L. maritimum
L. washingtonianum
L. humboldtii
L. hansonii
L. grayi
L. canadense
L. michauxii
L. michiganense
L. superbum
Lilium
Nomocharis
Fritillaria
Proto-Lilium

L. dauricum

vuria, Dahuria, Dauria für Südostsibirien her.

Zwiebel weiß, breit-rund 3 bis 8 cm, mit eingeschnürten, gliederförmigen Schuppen. Auf 30 bis 75 cm hohen, meist gerippten Stengeln mit engzerstreut stehenden, lanzettlichen, dunkelgrünen Blättern sitzen 1 bis 6 aufrechte, kelchförmige Schalenblüten von orangeroter bis scharlachroter Farbe mit verschieden starker Sprenkelung in einem doldenförmigen Blütenstand. Die Blütenknospen und der obere Teil des Stengels sind meist stark flaumig behaart. Die Zwiebel wächst oft weit, ehe der Stengel aufsteigt. Saliwski berichtet von 2 m hohen Riesenexemplaren mit 12 bis 15 Blüten bei der russischen Stadt Chabarowsk. Sie ist eine sehr harte Lilie, die in fettem, feuchtem, kalkfreiem Boden gedeiht. Blütezeit Juni. Es ist die am frühesten erblühende Asiatische Lilie, weshalb sie als Kreuzungspartner für Treiblilien von Bedeutung ist.

Als Varietäten werden eine var. *alpinum* mit nur 10 bis 20 cm hohen Stengeln und eine var. *luteum* mit reingelben, schwarzgesprenkelten Blüten genannt.

Sie wurde gerne für Kreuzungen benutzt. Isabella Preston (Kanada) zog damit ihre berühmten Stenographer- und Fighter-Hybriden. Jan de Graaff kreuzte sie in seine Midcentury-Hybriden ein. Nach Moto'o Shimizu wurde diese Lilie vor 200 Jahren von japanischen Gärtnern mit *L. maculatum*, besser bekannt als *L. wilsoni*, einer weiteren japanischen Wildlilie, gekreuzt. Daraus sollen die Hybridlilien *L.* × *elegans* entstanden sein (NALS-LYB 1960, 1969).

L. davidii Duchartre 1877

Benannt wurde diese Lilie nach dem französischen Missionar Armand David, der 1869 Zwiebeln dieser Lilie im Westen der chinesischen Provinz Szetschuan sammelte und nach Paris schickte. Ihre Heimat ist West-Szetschuan, Nordwest-Jünnan, wo sie in 1500 bis 3000 m Höhe wächst (Abb. Seite 70).

Mit ihrem straffen und starr aufrechten Stiel, der im unteren Teil eng mit zahlreichen schräg aufwärts bis waagrecht abstehenden Blättern besetzt ist, deren Spitzen nach abwärts gekurvt sind, und der im oberen Teil zu einem langen, pyramidenförmigen Blütenstiel ausgewachsen ist, der an steif waagrecht abstehenden Blütenstielen oft 6 bis 20, sogar bis 40 Blüten trägt, ist diese Lilie eine der schönsten Lilien des Martagontyps. Die Blüten sind zinnoberrot bis scharlachrot und gegen das Innere fein schwarz gesprenkelt, duftlos. Der Pollen ist scharlachrot. Die 8 bis 12 cm langen, 2 bis 3 mm breiten Blätter sind an den Rändern rauhborstig, der Stengel und die Knospen sind oft flockig behaart. Die Zwiebel ist weiß, verfärbt sich rötlich, wenn sie der Luft ausgesetzt ist, wird meist 3 bis 5 cm groß, meist breiter als hoch. Samenkapseln länglich-rund, setzen reichlich Samen an. Schnellkeimer. In der Kultur macht sie keine Schwierigkeiten und kommt in jedem normalen Gartenboden durch. Durch Auslese und Kreuzung mit var. *unicolor* und var. *willmottiae* entstanden eine Reihe von noch reicher blühenden Formen, mit größeren Blüten oder auch mit Sekundärblüten an den Blütenstielen.

weiß, mit einer deutlich gezeichneten grünlichen Rippe außen und innen am Trichter. Pollen rotbraun. Blütezeit Ende Juli bis August.

Beide Varietäten von *L. leucanthum* kreuzen mit *L. regale*, die var. *chloraster* gab mit *L. henryi* das verlorengegangene L. × *kewense*.

L. longiflorum Thunberg 1794, Osterlilie

Den Namen Osterlilie erhielt diese Lilie in den USA, weil sie dort für die Osterfeiertage als Topfpflanze gezogen und in vielen Millionen Exemplaren verkauft wird. Sie stammt wie *L. alexandrae* und *L. nobilissimum* von den japanischen Riu-kiu-Inseln, und zwar von den Inseln Okinawa, Oshima, Takushima und Kawanabe, wo sie in Humus zwischen Korallenfelsen nahe am Meer wächst. 1819 kam sie nach England, wurde in der 2. Hälfte des 19. Jahrhunderts in großer Zahl auf der Bermuda-Insel gezogen, bis die Kulturen dort durch Viruskrankheit zerstört wurden. Dann war Japan bis zum 2. Weltkrieg Hauptlieferant (jährlich 26 Millionen Stück Zwiebeln). Mit dem 2. Weltkrieg ging der Hauptanbau an die USA über, mit dem Hauptanbaugebiet Oregon.

Zwiebel weißlichgelb, kugelig-rund, 5 bis 7 cm groß, Stengel 30 bis 90 cm hoch, mit zahlreichen, ziemlich gleichlangen, breit-lanzettlichen, kräftig grünen Blättern eng besetzt. Er trägt ein bis mehrere waagrecht abstehende, reinweiße, trichterförmige, 13 bis 18 cm lange Blüten in einem doldenförmigen Blütenstand. Gelber Pollen. Schnellkeimer. Es wird berichtet, daß bei geeigneten Klimaverhältnissen Sämlinge in 6 Monaten zur Blüte gebracht werden können. *L. longiflorum* kann bei uns im Freiland gezogen werden, ist jedoch dort nicht glücklich und geht bald ein; am besten gedeiht diese Lilie im Gewächshaus oder im Zimmer. Blüht im Au-

L. longiflorum **'Mount Everest' ist eine Lilie für die Warmhauskultur. Als Osterlilie wird sie in den USA zu vielen Millionen Stück verkauft.**

gust bis September. Klonvermehrung durch Stengelbulben, die reichlich angesetzt werden (Abb. Seite 54). Wie zu erwarten, gibt es bei dieser kommerziell so außerordentlich stark genützten Lilie eine ganze Reihe von Formen, die speziell der kurzen Treibzeit angepaßt sind.

Die Klone 'Croft', 'Creole', 'Estate' sind heute überholt und werden nicht mehr gezogen.

L. longiflorum 'Slocum's Ace' wurde von Clark Slocum aus Longlois 1935 eingeführt. 'Ace' ist nach 'White Nellie' die am meisten für Treibzwecke gezogene Osterlilie. Sie unterscheidet sich von den übrigen Klonen durch eine weite Öffnung des Blütentrichters (Breite größer als Trichterlänge). In Holland werden die hochwachsende 'Arai' und 'White Queen' gezogen.

L. longiflorum 'White Nellie' ist die bekannteste Sorte in den USA, jedoch ist zu erwarten, daß einige neue Cultivare, die an der Oregon State University gezogen wurden, innerhalb einiger Jahre auf den Markt kommen (RHS-LYB 1957, NALS-LYB 1964).

L. mackliniae Sealy 1949

Diese Lilie, die zuerst als eine *Nomocharis* betrachtet wurde, ist erst 1946 von Captain Kingdon Ward in Burma gefunden worden, als dieser nach im Weltkrieg vermißten Flugzeugen forschte. Als einzige Fundstelle gilt der Sirhoi Peak bei Ukhrul, 2290 bis 2440 m hoch. Zwiebel cremeweiß, 2,5 bis 5 cm Durchmesser, Stengel meist bis 40 cm, bei gutem Stand bis 90 cm hoch. Blüten 1 bis 2, höchstens 6 pro Stiel, hängend, glockenförmig, weit offen, weiß oder leicht rosa überlaufen, etwa 5 cm Durchmesser. Blütezeit Juni bis Ende Juli (Abb. Seite 87).

Aus Oregon wie aus England wird berichtet, daß die Lilie im Freien gedeiht, bei Pflanzung in saurem Boden, bei bester Dränage und Halbschatten. Vermehrung durch Samen und Zwiebelschuppen. Samen keimen schnell (NALS-LYB 1958; RHS-LYB 1946, 1949, 1957, 1966).

L. maculatum Thunberg 1794

Nach dem japanischen Botaniker Moto'o Shimizu (NALS-LYB 1960) gehört dieser Name einer auf der nordjapanischen Insel Honshu wachsenden Wildlilie, die bei uns unter dem Namen *L. wilsonii* besser bekannt ist. Diese Lilie wächst an der pazifischen Küste dieser Insel fast ausschließlich in Küstennähe auf Sand, Felsklippen und in Gras, stets in freien Lagen. Auf der Ostküste wächst sie auch tiefer ins Land hinein bis auf 1000 m Höhe. Sie blüht von Juli bis August, wobei die Lilien der Ostküste die früher blühenden sind. Die Blüten sind verhältnismäßig groß und werden zu 3 bis 12 doldenförmig auf 30 bis 100 cm langen Stengeln getragen. Die Blütenform ist ein schön geformter Kelch, die Blütenfarbe ist meist Orangerot mit zahlreichen dunklen Sprenkeln. Wenn der Blütenstengel aus Felswänden wächst, liegt er oft waagrecht und trägt die Blütenschalen aufrecht. Anscheinend gedeiht die Lilie auf saurem Boden, denn als Begleitpflanze wird *Eriophorum vaginatum,* das Wollgras, genannt.

Diese Lilie ist unzweifelhaft eine echte Spezies, denn sie vermehrt sich samentreu. Sie zeigt eine deutliche, sofortige epigäische Keimung, was sie von *L. dauricum* unterscheidet. Die uns bekannte Form stammt sicher von einer kleinen Population spät blühender Formen ab. Es ist die letzte der Asiatischen Lilien, die im Spätsommer erblüht und zeigt eine zarte Aprikosenfarbe mit einer kräftig goldgelben Mittelrippe, während die Form *L. maculatum* var. *flavum* (*L. wilsonii* var. *flavum*) zart gelb ist und eine goldene Mittelrippe (Spiegel) zeigt. Bei Kreuzungen mit dieser gelben Form schlägt der goldene Spiegel deren Blütenblätter von der Mitte ab stark zurückgeschlagen sind. Ihre Farbe ist glänzend Gelb- bis Rotorange mit zahlreichen, kleinen, purpurfarbenen Sprenkeln im Schlund. Blütezeit Juni – Juli – August.

Kreuzungen mit *L. parryi, L. pardalinum, L. harrisianum, L. kelloggii, L. washingtonianum.* Sehr langsam wachsend (NALS-LYB 1975, C. F. Hanum).

L. columbianum var. **ingramii** ist eine kräftige Pflanze, die eventuell eine Naturhybride sein könnte. Es wird auch von Wildhybriden mit *L. occidentale* berichtet. Kreuzungen wurden erzielt mit *L. canadense* und *L. kelloggii.*

Sie gehört zu den amerikanischen Landtyplilien, die in einem Lehm-Sand-Boden bei guter Dränage gedeihen.

L. concolor Salisbury 1806

Heimat: Zentralchina, Hupeh, Hunan, Jünnan, in Japan auf Honshu, Shikoko, Kyushu, in Rußland am mittleren Amur und bei Wladiwostok (Dauria und Süd-Premorie). Korea, auf Kalkfelsuntergrund, in Humusnestern, auf Lehm und Sand, auf Wiesen und in Gebüschen, 300 bis 1200 m.

Diese Lilie ändert stark ab, und es werden von ihr eine Reihe von Varietäten beschrieben, die, wie E. H. Wilson schreibt, schwer in eine Ordnung zu bringen sind. Sie ist eine kleine, hübsche Lilie mit aufrechtstehenden, einzelnen oder bis zu zehn Blüten in Sternform, die im Juni bis Juli erblühen, glänzend scharlachrot und ohne Sprenkel. Die linealischen bis lanzettlichen Blätter stehen zerstreut, waagrecht vom 30 bis 90 cm hohen Stengel ab. Die Zwiebel ist klein, rund, weiß, mit wenigen breiten Schuppen und nicht langlebig. Schnellkeimer. Pflanzung in voller Sonne.

L. concolor var. **coridion** Baker 1871, zitronengelbe Blüten mit kleinen braunen Sprenkeln. Die beste Form.

L. concolor var. **partheneion** Baker 1871, mit roten Blüten, grün und gelb gestrichelt, schwarz gesprenkelt.

L. concolor var. **pulchellum** Regel 1876, aus Korea, der Mandschurei und Sibirien stammend. Blütenfarbe zinnober bis orangerot, gesprenkelt.

L. concolor var. **stictum.** Heimat Shantung. Blüten scharlachrot mit schwarzen Sprenkeln.

L. concolor 'Dropmore' ist eine von Dr. F. L. Skinner gezogene Hybride von der roten Typenform, gekreuzt mit *L. concolor* var. *pulchellum.* Sehr harte, kräftige Hybride mit orangeroten Blüten.

L. concolor 'Okihime' mit reingelben, ungesprenkelten Blüten, größer als der Typ. Zwiebeln teilen sich vielfach. Hybriden wurden mit *L. dauricum, L. callosum, L. cernuum* und *L. pumilum* gezogen.

Für den Schnitt und für die Binderei ist diese kleine Lilie mit den sternförmigen Blüten sehr geeignet, die gelbblühende Form wirkt im Garten durch ihre leuchtende Farbe besonders gut (NALS-LYB 1959).

L. dauricum Ker-Gawler 1809
(heute *L. pensylvanicum* Ker-Gawler 1805)

Diese bei uns schon lange bekannte Lilie ist in Nordost-Asien weit verbreitet: in Rußland vom Altai bis in die Amur-Region, in der Mongolei, in der nördlichen Mandschurei, Nord-Korea, Kamtschatka, Hokkaido. Der Name rührt von der alten Bezeichnung Da-

Tief rosafarbene Hybriden entstanden bei Ed und Judith McRae aus 'June Fragrance' × aufrechte weiße und rosafarbene Asiatische Hybriden, mit Embryokultur gezogen.

L. candidum × *L. cernuum* und *L. candidum* × verschiedene Asiatische Hybriden wurden von Dr. Wilbert Ronald mit Hilfe der Embryokultur gezogen. *L. candidum* (Slate Strain) × *L. monadelphum* (McRae 1979).

L. carniolicum Bernhardi 1837, Krainer-Lilie

Die Lilien dieser Spezies (Abb. Seite 69) wachsen auf dem Balkan, von Krain über Istrien, Dalmatien, Kroatien, Albanien, Griechenland bis Bulgarien und Rumänien. In ihrer Erscheinungsform ist diese Lilie so vielgestaltig, daß sie in verschiedene Varietäten gegliedert wurde. Von einigen Botanikern wurde die Varietät *jankae* sogar als eigene Spezies *L. jankae* Kerner abgetrennt.

Gemeinsam haben alle Formen, daß sie auf Gebirgsmatten, zwischen Fels und Busch in hartem Lehm- und Geröllboden wachsen, der von wenig Humus überdeckt ist. Die Dränage in Kalkboden ist sehr gut.

Gelbliche Zwiebeln von 6 bis 7 cm Durchmesser, Blütenstiele 30 bis 90 cm hoch mit vielen zerstreut stehenden lanzettlichen Blättern, die waagrecht mit leicht aufwärts gebogenen Spitzen, vom Stengel abstehen. Die Blüten haben Türkenbundform und stehen an verhältnismäßig kurzen dicken Blütenstielen. Blütezeit Ende Mai bis Juni.

Nach W. B. Turrill (RHS-LYB 1954) können die Varietäten, die vielleicht besser nur als geographische Varietäten anzusprechen sind, folgendermaßen unterschieden werden:

Farbe der Blumenblätter	Blattnerven auf der Blattunterseite haarig	Blattnerven auf der Blattunterseite glatt oder fast glatt
orange oder rot	*carniolicum*	*bosniacum*
gelb	*jankae*	*albanicum*

L. carniolicum var. **albanicum** Baker 1973 hat glatte Blätter und bernsteingelbe Blüten mit zinnoberrotem Pollen, meist 1- bis 4blütig und niedrig. Verbreitung in den Bergen Montenegros, Albaniens, Nordgriechenlands, Mazedoniens.

L. carniolicum var. **bosniacum** Beck, hat glatte Blattnerven und orangerote Blüten. Verbreitung in Bosnien, im Trescavica-Gebirge auf Gebirgsmatten, 1400 m hoch. Hier in Bosnien überlappen sich die Verbreitungsgebiete der var. *jankae*, der var. *bosniacum* und der var. *albanicum*.

L. carniolicum var. **carniolicum** hat behaarte Blattnerven auf der Blattunterseite und rotorangefarbene bis hellrote Blüten in Türkenbundform mit roten Pollen, meist 1- bis 6blütig. Diese Lilie ist eine alpine bis subalpine Pflanze und wächst auf alpinen Matten zwischen Felsen und Gebüsch, meist auf Kalkuntergrund. Ihre Verbreitung reicht im Norden von den Karawanken, Istrien bis nach Dalmatien.

L. carniolicum var. **jankae** hat behaarte Blattnerven und Blattränder, kanariengelbe Blüten in Türkenbundform, die im Schlund fein schwarz gesprenkelt sind. Blütenstaub zinnoberrot, meist 1- bis 4blütig. Die Verbreitung dieser Lilie liegt einerseits in Bosnien und Südkroatien, 600 bis 1300 m hoch, andererseits in Bulgarien (Rhodope-Gebirge), in Serbien und Rumänien (Siebenbürgen) (RHS-LYB 1973).

L. catesbaei Walter 1788

Nordamerika in den Staaten Florida, Louisiana, Virginia, Georgia, Carolina. Wächst in Kiefernwäldern und in Sumpfland.

Zwiebel klein, aus schmalen, losen, weißlichen Schuppen zusammengesetzt. Die Grundblätter sind sehr schmal länglich-lan-

Die Zwiebel ist schneeweiß, Stengel in tieferen Lagen bis 70 cm, im Gebirge nur 25 cm hoch. Die Blätter stehen in Quirlen um den grünen Stengel (bis 4 Quirle) mit 4 bis 10 breit-lanzettlichen Blättern. Blüten klein, hängend, Blütenblätter zurückgerollt, orange- bis aprikosenfarbig, dunkelrot bis schwarz getupft, Blütendurchmesser 3,5 cm. Blütezeit Juli bis August.

Mehrere Varietäten, auch mit ungetupften Blüten. Die Kultur scheint nicht ganz einfach zu sein. Empfohlen wird 10 cm Kiesunterlage und Laubhumus. Gute Winterdeckung mit Laub, Halbschatten. Der russische Botaniker D.L. Wrischtsch unterscheidet die in Kamtschatka und auf den Kurilen und am unteren Amur wachsende Lilie als *L. debile* (NALS-LYB 1952, Moto'o Shimizu).

Aus England wurde die Hybride 'Marmed' (*L. martagon* var. *cattaniae* × *L. medeoloides*), aus Kanada eine Hybride *L. hansonii* × *L. medeoloides* (Dr. Skinner) und aus den USA *L. medeoloides* × *L. hansonii* (Ruth Clas) bekannt.

L. michauxii Poiret 1813
(*L. carolinianum* Michaux)

Verbreitung im südöstlichsten Nordamerika: Süd-Virginia, Nord- und Süd-Carolina, Georgia, Alabama, Louisiana, Florida auf trokkenen, gut dränierten Böden. Von Meereshöhe bis 760 m.

Stolonenbildende Zwiebel, Stengel 30 bis 100 cm hoch, Blätter breit-lanzettlich, an den Rändern meist gewellt, in Quirlen angeordnet. Blütenstand doldenförmig mit 1 bis 5 stark duftenden, martagonförmigen, hängenden Blüten, glänzend orangerot, gelblichweiß im Schlund. Stengelwurzler, in kalkfreien sandigen Torfboden etwa 12 cm tief pflanzen. Ist bei uns wahrscheinlich nicht ganz winterhart.

Prof. Showalter, Harrisonburg, Pa., hat zahlreiche Kreuzungen mit *L. michauxii* durchgeführt, so mit *L. canadense,* mit *L. harrisianum.* Die Hybride *L.* × *harrichauxii* konnte mit *L. michauxii, L. harrisanum, L. superbum* erfolgreich gekreuzt werden (NALS-LYB 1961).

L. michiganense Farwell 1915

Diese eng mit *L. canadense* verwandte Lilie hat ihr Ausbreitungsgebiet in Nordamerika um die großen Seen in Michigan bis zum Zusammenfluß von Mississippi und Ohio in Kentucky.

Zwiebel stolonentreibend, wie *L. canadense,* Stengel 60 bis 150 cm hoch mit elliptischen Blättern in Quirlen, 1 bis 8 Blüten an langen aufrechten Blütenstielen in lockerem Blütenstand. Blüten hängend, graziös geformte Martagonblüten, weiter zurückgeschlagen als bei *L. canadense,* rotorange, gegen die Basis reichlich rotbraun gesprenkelt, Pollen rötlichgelb, Blütezeit Juni bis Juli. Gedeiht in Lehmboden (pH 8 bis 5) meist in offenen Wiesen in voller Sonne. Langsamkeimer. Kreuzungen mit *L. canadense, L. michauxii* möglich (RHS-LYB 1967).

L. monadelphum Marschall Bieberstein 1808

Im Nordkaukasus, von Maikop bis zum Kuban an Gebirgshängen bis zu 2100 m Höhe, in Buchenwäldern in schwarzem Laubhumus wachsend (Abb. Seite 87).

Das ist eine der ersten Lilien, die im Frühsommer, Mitte Juni zur Blüte kommt. An 60 bis 80 cm langen, in guter Kultur bis 120 cm hohen Stielen werden an kurzen Blütenstielen 5 bis 20 stark duftende, hängende, trichterförmige, weit offene Blüten von reingelber Farbe mit schwach lilarötlicher Sprenkelung getragen. Die Staubfäden sind im Grunde zu einer Röhre verwachsen, deshalb der lateinische Name *monadelphum* = einbrüderig. Dieser einzige Unterschied, der diese Lilie von *L. szovitsianum* trennt, dürfte nicht ausreichend sein, um sie als eigene Spezies zu benennen. Beide Lilien kreuzen untereinander und bringen Sämlinge, die wenig voneinander abweichen. Man sollte sie als eine geographische Variante betrachten.

Pollenfarbe gelb. Die Zwiebel wird ziemlich groß, spitz-eiförmig. Die Lilie liebt einen lehmhaltigen laubhumusreichen, sehr durchlässigen Boden, schmollt jedoch beim Verpflanzen. Verpflanzung im Herbst. Es ist deshalb wert, die Lilie aus Samen zu ziehen. Diese werden reichlich angesetzt. Angeblich läßt sich diese Lilie mit *L. bulbiferum* und *L. maculatum* kreuzen (s. *L. szovitsianum)* (RHS-LYB 1966, Saliwski).

L. nanum Klotzsch und Garcke 1862

Eine alpine Lilie, nur 15 bis 40 cm hoch, mit wenigen weit offenen, seitlich gerichteten, blaßrosa oder auch cremegelben Blüten, die im Inneren purpurfarben gesprenkelt sind. Blätter schmal. Vorkommen im Himalaja, von Bashahr ostwärts in Garhwal, Kumaon, Nepal, Sikkim, Südost-Tibet, Bhutan bis West-Szetschuan, Nordwest-Jünnan 2700 bis 4500 m Höhe. Seit 1852 in Kultur, jedoch sehr selten (RHS-LYB 1951 bis 1952, 1962, 1973/74).

L. neilgherrense Wight 1853

Dies ist die Lilie mit der südlichsten Verbreitung. Sie wächst in Südindien bei 10° nördlicher Breite in den Nilgiri-, Pulney- und Cardamon-Bergen (1830 bis 2600 m Höhe).

Zwiebel rund 10 cm Durchmesser, Schuppen gelb, bräunlich gerandet. Blütenstiel bis 90 cm, Blätter dunkelgrün, lanzettlich, 1 bis 2 Blüten, stark duftend, 18 bis 25 lange waagrechte Trompetentrichter, reinweiß außen, mit gelbem Schlund innen, mit zurückgeschlagenen Spitzen. Blüht im August bis September.

Für das Freiland ungeeignet, nur für das Kalthaus oder Topfkultur. Der Stengel wandert unterirdisch vor dem Austreiben und bildet Stengelbulben. Aufzucht in reinem Laubhumus in feuchter Atmosphäre.

L. nepalense D. Don 1821

Dies ist eine echte Trichterlilie, wenn auch der Trichter der Blüte weit offen ist und die Blütenblätter stark zurückgeschlagen sind. Die Blüten sind erbsgrün oder auch blaß zitronengelb, aber auch Exemplare mit tief rotem Inneren und dunkelpurpur gefärbtem Schlund wurden gefunden (Abb. Seite 88).

Die 1 bis 5 Blüten sitzen hängend an einem traubigen Blütenstand. Die Lilie wächst bis 120 cm hoch, die Blätter sind breitlanzettlich. Die Zwiebel ist flachrund mit breiten, überlappenden, dicht schließenden weißrosa Schuppen. Der Blütenstengel wandert vor dem Austrieb bis zu 50 cm weit unterirdisch herum und bildet Stengelbulben. Die Lilie treibt verhältnismäßig spät aus, meist erst im Mai, Blütezeit ist Juli.

Diese, in ihren Blüten sehr exotisch aussehende Lilie stammt aus Nepal, Bhutan und Kumaon am Himalaja, wo sie auf kristalinem Kalkgestein in 2000 bis 3000 m Höhe wächst. Sie ist bei uns nicht winterhart, wenn sie auch in Schottland und Oregon ohne Abdeckung überwintert. Aufzucht im Topf oder Container braucht reichlich Feuchtigkeit zur Wachstumszeit, muß aber trocken gehalten werden während Spätherbst und Winter. Abdeckung vor der Nässe der Herbstregen ist notwendig.

L. nepalense var. **concolor** ist eine einfarbige, gelbblühende Form ohne purpurfarbenen Schlund, die in Assam vorkommt.

Es wurde von den Züchtern vielfach versucht, mit dieser farbigen Lilie Einkreuzungen in die verschiedenen Trichterlilien zu machen, jedoch mit geringem Erfolg (RHS-LYB

Norman Henry hat eine ganze Reihe dieser Formen gesammelt und in ihrem Garten in Pennsylvanien aufgepflanzt.

L. candidum Linné 1753, Madonnenlilie

In Deutschland, aber auch in ganz Mitteleuropa, ist die weiße Madonnenlilie altbekannt (Abb. Seite 69, 169). Als Symbol der Reinheit ist sie seit dem Mittelalter das Attribut vieler Heiliger, der Mutter Gottes und des heiligen Josef. Als solche ist sie auf vielen Altarbildern und Plastiken in Deutschland, Italien und Frankreich dargestellt. Es ist anzunehmen, daß die Madonnenlilie durch die Kreuzfahrer im 12. Jahrhundert aus Kleinasien und Palästina nach Mitteleuropa eingeführt wurde, wahrscheinlich aber durch die Römer schon über die Alpen gebracht worden ist. Sie ist im Mittelmeerraum, jedoch bereits ein bis zwei Jahrtausende früher bei den Ägyptern, bei den Kretern, bei den Griechen und Römern Kulturpflanze aus medizinischen Gründen gewesen, so daß es heute nicht absolut sicher ist, wo ihr Wildstandort war. Ihr Vorkommen wird aus Herat in Afghanistan, aus dem Libanon, aus Israel, Haifa, aus Beirut und aus dem Hinterland von Smyrna berichtet. 1916 bis 1917 wurde während des 1. Weltkrieges an der Salonikifront nördlich von Saloniki von einem englischen Soldaten die var. *salonikae* entdeckt, eine Form mit schmäleren Blütenblättern, schmäleren und gewellten Basalblättern. In Griechenland wurde sie noch im Wardartal bei Doiran und bei Demirkapu im Buschwerk, an Felswänden, sowie nahe der albanischen Grenze bei Krystallopag gefunden.

Zwiebel breit, rund, weiß oder gelblich, mit kräftigen, mehrjährigen Basalwurzeln. Basalblätter erscheinen im September und überwintern als ein grüner Blätterschopf glatter, breitlanzettlicher Blätter. Der Blütenstengel erscheint im Frühjahr, wird meist bis 80 bis 120 cm hoch, auch höher und trägt im Juni bis Juli 5 bis 20 reinweiße, weitoffene trichterförmige, wohlriechende Blüten, die in Rispen stehen. Pollen hellgelb. Bei uns meist kein Fruchtansatz, jedoch in wärmeren Gegenden, in Frankreich und Italien möglich. Auch in der Türkei, in Griechenland und Israel setzen die Wildformen Samen an. Samen keimen meist sehr unregelmäßig, liegen bis 2 Jahre. Die Lilie muß im August, sobald Blätter und Stengel eingezogen haben, versetzt und gepflanzt werden. Sie hat hierin noch den Lebensrhythmus ihrer südlichen Heimat bewahrt, wo nach der Dürre des Sommers die Herbstregen neues Pflanzenleben erwecken.

Zu ihrem Gedeihen braucht sie einen kalkhaltigen Boden und wenig Störung. Bekanntlich gedeiht sie vorzüglich und jahrzehntelang ausdauernd in Bauerngärten in einem gut kalkhaltigen Lehm- oder Lößboden. Die Zwiebel darf nicht tiefer als 3 cm unter dem Erdboden gepflanzt werden. Der Pflanzort soll sehr sonnig und geschützt sein (RHS LYB 1954).

L. candidum var. **cernuum** mit schmalen spitzen Blütenblättern und schwarzem Stengel. Angeblich Samen ansetzend.

L. candidum var. **salonikae** von einem Wildstandort bei Saloniki, Griechenland. Blüten kleiner, spitze, schmale Blütenblätter, Samen ansetzend.

Der Cascade Strain, wie er jetzt von der Oregon Bulb Farms verkauft wird, wurde von Prof. George Slate aus Kreuzungen zwischen *L. candidum* und *L. candidum* var. *salonikae* während 30 Jahren gezogen und ausgelesen (Abb. Seite 34).

Die älteste und bekannteste Kreuzung ist L. × *testaceum* = *L. candidum* × *L. chalcedonicum.*

Neu ist die Kreuzung *L. candidum* × *L. monadelphum* (Charles Robinsons 'June Fragrance' 1969).

L. occidentale Purdy 1897

Dies ist eine der seltensten Lilien, die längs der Küste von Nordkalifornien bis Südoregon in fast trockenen Sphagnum-Sümpfen wächst. Zwiebel an kurzem Rhizom, klein, Blütenstengel 60 bis 180 cm hoch, mit schmal-elliptischen Blättern in Quirlen. Blüten 1 bis 15, klein, hängend in Türkenbundform mit grünem Grund, orangefarbenem Schlund mit braunen Sprenkeln, die nicht ganz zurückgekurvten Spitzen karmin getuscht. Staubbeutel purpurfarben mit rotorangefarbenen Pollen. Blütezeit Juli. Pflanzung in kalkfreien Lehmboden mit Laubhumus und Torf. Langsamkeimer.

L. ocellatum (Kell.) Beane 1955
ssp. *ocellatum* – ssp. *bloomerianum*

Kalifornien: Santa Barbara-County bis Los Angeles-County, südlich Los Angeles bis San Diego tritt die ssp. *bloomerianum* auf. Früher liefen diese beiden Lilien unter dem Namen *L. humboldtii* und *L. bloomerianum.*

Oben links: 'Treues Herz', eine gesunde und wüchsige Lilie für den Garten mit aufrechten, breitpetaligen orangefarbenen Blüten, gezüchtet von Carl Feldmaier. Oben rechts: 'Schützenlisl', ebenfalls eine Züchtung von Carl Feldmaier, wirkt am besten, wenn die Abendsonne die orangefarbenen, scheibenförmigen Blüten leuchten läßt. Mitte links: *L. wardii.* Mitte rechts: Hybride von *L. wilsonii,* eine sehr spätblühende (August) großblütige Lilie von V. Winkler. Unten links: 'Sonnentiger' von Carl Feldmaier, Pfarrkirchen, ist eine bewährte gesunde Lilie mit strahlendem Gelb. Unten rechts: 'Obrist', eine 1,20 m hohe reichblütige Gartenlilie mit orangeroten flachen Schalenblüten, gezüchtet von Carl Feldmaier.

Diese Lilie gehört zum Landtyp und hat eine Zwiebel mit in der Mitte stark eingeschnürten Schuppen. Die in schöner Kugelform zurückgeschlagenen Blütenblätter sind kadmiumorange, die Spitzen karmin überlaufen, die dunklen Tupfen auf den Blütenblättern sind von einem krimsonfarbigen Schein umgeben. Die saftgrünen Blätter stehen in mehr oder weniger regulären Quirlen. Der Typ *ocellatum* ist immer stengelwurzeltreibend. Die ssp. *ocellatum* wächst 120 bis 240 cm hoch und blüht an günstigen Standorten mit 30 und mehr Blüten, während ssp. *bloomerianum* die trockeneren Standorte im Gebirge bewohnt, nur 60 bis 90 cm hoch wird und auch weniger Blüten hervorbringt. Keine Stengelwurzeln.

Diese Lilie steht von Mai bis November vollständig trocken, ohne Regen. Sie ist daher in Gegenden mit Sommerregen kaum durchzubringen (NALS-LYB 1968).

L. oxypetalum Baker 1874

Westnepal, Kumaon, Garhwal, 2900 bis 4000 m Höhe. 20 bis 25 cm hoch, Blüten einzeln oder zu zweit, glockenförmig, hängend, grünlichgelb. Wächst auf felsigen Hängen und in lichten Tannenwäldern auf Kalkstein (RHS-LYB 1951–1952, 1974).

L. oxypetalum var. **insigne.** Blüten purpurrosa mit grün, ist kräftiger wachsend als die gelbe Form. 1939 von Major Sherriff in Simla, Hill States, entdeckt. Samen keimt schnell. Wächst am besten in Laubhumus in leichtem Schatten. (RHS-LYB 1962, 1974).

L. papilliferum Franchet 1892

Obwohl diese Lilie schon 1888 von Delavay in Nordwest-Jünnan entdeckt wurde, wo sie in trockenen Lagen in etwa 3000 m Höhe zwischen Felsen und auf steinigen Alpenweiden wächst, wurde sie erst 1946 von dem

Pflanzensammler Dr. J.F. Rock neu in die Kultur eingeführt und blühte in England und in den USA.

Aus der lanzettlichen, etwa 3 cm hohen Zwiebel tritt der etwa 60 cm hohe Blütenstengel, nachdem er zuerst horizontal im Boden gewandert ist; er trägt nur 1 bis 3 Blüten. Die Blätter sind zahlreich, linealisch. Die Blüten sind wohlriechend, glänzend dunkelpurpurfarben, fast schwarz. Blütenblätter zurückgeschlagen, wobei die inneren Blütenblätter meist stärker zurückgerollt sind, so daß der Blütenumriß dadurch dreieckig aussieht. Staubbeutel braun, Pollen orange, blüht im August.

Dies wäre eine sehr interessante Lilie, ist aber anscheinend im Freiland nicht ganz leicht zu ziehen. Verwandtschaft zu *L. davidii.* Kreuzungen dieser Lilie mit *L. davidii, L. lankongense, L. duchartrei* und anderen sind bis jetzt auch mit Embryokultur nicht gelungen (RHS-LYB 1949, 1967, 1971).

L. paradoxum Stearn 1956

1947 fanden Ludlow, Sherriff und Elliot in Südost-Tibet in etwa 3600 m Höhe ungefähr dort, wo der Tsang-po seinen nördlichsten Punkt erreicht hat, diese einblütige Lilie von 20 bis 45 cm Höhe, mit Blättern in Quirlen und einer aufrechten purpurfarbenen, offenen Schalenblüte von 5,5 bis 7 cm Durchmesser. Nicht in Kultur (RHS-LYB 1958).

L. pardalinum Kellogg 1859, Pantherlilie

Die Pantherlilie, in Kalifornien einheimisch, ist die härteste und am leichtesten zu ziehende der amerikanischen Waldlilien und gehört auch zu den hübschesten. An einem kräftigen, sich verzweigenden Rhizom sitzen mehrere Zwiebeln mit vielen gelblichen, zerbrechlichen, mehrfach zusammengesetzten Schuppen. Die Blütenstengel wachsen 120 bis 200 cm hoch. Die lanzettlichen Blätter stehen in Quirlen um den Stengel. Die Blüten sind duftlos, stehen an elegant aufwärts geschwungenen Blütenstielen als nickende, stark zurückgeschlagene Türkenbundblüten von etwa 5 cm Durchmesser. Blütenfarbe glänzend orangerot, die Spitzen karminrot, gegen die Mitte zu mit kräftigen rotbraunen Flecken, die orange eingefaßt sind, grüne Nektarfurchen. Pollen orange. Blütezeit Juli.

In der Brillanz der Farbe wird diese Lilie nur noch von der größeren *L. harrisianum* (*L. pardalinum* var. *giganteum*) übertroffen. Verlangt einen feuchtfrischen Boden, ohne Kalk, volle Sonne, Schutz vor Wind. Langsamkeimer. Diese sehr variable Spezies wächst im nördlichen Kalifornien und im südlichen Oregon im Küstengebiet vom Humboldt-County bis zum San Diego-County. Kreuzungen möglich mit *L. parvum, L. parryi, L. humboldtii.*

Eine wohlriechende, duftende Form von *L. pardalinum,* die an Flüßen und Quellen in den Cuyamaca Bergen (San Diego County) gefunden wird, bezeichnete Carl Purdy als *L. pardalinum fragrans,* die eine Hybride mit der ebenfalls duftenden *L. parryi* sein dürfte (NALS-LYB 1952, 1963).

L. parryi Watson 1878

Dies dürfte die lieblichste und schönste der amerikanischen Lilien sein. Sie ist von geradem, aufrechtem Wuchs. Die duftenden Trichterblüten werden an schräg nach aufwärts gerichteten Blütenstielen in waagrechter Haltung getragen. Die Blütenfarbe ist ein helles Gelb, leicht braun getupft. Die untere Hälfte der Blütenblätter ist eingerollt und zurückgeschlagen. Die Lilie wird 60 bis 180 cm hoch mit 1 bis 15 Blüten, aber auch mit 50 Blüten an einem Stengel. Die Blätter stehen in mehreren Quirlen um den Stengel. Sie wächst im südlichen Kalifornien (San Bernardino Mountains) und in Arizona in 1800 bis 3000 m Höhe auf Granituntergrund, wo sie fast das halbe Jahr unter Eis und Schnee liegt. Sie ist schwierig in der Kultur. Beste Dränage ist notwendig. Als Pflanzerde wird eine Mischung von 2 bis 3 Teilen Lauberde und Torf sowie Beimischung von Gesteinsplitt und Holzkohle empfohlen. Die Zwiebel ist nicht zu tief zu pflanzen, der Fuß der Pflanze zu beschatten. Während der Wuchszeit braucht sie viel Wasser. Nach dem Verblühen ist die Pflanzstelle bis zum Frost regensicher abzudecken.

L. parryi var. **kessleri** stammt aus den San Gabriel Mountains und ist in allen Teilen etwas kräftiger als der Typ (NALS-LYB 1958, 1963).

Hybriden wurden vor allem mit *L. pardalinum, L. kelloggii, L. humboldtii, L. ocellatum* gezogen (Bellingham-Hybriden).

L. parvum Kellogg 1862

Diese alpine Lilie, die in 1500 bis 3000 m Höhe auf den Bergen der kalifornischen Sierra Nevada bis zu den Cascade Mountains im südlichen Oregon längs der Ufer von Bergflüssen und auf nassen Gletscherwiesen wächst, hat kleine, flache Zwiebeln an kurzen Rhizomen. Der Stengel wächst 90 bis 120 cm hoch und trägt kleine, aufrecht stehende, glockenförmige Blüten von gelber, oranger oder roter Farbe, je nach Höhe des Standortes, mit braunen Tupfen. Blütezeit Juni bis Juli. Läßt sich gut aus Samen und Zwiebelschuppen vermehren. Braucht zum Gedeihen gute Dränage, einen sandigen, humosen Boden, viel Feuchtigkeit und Schneebedeckung im Winter. Kreuzt mit *L. parryi* und *L. pardalinum*.

L. parvum var. **crocatum** mit rein orangegelben, glockigen Blüten. Krimsonfarbene Sprenkelung, ohne alles Rot (NALS-LYB 1952, 1963).

L. parvum var. **hollidayi** ist eine rosafarbene Form.

L. philadelphicum Linné 1762

Diese Schalenlilie aus Nordamerika, die ein riesiges Verbreitungsgebiet hat, von den Osthängen der Rocky Mountains bis zum Zusammenfluß von Ohio und Mississippi, kannte schon Linné und wurde von ihm benannt. Die Zwiebel wird an kurzen Stolonen gebildet. Die lanzettlichen Blätter stehen meist in mehreren Quirlen um den 45 bis 90 cm hohen Stengel. Die 1 bis 5 weit offenen, in Dolden stehenden, aufrechten Blütenschalen sind lebhaft orangescharlach und gegen das Blüteninnere orangefarben, wo sie meist kräftig dunkelbraun gesprenkelt sind. Die Blütenblätter sind im Grunde schmal und klauenförmig, ähnlich *L. catesbaei*. Von dieser Lilie wurden von Mrs. M. G. Henry eine große Zahl von Farbvarianten gesammelt, von Blaß-Zitronengelb über alle Orange- und Rotnuancen bis zum Hellbraun und Dunkel-Blutrot mit und ohne Sprenkelung. Pflanzung in gut dräniertem, sandigem Lehm mit Laubhumus und Torf. Im Winter vor Nässe schützen und überdecken.

Die Keimung erfolgt sofort epigäisch, insbesondere, wenn der Samen dem Licht ausgesetzt ist.

L. philadelphicum var. **andinum** Ker Gawler 1822. Eine Form, welche im Gebiet des Missouriflusses bis British Columbia beheimatet ist und sich durch linealische Blätter, diese zerstreut am Stengel, unterscheidet.

Von Dr. F. L. Skinner wurden Hybriden zwischen dieser nordamerikanischen Schalenlilie und den asiatischen Schalenlilien *L. dauricum* und *L. maculatum* gezogen.

L. philippinense Baker 1873

Die Heimat dieser Lilie ist die Insel Luzon, zu den Philippinen-Inseln gehörig. Dort wächst sie an steilen begrasten Gebirgshängen in 1500 bis 2000 m Höhe und blüht in den Monaten Juli bis August mit ein bis zwei reinweißen, langröhrigen Trompetenblüten an bis zu 90 cm langen Stielen.

L. philippinense ist bei uns nicht winterhart, wächst aber innerhalb von 18 Monaten zur Blühreife, weshalb sie leicht als Topf- oder Schnittlilie gezogen werden könnte (NALS-LYB 1960).

L. pitkinense Beane und Vollmer 1955

Eine Lilie aus der Pardalinum-Gruppe, 1952 zuerst aufgefunden, die anscheinend nur noch einen einzigen Wildstandort hat und zwar den Pitkin-Sumpf in Sonoma County, Kalifornien. Der Standort sind Sumpf und Marschen, wo sie vielfach dem grasenden Vieh zum Opfer fällt. Im Aussehen ähnelt die Lilie, die bis zu 180 cm hoch werden kann, dem *L. pardalinum*. Die Blüten sind wenig zurückgerollt in Türkenbundform, kräftig zinnober- bis scharlachrot gefärbt mit gelber Mitte. Blütezeit Juli. Langsamkeimer. Der Stiel wächst aus einem stolonentreibenden Rhizom.

Eric Mayell hat diese Lilie mit *L. kelloggii* gekreuzt und außerordentlich wüchsige Hybriden mit delikaten Mauvetönen erhalten (Monterey-Hybriden). *L.* × *burbankii* mit *L. pitkinense* gekreuzt, gab Hybriden mit glänzend zinnober- bis scharlachfarbenen Blüten. Die Rhizome sind groß und kräftig. Eine rosafarbene Form läuft unter dem Namen *L. pitkinense* var. *fiski* (NALS-LYB 1955, Vollmer; NALS-LYB 1960, Mayell; RHS-LYB 1957; RHS-LYB 1966).

L. polyphyllum D. Don 1840

Diese aus dem Himalaja stammende Lilie hat ihre Verbreitung im Gebirge in 1800 bis 3700 m Höhe von Afghanistan über Kaschmir bis Kumaon.

Lange, schmale, weiße Zwiebel in 25 bis 60 cm Tiefe mit sehr langen Wurzeln. Stengel meist 40 bis 120 cm, bis 240 cm hoch werdend, mit zerstreut stehenden linealischen oder schmal-lanzettlichen Blättern und mit meist 1 bis 10 Blüten, aber auch bis 40 Blüten tragend. Die nickenden Blüten sind glokkenförmig, wobei die Blumenblätter in der unteren Hälfte stark zurückgerollt sind, die Blütenfarbe ist innerhalb des Trichters grünlichgelb, im äußeren Teil cremefarben, hübsch lila gesprenkelt. Orangerote Pollen. Langsamkeimer. Die Lilie ist schwierig in der Kultur, verlangt tiefes Pflanzen, kein späteres Verpflanzen, weil sonst die langen Wurzeln beschädigt werden. Keine Südlage, Schutz vor Wind, Halbschatten (RHS-LYB 1954).

L. pomponium Linné 1753

Diese europäische Lilie ist schon 1601 von Clusius und 1629 von Parkinson beschrieben worden. Sie entstammt den französischen Seealpen zwischen Nizza und Ventimiglia, wo sie auf den Südhängen in voller Sonne zwischen Kalkstein in Spalten, begleitet von Gras oder in Haselgebüsch auf ziemlich trokkenem Boden wächst.

Zwiebel cremeweiß, rund zugespitzt etwa 4 bis 5 cm Durchmesser. Stengel meist 40 bis 50 cm hoch, purpurfarben überlaufen mit enggestellten, schmal-linealischen, grasartigen Blättern, die silbrig gerandet sind, dicht besetzt. Bis 10 Blüten mit nickenden, glänzend mennigroten Türkenbundblüten mit kleinen, schwarzen Punkten. Zinnoberroter Pollen. Unangenehmer Geruch. Blütezeit Juni. Langsamkeimer. Vermehrung durch Samen und Zwiebelschuppen. Pflanzung in Lehmboden mit Lauberde und Kalkschutt in voller Sonne.

L. ponticum K. Koch 1849

An der Südküste des Schwarzen Meeres, in der Türkei bei Trapezunt am Ziganapaß, bei

Artwin, in Rußland bei Batum, in 1800 bis 2250 m Höhe auf Felshängen und Grasmatten, bis über die Baumgrenze steigend.

Zwiebel klein, konisch 2,5 bis 7,5 cm Durchmesser mit wenigen Schuppen. Blütenstiel 40 bis 75 cm hoch, mit 1 bis 3, manchmal bis zu 12 Blüten. Blätter kurz und breit, lanzettlich mit kurzen Drüsenhaaren längs des Blattrandes, so daß dieser wie ein silbriger Rand aussieht, desgleichen sind die Rippen auf der Blattunterseite am Ansatz mit kurzen Haaren besetzt.

Blüten in Martagonform, 3 bis 4 cm Durchmesser, ähnlich *L. pyrenaicum,* ohne Haare, Farbe von Blaßgelb über Tiefgelb bis Orange reichend, gegen den Blütenschlund stark schwarzpurpur gesprenkelt, der Schlund oft vollkommen purpur. Blumenblätter außen purpur überlaufen. Strenger, unangenehmer Geruch, Pollen orange. Frischer Samen keimt sofort (Abbildung in RHS-LYB 1964).

Es werden 2 Varietäten unterschieden:

L. ponticum var. *ponticum* Balls 1934. 1 bis 5 Blüten, buttergelb, Pflanze kurz gestaucht, bei Trapezunt, Risapass, Of-Bayburt-Pass, 1500 bis 2000 m (RHS-LYB 1970).

L. ponticum var. *artvinense* Davis und Henderson. 1 bis 3 Blüten, stumpf orange, Pflanze schwächer und weniger belaubt, Blütezeit Mai bis Juli, Artwin, Of-Bayburt-Pass, 900 bis 1500 m (RHS-LYB 1970).

L. primulinum Baker 1892

Diese Lilie hat ihre Heimat in Ober-Burma, in West-Jünnan und Siam. Sie kommt in 3 Varietäten vor.

L. primulinum var. **burmaniacum** wird 120 bis 240 cm hoch, 2 bis 7 mittelgroße Türkenbundblüten, grünlichgelb, im Schlund purpurfarben gefleckt. Ist in England in geschützten Lagen winterhart (RHS-LYB 1977, Dr. Withers).

L. primulinum var. **ochraceum** wird bis zu 240 cm hoch mit kleineren, stark zurückgeschlagenen Blüten, innen weinpurpurfarben mit grünockerfarbigen Spitzen. Blütezeit Juli.

L. primulinum var. **primulinum** mit einfarbig primelgelben Türkenbundblüten.

L. pumilum De Candolle 1812

Diese zierliche und graziöse Lilie, früher als *L. tenuifolium* bekannt, hat eine weite Verbreitung in Süd- und Nordkorea, Mandschurei, Ost-Sibirien, (am Baikalsee, Oberlauf des Jenissei, Transbaikalien), Mongolei und Nord-China. Kleine, weiße, konische Zwiebel. Stengel bis 45 cm hoch mit vielen grasartigen, schmalen Blättern und mit 1 bis 20 duftenden, nickenden Türkenbundblüten, glänzend siegellackrot, gelegentlich mit einigen schwarzen kleinen Sprenkeln gegen den Schlund zu. Pollen scharlachrot. Blütezeit Juni. Gelbe und weiße Formen wurden bei Krasnojarsk gefunden (Abb. Seite 88).

Sie liebt volle Sonne und durchlässigen Boden, ist kalkhold. Da sie meist nach einigen Jahren eingeht, muß man stets aus Samen Nachzucht bereitstellen. Sofortkeimer, Stengelwurzler, Pflanzung nur 10 cm tief, regenempfindlich. Beliebt und geeignet als Schnittblume.

L. pumilum ging Kreuzungen ein mit *L. amabile, L. callosum, L. cernuum, L. concolor, L. dauricum, L. willmottiae.* Bei Kreuzungen ist *L. pumilum* stets als Vaterpflanze zu benützen, als Mutterpflanze gibt sie keine Samen (NALS-LYB 1968, 1977, RHS-LYB 1969).

L. pyrenaicum Gouan 1773

Wie der Name schon sagt, stammt diese Lilie aus den Pyrenäen. Sie war schon verhältnismäßig früh bekannt (1598 in Paris). Sie wächst in Nordspanien, in den Ostpyrenäen und im Departement Tarn in Südwestfrankreich an Waldrändern, in Wiesen, im Bergland auf 500 bis 1500 m Höhe. In England ist sie verwildert in Hecken anzutreffen. Die Zwiebel ist breit-rund von etwa 7 cm Durchmesser mit gelblichweißen Schuppen. Der Blütenstengel steigt 30 bis 120 cm hoch auf, ist mit sehr vielen lineal-lanzettlichen Blättern besetzt. Die unangenehm riechenden Blüten stehen in einem traubigen Blütenstand mit 1 bis 12 kleinen, 3,5 cm großen, nickenden, stark zurückgerollten Türkenbundblüten von grünlichgelber Farbe mit schwacher, schwarzer Sprenkelung. Für die starke Belaubung sind die Blüten zu klein. Pollen dunkelorange. Frühe Blütezeit, Ende Mai bis Juni. Samen Langsamkeimer. Vermehrung durch Teilung, Schuppen und Samen. Gedeiht gut in humosem und schwerem Lehm in voller Sonne und Halbschatten, auch auf Kalkboden (Abb. Seite 88).

L. pyrenaicum var. **rubrum** mit orangeroten Blüten, braun gesprenkelt, ist schöner. Es wird eigentlich als der Typ betrachtet, während die gelbe Form die Abart sein soll. Es wächst wild in Spanien bei Burgos.

Dr. North vom Scottish Horticultural Institute hat mit *L. pyrenaicum* verschiedene Kreuzungen ausgeführt, wobei die Embryos künstlich auf Nährboden im Reagenzglas aufgezogen wurden. Mit *L. pyrenaicum* als Mutter wurden Hybriden mit *L. carniolicum* var. *jankae, L. chalcedonicum, L. ciliatum, L. monadelphum, L. ponticum* und *L. szovitsianum* gewonnen.

L. pyrenaicum × *L. pomponium* ('Europa') (RHS-LYB 1978/79, Dr. North).

L. regale Wilson 1912, Königslilie

Diese Lilie ist die vielleicht wertvollste Entdeckung, die E.H. Wilson 1903 in China gemacht hat (Abb. Seite 105). Ihre Verbreitung ist auf ein kurzes Stück Tal des Flusses Min nördlich Chengtu, eines Nebenflusses des Jantsekiang, beschränkt. Das Tal ist ein enges Hochtal mit steil aufsteigenden Felswänden, von schneebedeckten 5500 m hohen Bergen eingeschlossen. Das Tal ist öde, unwirtlich, das Klima im Sommer sehr heiß, im Winter sehr kalt. Im Juni verwandelt sich dieses Hochtal in ein wahres Paradies voller Blütenpracht und Blütenduft, wenn die Königslilie zu Hunderttausenden in den Felswänden in etwa 1600 m Höhe erblüht. Hier sammelte E.H. Wilson auf einer weiteren Reise 1910 an 6000 bis 7000 Stück Zwiebeln, die heute noch den Grundstock der in der westlichen Welt vorhandenen Lilien bilden. Ein Felssturz hat ihm damals ein Bein zerschmettert und hätte ihn beinahe das Leben gekostet.

Zwiebel rund, etwa 15 cm Durchmesser, mit lanzettlichen Schuppen, die sich am Licht dunkelpurpur verfärben. Der drahtige, leicht gebogene Blütenstengel wird meist 80 bis 120 cm hoch, auch höher, ist mit zahlreichen einnervigen, linealischen Blättern bewachsen und trägt eine radförmige Dolde von 1 bis 8, oft auch mehr großen, trichterförmigen Blüten von starkem Duft. Die trichterförmige Blüte öffnet sich weit, mit mehr oder weniger stark zurückgebogenen Blütenblättern, die seidig weiß glänzen, einen chromgelben Schlund zeigen und außen, vor allem an den Blütenblattrippen, rosapurpurfarben überlaufen sind. Staubbeutel und Pollen sind chromgelb, Griffel und Narbe sind grün. Blütezeit 1. Julihälfte.

Setzt bei Selbst- und Fremdbestäubung reichlich Samen an, diese Samen geben jedoch stets nur reine Königslilien, nur mit *L. leucanthum* var. *centifolium* sind Kreuzungen zu erhalten. Als Pollenpartner kreuzt sie auch mit *L. sargentiae* (*L.* × *imperiale*), *L. sulphureum* (*L.* × *sulphurgale*). Samen keimen gut und schnell. Pflanzung in Sonne in gutem Humusboden mit Bodendeckung, weil Spätfröste gern die jungen Triebe zum Absterben bringen. Stengelwurzler. Es gibt keine Lilie, die für den Garten dankbarer, ausdauernder ist und die so wenig kostspielig durch Aussaat selbst zu beschaffen wäre.

In den USA ist durch Züchtung oder Mutation eine rein goldgelbe *L. regale* von großer Schönheit entstanden, 'Royal Gold'. Ed McRae gelang die Kreuzung *L. regale* × 'Bright Star'.

L. rhodopeum Delipavloff 1952

Bulgarien: Rhodope-Gebirge. Sivino (Distrikt Smoljan) in Wiesen, 1300 m. Diese Lilie wurden erst vor kurzem in Bulgarien entdeckt und beschrieben (Abb. Seite 105). Sie wird mit *L. monadelphum* verglichen, hat hängende Blüten, 8 bis 14 cm Durchmesser, mit zurückgeschlagenen Blütenblättern, goldgelb ohne Sprenkel, 1 bis 2, meist 3 bis 5 Blüten in Dolden. Pollen scharlachrot. Blütezeit Juni. Zwiebel weiß mit vielen schmalen Schuppen. Stiel 80 bis 100 cm hoch, auf die ganze Länge mit länglich-linealischen Blättern besetzt (RHS-LYB 1962, 1973).

L. rubellum Baker 1898

Japan: Im nördlichen Teil der Hauptinsel Honshu. Japanischer Name „Otome-Yuri" (Mädchenlilie). Alpine Lilie, wächst zumeist in 900 bis 1800 m Höhe in Gras und Gesträuch.

Sehr große, länglich-ovale, weiße Zwiebel mit großen, ovalen Schuppen, Stengel in der Natur meist nur 30 cm lang, in Kultur bis 50 cm, Blätter länglich-oval, kurzgestielt, spiralig um den Stengel gestellt, im oberen Teil des Stengels reichlicher. Die Blüte ist eine horizontale, glockige Trompete, 4,5 cm lang, 6,5 cm weit, zartrosa, wohlriechend, im Verblühen purpurrosa werdend, Pollen goldgelb. Pro Stiel meist 1 bis 3 Blüten. Samenkapsel ballförmig mit dreieckigen, dünnen Samen. Samen keimen innerhalb weniger Monate.

Das Besondere an dieser äußerst zartfarbigen Lilie ist, daß sie, nachdem sie Mitte April ausgetrieben hat, schon Mitte bis Ende Mai in Blüte steht. Dies erreicht sie dadurch, daß sie die Blütenanlage schon bei Wintereinbruch in der Zwiebel bildet, ähnlich wie die Hyazinthen. Deshalb dürfte diese Lilie, zumindest mit ihren Hybriden, Zukunft als Treiblilie haben, denn die kurze Treibzeit ist ein beachtlicher Vorteil für den Gärtner.

Zu ihrem Gedeihen braucht die Lilie einen sehr sauren Boden mit sehr viel Feuchtigkeit, Schutz vor Regen, Schneedecke im Winter. Die Kultur dieser Lilie scheint nicht ganz einfach zu sein. Nach K. Wada sollen die Zwiebeln in Töpfen oder Holzkästen in feuchtes *Sphagnum*-Moos mit guter Dränage gepflanzt werden und stets sehr gut feucht gehalten werden. Die Töpfe können in voller Sonne stehen, bis sich die Blüten öffnen. Im Halbschatten hält sich die Blüte besser (NALS-LYB 1951, Moto'o Shimizu).

Der Wasserbedarf dieser Lilie scheint groß zu sein, denn Ralph Warner berichtet, daß er diese Lilie an einem Bachrand mit den Wurzeln in Wasserspiegelhöhe mit Erfolg gezogen hat.

Kreuzungen liegen vor mit *L. auratum, L. speciosum* und *L. japonicum.*

Der Magic Pink Strain (Abb. Seite 196) ist durch Kreuzung ausgewählter, virustoleranter, rotgebänderter Auratum-Klone mit *L. rubellum* entstanden. *L. alexandrae* × *L. rubellum* durch Embryokultur ähnlich *L. alexandrae,* aber tief rosa (Ed und Judith McRae).

L. rubescens Watson 1879

Diese amerikanische Lilie der Westküste wächst von der San Francisco-Bucht bis nordwärts in das Siskiyou County, an Nordhängen, im Redwoodgürtel in sehr trocke-

L. rubescens

nem Boden bis auf 900 m Höhe. Landtyp. Die Zwiebel ist weiß mit breiten Schuppen. Der schlanke Blütenstengel wächst 60 bis 180 cm hoch, oft auch höher, trägt mehrere Quirle von breit-lanzettlichen Blättern, wobei die Quirle nach oben immer kleiner werden. Der traubige Blütenstand trägt bis 100, in der Regel jedoch 3 bis 30 aufrechte Trompetenblüten, wobei die Blütenblätter zuerst eine Röhre bilden und im letzten Drittel stark zurückgerollt sind. Die Blütenfarbe ist beim Erblühen Weiß, fein purpurfarben gesprenkelt, um sich allmählich rosapurpur bis weinrot zu verfärben. Bemerkenswert ist der außerordentlich feine Duft. Blütezeit Juni bis Juli. Pflanzung in feuchtem Lehmboden mit bester Dränage. Langsamkeimer. Kreuzt mit *L. columbianum* (RHS-LYB 1934, NALS-LYB 1952).

L. sachalinense

Zwiebel klein, kugelförmig, etwa 2 bis 4 cm groß, Stengel 20 bis 40 cm, im Jugendzustand vollständig weiß behaart, Blätter lanzettlich, zum Teil in Quirlen, 1 bis 2 Blüten, orange-dunkelgelb, ähnelt *L. maculatum*. Samenkapsel eiförmig, 4 bis 2,5 cm, Blütezeit Juli (Abb. Seite 106).

Vorkommen: Insel Sachalin Westküste (Alexandrowka), südliche Kurilen, auf meeresnahen, feuchten Wiesen in Gestrüpp.

L. sargentiae Wilson 1912

Dies ist eine weitere große Entdeckung von E.H. Wilson, der diese Lilie auf seinen Sammlerreisen 1903 im Tal des Flusses Tung, dem Flußsystem des Jantsekiang zugehörig, in Szetschuan in 1100 bis 1500 m Höhe fand. Sie wächst auf Fels- und Schiefertonboden zwischen Gras und Gesträuch. Das Klima ist dort durch heiße Sommer und lange und kalte Winter gekennzeichnet.

Die Zwiebel ist rund, von 15 cm Durchmesser mit rotpurpurfarbenen, breiten Schuppen. Der purpurfarbene Stengel wird 120 bis 150 cm hoch und trägt viele dunkelgrüne, dichtgestellte, lanzettliche Blätter, breiter als bei *L. regale* mit Achselbulben in den Blattachseln. Die großen, plastisch schönen Trichterblüten sind innen reinweiß mit gelbem Schlund, purpurrosa oder auch braun und grün auf der Außenseite schattiert. Bemerkenswert ist, daß der rosa Ton des Rückens sich über die Blattränder auf die Blütenblattinnenseite ausbreiten kann. Die züchterische Vertiefung dieses Merkmals gab Anlaß zur Züchtung der Pink Trumpets (Rosa Trompeten). An der Blütenöffnung sind die Blütenblätter elegant zurückgeschlagen. Die Staubbeutel sind purpurfarben, der Pollen ist braun, Griffel und Narbe sind ebenfalls purpurfarben. Der traubenförmige Blütenstand kann bis zu 18 der stark duftenden Blüten tragen. Blütezeit etwa 14 Tage später als *L. regale,* meist 2. Julihälfte. Vermehrung durch Achselbulben und Samen. Sofortkeimer. Sie ist empfindlicher als *L. regale*. Gute Dränage und warmer Stand in Humusboden sind notwendig. Lilie zur Zeit nicht im Handel.

Kreuzungen mit *L. regale* (L. × *imperiale*) und mit *L. henryi* (*L.* × *aurelianense*).

L. sempervivoideum Léveillé 1915

Eine chinesische Lilie aus Jünnan, die in Felsgestein in 2500 bis 2600 m Höhe vorkommt, nur 15 cm hoch wird, feine grasartige Blätter hat und bis 3 kleine, hängende, weiße Blüten mit feinen purpurfarbenen Sprenkeln trägt. Die Form der Zwiebel trug ihr den Namen *sempervivoideum* ein. Diese Lilie wurde noch nicht der Kultur zugeführt.

L. shastense (Eastw.) Beane 1955

Nordamerika: Oregon in den Counties Plumas, Shasta und Siskiyou. Der Name dieser Lilie rührt vom Mt. Shasta im Siskiyou County her, wo sie reichlich vorkommt. Sie wirkt wie eine verkleinerte *L. harrisianum.* Die Blütenblätter sind stark zurückgebogen und von tiefem Kadmiumgelb, die Spitzen dieser sind kadmiumrot und sienabraun, wobei diese Farbe die ganze Blüte im Verblühen überzieht. Braunpurpurfarbene Flecken sind meist auf den gelben Teil des Blütenblattes beschränkt. Der Pollen ist ockergelb. Aus einem mit Schuppen bedeckten Rhizom wachsen meist ein oder mehr Blütenstiele mit linealischen bis lanzettlichen Blättern, die zerstreut oder in Quirlen stehen (RHS-LYB 1957).

L. sherrifiae Stearn 1950

Diese zarte Lilie, die 90 cm hoch wird, trägt 1 bis 3 trichterförmige Blüten, kastanienbraun, innen goldfarben gescheckt, ähnlich einer *Frittilaria;* Zwiebel weiß, 12 bis 30 mm im Durchmesser.

Sie wurde im Himalaja (Bhutan) von Mrs. und Major Sherriff aufgefunden, wo sie an steilen, grasigen Hängen in 2700 bis 3600 m Höhe wächst. Sie wurde von Mr. Knox – Finlay aus Samen gezogen. Samen keimen sofort, Pflanze ist in England und Schottland winterhart (RHS-LYB 1951/52, 1957, 1962, 1965, 1968, 1974).

L. souliei

[*Nomocharis souliei* (Franchet) W.W. Schmidt und W.E. Evans (1925), *Fritillaria souliei* Franchet 1898.]

Diese alpine Lilie wurde bis vor kurzem als eine *Nomocharis* betrachtet, wurde aber jetzt in das Genus *Lilium* eingereiht. Sie wird 15 bis 45 cm hoch, mit kugelschalenförmigen, hängenden, tief karminbraunen Blüten. Die Zwiebel ist schmal mit lanzettlichen spitzen Schuppen. Diese Lilie ist in Nordwest-Jünnan, Südost-Tibet, Nord-Assam, Bhutan im Gebirge in Höhen von 3000 bis 4300 m beheimatet. Sie wurde zu Ehren ihres Entdekkers, des französischen Missionars Pater Soulie, benannt, der von tibetanischen Mönchen 1905 ermordert wurde. Die Art ist nicht in Kultur (RHS-LYB 1951 bis 1952, 1974).

L. speciosum Thunberg 1794

Neben der Goldbandlilie ist diese Lilie das schönste Liliengeschenk Japans an die Welt (Abb. Seite 106). Sie ist auf den beiden Südinseln Japans Shikoko und Kyushu beheimatet, außerdem kommt sie auch auf der Insel Formosa und in Zentralchina (Provinz Kiangsi und Anhwei) vor. Sie wurde 1830 durch von Siebold aus Japan nach Europa gebracht.

Die Zwiebel ist rund, gelblich bis purpurbraun, der Stengel drahtig, 90 bis 200 cm hoch mit zerstreut stehenden, großen, breitlanzettlichen, lederig-grünen Blättern. An etwas steifen Blütenstielen werden große duftende und nickende Blüten mit stark zurückgeschlagenen Blütenblättern getragen. Die meist 4 bis 10 Blüten blühen im August bis September, sind zart rosa, mit weißen, stark gewellten Rändern mit karminfarbenen Punkten und Papillen gegen den Blütengrund zu. Die Staubfäden, ebenso der Griffel, stehen lang aus der Blüte heraus, der Pollen ist schokolade- bis purpurbraun.

Die späte Blütezeit läßt uns an dieser Lilie im Freien nicht immer froh werden, denn Herbstregen und *Botrytis* verderben gern die Blüten. Ihre volle Schönheit kann sie eigentlich nur als Topfpflanze oder im Kalthaus entfalten, auch der Samen reift selten im Freiland. Vermehrung durch reichliche Stengelbulben. Stengelwurzler, Langsamkeimer. Zum Gedeihen im Garten ist ein gut geschützter Platz mit frischem Boden sowie reichlich Torf und Laubhumus notwendig, dazu Bodenbeschattung. Mit *L. auratum* gekreuzt hat diese Lilie wahre Wunderwerke der Lilienzucht ergeben. Kreuzungen bestehen außerdem mit *L. nobilissimum, L. alexandrae, L. rubellum, L. japonicum* und *L. henryi.*

Von dieser Lilie gibt es viele Naturformen, auch wurden viele Farbformen durch Auslese gewonnen. Die wichtigsten sind im folgenden aufgeführt:

L. speciosum var. **album, L. speciosum** var. **album-novum.** Beide sind weiß blühende Formen, wobei letztere die kräftigere ist.

L. speciosum var. **gloriosoides.** Diese Varietät vertritt *L. speciosum* in China und auf Formosa. Sie hat stark zurückgeschlagene und gewellte Blütenblätter, in der Farbe mehr scharlachrot, wobei die Farbe auf das letzte Viertel gegen die Blütenbasis konzentriert ist. Eine sehr feine, aber seltene, auch empfindlichere Form.

L. speciosum var. **kraetzeri.** Diese Form wird gerne für Treibzwecke verwendet. Sie ist reinweiß mit einem grünen Mittelstrich auf den Blütenblättern.

L. speciosum var. **rubrum.** Eine Form mit dunkelpurpurbraunem Stengel und karminfarbigen Blüten. In Holland werden als Schnittblumen die Auslesen 'Uchido', 'Gran Commander', 'Shouting Star', 'Brabander', 'Nr. 10' und 'Favourite' gezogen.

L. stewartianum Balfour 1925

Diese Lilie wurde erstmals 1913 von Forrest in Jünnan in 3300 bis 3600 m Höhe auf steiniger Alpenmatte auf Kalksteinfels gefunden. Der Pflanzensammler Dr. Rock fand diese Lilie 1949 in Jünnan nur an einem einzigen Platz an der Schneegrenze wieder. 1952 blühte diese Lilie in England. Eine zarte, feine Lilie mit grasartigen Blättern und einer kleinen zylindrischen, nickenden Blüte, deren Blütenblätter im untersten Drittel ganz zurückgerollt sind. Die Blüte ist duftend, von tiefem Grünlich-Olivgelb mit vielen feinen, kastanienbraunen Tupfen. Nicht in Kultur.

L. sulphureum Baker 1891
(*L. myriophyllum* Franchet)

Eine Zeitlang wurde diese Lilie als *L. myriophyllum* Franchet in der Literatur geführt. Sie wurde 1888 von dem französischen Missionar Delavay bei Lankong, nordwestlich Tali, in der chinesischen Provinz Jünnan gefunden. Die Heimat dieser Lilie reicht von Mengtse am Roten Fluß in Süd-Jünnan über Nord-Jünnan (Tali-Gebirge) bis in die Shan-Staaten von Ober-Burma (Kalaw). Hier wächst die Lilie in 1200 bis 1500 m Höhe in rotem, mit Felsschutt durchsetztem Lehmboden (Abb. Seite 106).

Zwiebel rund, rotpurpurfarben mit fleischigen Schuppen, etwa 10 cm Durchmesser. Stiel 100 bis 180 cm hoch, aufrecht mit zahlreichen abstehenden lineal-lanzettlichen Blättern, in deren Blattachseln ebenso zahlreiche Achselbulben erscheinen. Die Pflanze trägt bis zu 15 nickende, enge Trompetenblüten von 15 bis 20 cm Länge mit gutem Duft, im Schlund tiefgelb, gegen die Spitze zu in Elfenbeingelb übergehend, die Außenseite der Blüten mehr oder weniger rosa überlaufen. Staubbeutel braun, Pollen gelb. Samenansatz schlecht.

In der Kultur läßt sich diese Lilie auch bei uns im Freien ziehen, doch scheint sie nicht ausdauernd zu sein. Voraussetzung ist beste Dränage, also Kies und Schutt als Untergrund. Lehm mit reichlich Lauberde und Sand, sowie Knochenmehl als Zugabe zur Pflanzerde, eine Pflanzung 25 bis 30 cm tief, dazu ein geschützter Platz auf der Südseite eines Hauses mit Schutz vor kalten Winden. Im Winter ist eine Laub- und Fichtenreisigdecke zu empfehlen. Alkalischer Boden mit viel Kalk ist für die Pflanzung ungeeignet. Zu beachten ist, daß diese Lilie erst sehr spät, meist erst Mitte bis Ende Mai austreibt, so daß man nicht ungeduldig werden darf, wenn sich kein Austrieb zeigt, während die anderen Lilien schon 50 cm lange Triebe haben. Die Blüte kommt erst spät, Ende August bis Anfang September. Diese Lilie ist so aristokratisch schön, daß man ihre Wünsche erfüllen sollte. Leider ist diese Lilie gegenwärtig nirgends zu haben, auch Samen fehlen.

Für Kreuzungszwecke wurde *L. sulphureum* viel gebraucht. Prof. Scheubel, Oberlahnstein, zog aus der Kreuzung *L. sulphureum* × *L. regale* die Hybride *L.* × *sulphurgale,* welche 1915 blühte. *L.* × *sulphurgale* × *L.* × *imperiale* ergaben die Crows-Hybriden. Aus *L. sulphureum* × *L. henryi* wurde 'T. A. Havemeyer' gezogen. Außerdem existieren Hybriden mit den Trichterlilien *L. centifolium* und *L. sargentiae* (RHS-LYB 1950).

L. superbum Linné 1762

Diese Lilie aus dem amerikanischen Osten war schon 1738 in London bekannt und wurde 1762 von Linné in seine „Species Plantarum" aufgenommen. Beheimatet von Massachusetts im Osten und Indiana im Westen, nach Alabama und Florida im Süden, ist sie am häufigsten an der atlantischen Ostküste zu finden, wo sie in reichem Humus an feuchten Hängen, in sauren Wiesen und Marschen wächst.

Zwiebel rund, zugespitzt, weißlich, an kräftigen Stolonen. Der purpurfarbene Blütenstengel wird unter Kulturbedingungen bis 300 cm hoch und trägt an einem pyramidenförmigen Blütenstand bis zu 40 langstielige, große, hängende Türkenbundblüten von orangegelber Farbe, die nach den Spitzen zu in Karminrot übergeht. Im Blütengrund steht ein grüner Stern, der Schlund ist braun gesprenkelt. Die Blütenfarbe kann sehr variabel sein, es gibt Formen mit verschiedenen Gelbschattierungen, auch eine reinrote, die von Mrs. John Norman Henry gesammelt wurde. Blütezeit Juli bis August. Die lanzettlichen Blätter sind quirlständig. Langsamkeimer. Gedeiht im Garten in feuchtem, kalkfreiem Boden. Pflanzung 15 bis 20 cm tief auf Kiesunterlage zwischen Kleinsträucher, *Rhododendron,* jedoch mit dem Trieb in voller Sonne. Virusempfänglich.

Kreuzungen mit *L. canadense, L. michauxii.*

L. szovitsianum Fisch. und Lall. 1840

Im westlichen und südlichen Transkaukasien in Wäldern, Waldlichtungen, an Waldrändern und Berghängen der subalpinen Zone (im Flußgebiet der Kura) sowie am Südufer des Schwarzen Meeres von Batum bis Trapezunt in 600 bis 1500 m Höhe, hier auf türkischem Gebiet.

Eine dem *L. monodelphum* sehr ähnliche, ebenso schöne Lilie, die kaum Merkmale besitzt, um sie von *L. monadelphum* zu trennen, außer der geographischen Verbreitung. (s. a. *L. monadelphum*).

Zwiebel groß, 7 × 12 cm, mit schmalen Schuppen. Stengel 100 bis 150 cm hoch, mit meist 2 bis 8, gelegentlich bis 20 Blüten. Blätter lanzettlich (Abb. Seite 105).

Blüten in Türkenbundform, aber nur halb zurückgeschlagen, 7 bis 8 cm Durchmesser. Strenger Blütenduft. Die Blütenfarbe ist mehr hellgelb, die Pollenfarbe variabel. Auch diese Lilie ordnet sich den Kulturbedingungen gut unter, verlangt jedoch einen schwereren Boden als *L. monadelphum.* Bildet Stengelwurzeln, darf nur im Herbst verpflanzt werden. Samen im Herbst gesät, gehen im Frühjahr auf. Sämlinge sollen in den Saatbeeten 2 bis 3 Jahre verbleiben und dann im Herbst sofort an Ort und Stelle in wasserdurchlässigen lehmigen Boden 10 bis 15 cm tief verpflanzt werden. Im Winter ist es ratsam, mit einer leichten Laub- oder Holzwolldecke abzudekken. Kreuzungen mit *L. maculatum*-Hybriden (Mitschurin 1914, Orekhov 1960).

L. szovitsianum × *L. maculatum*-Hybride = *L.* × *fialkovaja* (Mitschurin 1914) ist eine der ersten Lilien, die im Frühjahr blüht. Ed und Judith McRae zogen 1979 aus Kreuzungen von *L.* × *fialkovaja* × pastellfarbene aufrechte Asiatische Lilien mittels Embryokultur eine Population von duftenden rosaweißen und pfirsichgelben Bicolors (RHS-LYB 1964, 1966, Eremin, Saliwski).

L. taliénse Franchet 1892

Nordost-Jünnan, Tali-Gebirgszug, woher diese Lilie ihren Namen hat. Sie ähnelt *L. duchartrei* in der Form und Farbe der hängenden Türkenbundblüten. Diese sind von weißer Farbe mit purpurfarben gesprenkelten Blütenblättern. Sie ist ebenso stark duftend wie *L. duchartrei,* unterscheidet sich aber von dieser durch den traubenförmigen Blütenstand und die dunkelpurpurfarbene Nektarfurche in der Mitte jeden Blütenblattes.

Jan de Graaff hat diese Lilie in großem Ausmaß aus Samen vermehrt. Sie scheint sich zur Einkreuzung mit anderen Lilien, insbesondere mit den Harlequin-Hybriden (*L. cernuum* × Midcentury-Hybriden) zu eignen.

L. tigrinum Ker-Gawler 1810, Tigerlilie (heute *L. lancifolium* Thunberg 1794)

Japan, Korea, Ostchina, Mandschurei. Diese Lilie ist in China und Japan weit verbreitet, weil die Zwiebeln dort als Nahrungsmittel gezogen, gekocht und gegessen werden. Die gekochten Zwiebeln schmecken ungefähr wie Kartoffelpüree, denn sie enthalten Stärke, wie die Kartoffel. Der japanische Name ist „Oni-Yuri". Diese Tigerlilien sind alle triploid, haben also 3 Chromosomensätze.

Die Zwiebel ist weiß, die Schuppen sind dickfleischig und breit. Der Blütenstiel ist steif 100 bis 200 cm hoch, gleichmäßig mit Blättern besetzt. Ab Juni entwickeln sich in den Blattachseln runde, schwarzbraune Achselbulben, die sich gegen den Herbst ablösen und abfallen. Die Blüten sind traubig um den Blütenstiel angeordnet, mit stark zurückgerollten Blütenblättern von orange-zinnoberroter Farbe mit sehr kräftiger schokoladebrauner Sprenkelung. Der Blütenstaub ist rotbraun. Blütezeit August bis Anfang September. Bei Eigenbestäubung setzt diese Lilie keine Samen an. Bei Fremdbestäubung mit karotinoidführenden Lilien, z.B. *L. maculatum, L. bulbiferum, L.* × *umbellatum, L. amabile, L. davidii, L. leichtlinii* var. *maximowiczii,* tritt gelegentlich Samenbildung ein, jedoch sind die Samen meist nicht keimfähig oder die Sämlinge nicht lebensfähig. Von dieser triploiden Form ist *L. tigrinum* var. *splendens* die meist verbreitete. Die Varietät *fortunei* hat mehr lachsorangefarbene Blüten und ist an Stengel und Blütenknospen meist wollig behaart. Die gefüllt blühende Form var. *flore-pleno* ist wenig schön und unbedeutend (NALS-LYB 1954).

L. tigrinum (diploide Art) hat die normale Chromosomenzahl (2 n = 24), ist selbstfertil und kreuzt mit den karotinoidführenden Lilien, die unter *L. tigrinum* genannt wurden. Das Verbreitungsgebiet dieser Lilie ist klein: die Insel Tsu-shima und die gegenüberliegende Küste von Kyushu gelten als Fundorte. Sie ist kleinblütiger und schwächlicher als die triploide Form. Jan de Graaff hat diese Lilie in viele seiner Neuzüchtungen eingekreuzt.

L. tigrinum var. **flaviflorum** Makino 1933. Dies ist eine gelbblühende Varietät der vorgenannten diploiden Form, mit ebenfalls 2 n = 24 Chromosomen und schwachwüchsig wie diese. Sie spielt bei der Züchtung von gelbblühenden Tiger-Hybriden eine große Rolle.

Hybriden mit *L. tigrinum* sind von folgenden Lilien bekannt:

L. amabile ('Cardinal'), *L. bulbiferum* var. *croceum* (*L.* × *manglesii*).

L. leichtlinii var. *maximowiczii* ('Tigrimax'), *L. maculatum* ('Margaret Johnson'), *L.*'Umbtig', *L. wilsonii* var. *flavum*.

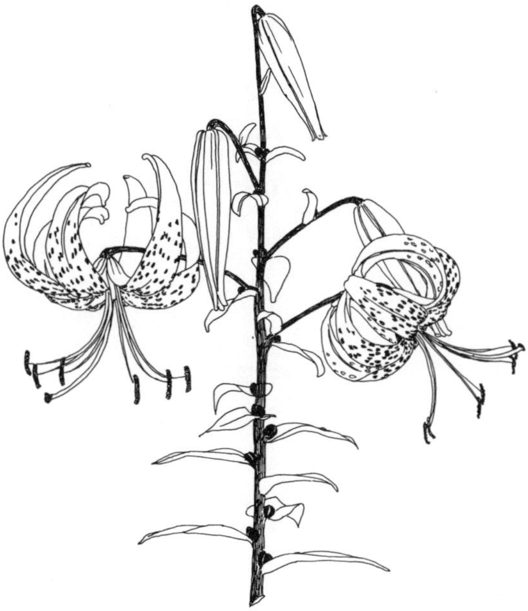

L. tigrinum

L. tsingtauense Gilg 1904

China: Schantung; Korea: Diamond Mountains. Obwohl diese Lilie schon seit 1863 bekannt, aber mit *L. medeoloides* verwechselt worden war, erhielt sie erst 1904 ihren Namen auf Grund von Zwiebeln, die Gilg 1904 in dem ehemaligen deutschen Schutzgebiet Tsingtau gesammelt hatte (Abb. Seite 123).

Zwiebel weiß, oval, 2,5 cm. Stiel hohl, 40 bis 90 cm, Blätter in Form eines Quirls angeordnet mit einigen zerstreut sitzenden Blättern. Blätter leicht marmoriert gezeichnet. 1 bis 6 Blüten, aufrechte, sternförmige, sitzende Schalen, glänzend orangerot mit rötlichen Sprenkeln, wobei die Blütenblätter meist nicht ganz radialsymmetrisch angeordnet sind, sondern sich etwas nach oben drängen; leichter, unangenehmer Geruch. Blütenstaub orange. Samenkapsel kurz gedrängt, leicht geflügelt. Samen groß, ohne Hautrand. Langsamkeimer. Blütezeit Ende Juni. Diese interessante Lilie, die in ihren Einzelheiten vielfach aus der Reihe tanzt, läßt sich durch Samen vermehren. Der Standort muß aber unbedingt leicht beschattet (durch Unterpflanzung) und feuchter als normal sein.

Kreuzungen sind mit *L. martagon* × *L. hansonii*-Hybriden gelungen. *L.* × *dalhansoni* × *L. tsingtauense* = 'Sontsing', 'Tsingense', 'Dalhense', 'Hantsing' (Robinson 1964, NALS-LYB 1975), noch unbenannte Hybriden von Beutnagel, Braunschweig.

L. tsingtauense var. **flavum.** Bekannt wurde auch diese gelbblühende Form.

L. vollmeri Eastwood 1948
(*L. roezlii* Purdy)

Kalifornien: Del Norte County; Oregon: Josephine County. Dies ist eine sogenannte Sumpflilie, welche in wasserdurchflossenem Gelände, jedoch bei gutem Wasserabfluß wächst. Dementsprechend hat sie ein horizontal kriechendes, mit gelben, eingeschnürten Schuppen bedecktes Rhizom, dem ein 75 bis 90 cm hoher Blütenstengel entspringt. Die blaßgrünen Blätter stehen in Quirlen oder vereinzelt am Stengel. Die Blüten, meist 1 bis 3, oft auch mehr, werden an langen Blütenstielen getragen. Die Blüten sind in Türkenbundform zurückgerollt, orangefarben und mit dunkelroten bis fast schwarzen Flecken im inneren Teil der Blüte gefleckt. Diese Lilie wurde nach dem Arzt Dr. Albert Michael Vollmer von San Francisco benannt, der nicht nur die Lilien der Pazifikküste beschrieb, sondern diese auch in zahlreichen Exkursionen selbst aufsuchte. Zu ihrem Gedeihen braucht diese Lilie einen feuchten, gut dränierten Stand.

L. wallichianum Schultes 1830

Eine weiße Trichterlilie, deren Vorkommen auf der Südseite des Himalajas von Kumaon über Nepal, Sikkim, Bhutan nach Assam weit ausgedehnt ist, wo sie in 1000 bis 1500 m Höhe auf Steilhängen in Nadelwäldern, in Gebüsch und Gras, meist in kleinen Kolonien vorkommt. Sie wächst auf Kalkfels, ihre tief purpurfarbene Zwiebel liegt 20 bis 25 cm tief im Boden. Der Blütenstiel wird 90 bis 180 cm hoch und trägt zahlreiche linealische und grasartige, dunkelgrüne Blätter und eine oder auch mehrere Blüten am Stielende.

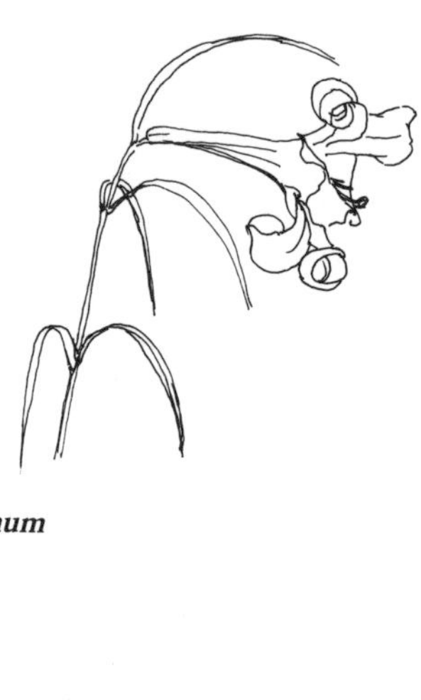

L. wallichianum

Die Blüten sind 18 bis 22 cm lang, mit einem engen Trichter, der sich posaunenförmig auf 16 bis 20 cm ausweitet. Die Blüten sind cremeweiß, innen mit grünlichem Schein. Pollen gelb. Der aus der Zwiebel entspringende Stengel wandert zuerst unterirdisch, wobei Zwiebelbulben an den Stengelinternodien gebildet werden. Diese prächtige Lilie ist bei uns nicht winterhart, kann aber im Kalthaus oder im Topf aus Samen und Zwiebeln gezogen werden. Sie dürfte die am spätesten austreibende Lilie sein, oft erst im Juli. Ihren Namen hat sie von dem dänischen Botaniker Wallich (1786–1854), der sie beschrieben hat (RHS-LYB 1951–1952, F. Kingdon Ward).

L. wardii Stapf 1932

Südost-Tibet im Tsangpo-Tal (verlängertes Brahmaputra-Tal), im Lohit-Tal, nordwestlich und nordöstlich von Sadiya, weiterhin nahe der Quelle des Lohit bei Rima in 1500 bis 3000 m Höhe, zwischen Gestrüpp und Nadelholz an Steilhängen in trockener Lage. In diesem Gebiet wächst diese Lilie so reichlich, daß die Luft von ihrem Duft erfüllt ist. Sie wurde erst 1924 von dem englischen Pflanzensammler Frank Kingdon Ward aufgefunden und nach ihm benannt (Abb. Seite 124).

Die Zwiebel ist flach-kugelförmig, meist nicht über 5 cm im Durchmesser, fein rot gesprenkelt. Der Stengel wandert vor dem Austreiben unterirdisch weiter und bildet an den Stengelinternodien unterirdisch sproßbürtige Zwiebeln. Stiel bis 150 cm hoch, purpurbraun, mit zahlreichen, zerstreut stehenden dunkelgrünen, lanzettlich bis länglichelliptischen, 3nervigen Blättern von etwa 7 cm Länge. Bis zu 40 Blüten in Martagonform von tiefrosa Farbe mit trüb-karminfarbenen Sprenkeln können in einem traubenförmigen Blütenstand stehen. In England gedeiht diese Lilie im Halbschatten in Lehmboden mit Laubhumus. Kalk und Holzasche (Kali) soll vermieden werden. Aus Transvaal wird berichtet, daß diese Lilie nur gedieh, wenn sie unter Nadelbäumen gepflanzt war, wo die Nadeln den Boden abdeckten. Blütezeit August. Mit dieser Lilie ist bisher noch keine Kreuzung gelungen (RHS-LYB 1951–1952, 1963).

L. washingtonianum Kellogg 1859

Zu Ehren von Martha Washington, der Frau des Präsidenten Washington, wurde diese kalifornische Lilie benannt. Ihre Heimat ist die Sierra Nevada, vom Josemite-Tal nordwärts zum Mount Shasta und weiter in das Cascade-Gebirge.

Die rhizomartige Zwiebel ist weiß. Der Blütenstengel wird 120 cm, oft bis 200 cm hoch mit hellgrünen, breit-lanzettlichen Blättern. Im Juni bis Juli erblühen 2 bis 20 horizontal getragene, trichterförmige Blüten mit leicht zurückgeschlagenen Blütenblättern in reinweißer Farbe mit purpurfarbenen Sprenkeln im Schlund, die allmählich ins Purpurlila übergehen und einen ausgezeichneten würzigen Duft bringen. Sie ist nicht leicht zu ziehen, denn sie kann weder übermäßige Feuchtigkeit noch Kälte vertragen. Langsamkeimer.

L. washingtonianum var. **minor.** Eine Lilie kleiner als der Typ. Weil sie am Fuß des Mount Shasta vorkommt, wird sie auch als Shasta-Lilie bezeichnet.

L. washingtonianum var. **purpurascens.** Diese Form ist leichter als der Typ zu ziehen. Im Gegensatz zum Typ hat sie eine größere, nicht rhizomartige Zwiebel, mehr Blätter, kleinere Blüten, weiß oder weinrot erblühend, sich bald purpurlila verfärbend, duftend, Hauptvorkommen am Mount Hood. Die Zwiebeln verderben schnell, wenn sie an der Luft lagern, daher ist ein Verschicken schwer möglich. Pflanzung 15 bis 18 cm tief.

L. wigginsii Beane und Vollmer 1955

Süd-Oregon, Kalifornien, Siskiyou Mountains. Diese schon länger bekannte Lilie wurde erst 1955 benannt. Statt einer Zwiebel führt sie ein dickes Rhizom, das mit kleinen Schuppen bedeckt ist, der Stengel ist etwa 120 cm hoch und treibt Stengelwurzeln, die Blätter stehen in 2 bis 4 Quirlen am Stiel. Die Blüten, horizontal oder nickend in offener Türkenbundform, reingelb mit purpurfarbenen Sprenkeln, stehen auf 15 bis 30 cm langen Blütenstielen. Pollen gelb.

Diese Lilie hat nur ein kleines Verbreitungsgebiet in den USA. Sie war früher als *L. roezlii* bekannt (RHS-LYB 1957).

L. wilsonii Leichtlin 1868
(*L. maculatum*)

Auf diese Lilie wurden die Botaniker aufmerksam, als sie mit Packungen von *L. auratum* aus Japan kam. Zunächst war die Frage, ob es sich um eine echte Spezies handelt. Da sie sich samentreu vermehrt, ist sie als solche anzusprechen. Nach japanischen Botanikern sollte sie *L. maculatum* heißen, die in Japan eine größere Variation in Blütenfarbe und Blütezeit zeigt, als unsere *L. wilsonii.* Dies ist nicht überraschend, denn die bei uns verbreitete Population stammt von den wenigen spätblühenden Formen, die zusammen mit *L. auratum* wachsen. In Holland wird diese Spezies fälschlich *L. dauricum* var. *pardinum* genannt. Von dieser ist sie jedoch verschieden durch die sofortige epigäische Samenkeimung, statt der verzögerten Keimung von *L. dauricum*. Sie ist zu *L. dauricum* nahe verwandt und kann mit dieser gekreuzt werden. Japanische Botaniker und Cytologen haben nachgewiesen, daß diese Lilien die Eltern der altbekannten *L.* × *elegans*-Kultivare sind.

Aus der weißen, kugeligen Zwiebel wächst ein bis 90 cm hoher Blütenstengel mit lanzettlichen, verschiedenständigen Blättern, der schalenförmige, aufrechte Blüten von etwa 12 cm Durchmesser trägt. Die Blütenblätter sind im Grunde schmal und biegen sich elegant zurück. Blüten rötlichorange, aprikosenfarben mit einem goldenen Mittelstreifen, dabei mit großen, braunen Tupfen stark gesprenkelt. Blütezeit August. Pflanzung 10 bis 15 cm tief in Lehmboden, in Sonne oder leichtem Schatten (Abb. Seite 124).

L. wilsonii var. **flavum** ist eine primelgelb blühende Form mit einem goldgelben Spiegel auf der Mitte der Tepale, rotpurpurfarben gesprenkelt mit 6 bis 10 Blüten, 60 bis 75 cm hoch, wurde auch als 'Marlyn Ross' in den Handel gebracht.

Diese gelbe Form der Spezies wurde besonders gerne für Kreuzungen verwendet. Kreuzungen wurden mit *L. bulbiferum, L. dauricum* und *L. tigrinum* var. *flaviflorum* gemacht, wobei der goldene Spiegel auf den Tepalen verschiedener Hybriden, so 'Connecticut King', wiederzufinden ist. Auch die glänzend grüne Blattfarbe wird weitervererbt, so in 'Connecticut Lemonglow' (RHS-LYB 1962).

Cardiocrinum Lindley

Cardiocrinum ist ein Genus, das früher als *Lilium* betrachtet wurde. Weil *Cardiocrinum* meist wie Lilien zu kultivieren sind und mit diesen gepflanzt werden, sollen sie hier mit aufgenommen werden. *Cardiocrinum* hat herzförmige Blätter, worauf der Name hindeutet.

C. cathayanum Stearn 1948

Ost- und Zentralchina: Kiangsi, Hupeh, Honan, Anhwei, Kansu. In dichten Wäldern, oft massenhaft längs Flußufern.

30 bis 120 cm hoch mit einem Quirl herzförmiger Blätter an langen Stielen. 1 bis 4 Blüten, trichterförmig, horizontal abstehend, etwa 12 cm lang, grünweiß außen, cremefarben innen mit einigen Purpursprenkeln. Pollen gelb. Kleinste und am wenigsten schöne *Cardiocrinum*-Art.

C. cordatum Makino 1913

In Japan weit verbreitet auf den drei Hauptinseln; Sachalin, Kurilen.

Stengel 120 bis 240 cm hoch mit einem Kranz langstieliger, herzförmiger Blätter unter der Stengelmitte. Junger Austrieb im Frühjahr schön rotbronzefarben, später grün mit Bronzeglanz. 4 bis 10 trichterförmige, cremeweiße Blüten, etwa 15 cm lang. Die drei untersten Blütenblätter haben einen kräftigen gelben Strich, gegen den Schlund mit leicht braunroter Sprenkelung, Pollen

Oben links: Rainbow-Hybriden waren die ersten Züchtungen von Jan de Graaff. Sie haben sich mit ihren leuchtenden Farben immer wieder durchsetzen können. Oben rechts: 'Citronella', einen Strain, den Jan de Graaff vor über 20 Jahren zusammen mit 'Burgundy' und 'Bronzino' als Fiesta-Hybriden in den Handel brachte. Sie sind heute noch so gut und schön wie am ersten Tag. Unten links: 'Jet Fire', eine sehr wüchsige und schöne Asiatische Hybride entstand bei den Oregon Bulb Farms unter Verwendung eines alten *L.* × *hollandicum*-Klons. Unten rechts: *L. martagon* var. *cattaniae*, der dunkel-weinrote Türkenbund aus Dalmatien, ist kräftiger als unser einheimischer Türkenbund.

gelb. Treibt sehr früh aus, daher Schutz vor Nachtfrösten notwendig. Auf der Insel Hokkaido werden die weißen Zwiebeln von der Bevölkerung gegessen. Die Zwiebeln sterben nach dem Blühen ab und hinterlassen junge Tochterzwiebeln im Boden.

C. giganteum Makino 1913

Himalaja: Simla, Nepal, Sikkim, Bhutan, Ober-Assam, Nord-Burma, Südost-Tibet. Diese größte und prächtigste Lilie wächst mit einem starken, hohlen Stengel 180 bis 360 cm hoch, meist in sehr feuchten, lichten Wäldern. Die breiten, grünen, herzförmigen Basalblätter bilden eine Rosette. Am Stengel stehen mit langen Stielen große herzförmige Blätter waagrecht ab. Auch die duftenden Blüten, regelmäßige Trichter, außen grünlich-weiß, innen weiß mit rotpurpurfarbenen Strichen, 15 cm lang, stehen waagrecht ab. Pollen gelb (Abb. Seite 123). Die große, rötliche Zwiebel darf nur wenig mit Erde überdeckt werden. Sie stirbt nach dem Blühen ab, wobei kleine Tochterzwiebeln entstehen, die wieder gepflanzt werden können. Die Pflanzung muß in sehr feuchtem, nährstoffreichem, tiefgründigem Laubhumus erfolgen. Loch 60/60/50 cm ausheben, mit Holzreisig und Laubhumus füllen, mit verrottetem Kuhmist abdecken. Im Winter mit Laub, Kiste oder Korb überdecken. Stets mindestens 3 Zwiebeln pflanzen, damit die Blüte jährlich stattfindet. Samenkapseln gezähnt sich öffnend. Samen sehr reichlich und sehr leicht. Samen liegen meist 1 Jahr. Sämlinge werden meist erst in 7 Jahren blühfähig.

C. giganteum var. **yunnanense** Stearn 1948. West- und Zentralchina (Jünnan, Szetschuan, Hupeh). 150 bis 200 cm, Blätter im Austrieb bronzefarben. Blüte reinweiß bis gelblichgrün, innen mit weinroter Zeichnung.

Oben links: 'Enchantment', die bekannteste von Jan de Graaff gezogene Asiatische Hybride. Oben rechts: 'Pirate' × 'Connecticut King', eine Asiatische Hybride von Dr. R. Withers, Hawthorn, in Australien gezogen, zeigt einen sehr schönen Blütenstand mit unifarbenen saturnroten Blüten. Unten links: 'Connecticut King', eine Meisterleistung der Züchtung von Stone und Payne, Waterbury, USA. Unten rechts: 'Milk and Honey'.

Hybridlilien – die neuen Lilien

Die Lilienzüchtung hat erst in den letzten vier Jahrzehnten Fuß gefaßt. Vor unseren Augen entstehen heute neue Lilien, gezüchtet von Menschenhand, die wir auf Ausstellungen bewundern und die uns in den Gärten erfreuen wollen. Der Grund, weshalb die Lilien erst so spät in den Blickpunkt der Züchter gerückt sind, war, daß die für die Züchtung geeigneten Wildlilien erst zu Beginn dieses Jahrhunderts entdeckt und eingeführt worden sind und daß es dann wieder Jahrzehnte gedauert hat, bis sie Verbreitung gefunden haben. Nicht zu vergessen ist, daß wir in zwei Kriege verwickelt waren, die uns zeitweise vom Weltgeschehen abgeschnitten haben. Und noch zwei weitere Umstände haben die Verbreitung der Lilien verhindert oder gehemmt. Früher wurden Lilienzwiebeln aus China oder Japan zuerst mit Karawanen in vielen Tagereisen an die Küste gebracht, gelangten erst nach monatelanger Schiffsreise in ihre Bestimmungshäfen in Europa oder Amerika, um schließlich nochmals mit der Eisenbahn an ihren Zielort transportiert zu werden. Dies bedeutete, daß die Zwiebeln oft unter ungünstigsten klimatischen Bedingungen, bei tropischer Hitze, aber auch bei Temperaturen unter Null, monatelang ungelüftet in den Transportkisten verbleiben mußten. Es war daher kein Wunder, daß ein sehr großer Prozentsatz dieser Zwiebeln verdorben und verfault, zum Teil aber auch ausgetrieben an den Empfänger kam. Heute können solche leicht verderbliche Pflanzen und Zwiebeln mit dem Flugzeug in 2 bis 6 Tagen auch über die weitesten Strecken verfrachtet werden, ohne daß die Gefahr besteht, daß sie Schaden dabei nehmen.

Ein weiterer Grund für die so spät sich durchsetzende Verbreitung der Lilien waren die Lilienkrankheiten. Sie wurden kaum richtig diagnostiziert, viel weniger wußte man Mittel, die Ausbreitung der Krankheiten zu verhindern. Wenn man daran denkt, daß aus Japan jährlich Tausende von Kisten mit Zwiebeln von *L. auratum* und *L. speciosum* nach Europa und Nordamerika eingeführt werden, alle diese Zwiebeln aber bis vor nicht allzulanger Zeit jedes Jahr wieder wie vom Erdboden verschwunden waren, so muß man sich klar machen, daß die Vernichtung eben dieser jährlichen Einfuhr allein auf das Konto der zwei Hauptkrankheiten der Lilien, der Fusarium-Fäule und der Virosen gingen. Nachdem sich die Forschung eingehend mit diesen Krankheiten befaßt hat, und man nunmehr die Erreger, deren Biologie und Verbreitung kennt, ist es möglich, Infektionen zu verhindern oder ihre Verbreitung einzudämmen. Zudem war die Industrie eifrig bemüht, Fungizide speziell für die Bekämpfung der Pilz- und Fäulniskrankheiten zu finden. So haben der Ausbau der Verkehrswege, insbesondere der Luftfahrt, die Forschung und die Chemische Industrie es erst möglich gemacht, Lilien zu verbreiten und auch in den Gärten auf die Dauer zu halten.

Während es selbst für einen gewiegten

Kultivateur schwierig ist, manche Lilienspezies im Garten zu ziehen und auf längere Zeit zu erhalten, so machen die neuen Hybriden fast gar keine Schwierigkeiten, vermehren sich gut und sind viel weniger krankheitsanfällig. Das erklärt auch die Beliebtheit der Hybriden; nicht ihre Schönheit und ihr Blütenreichtum ist in erster Linie das ausschlaggebende Moment, sondern ihre Gesundheit, ihre Anpassungsfähigkeit an alle Böden, ihre leichte Handhabung und ihre starke Vermehrungskraft.

Die Hybriden von heute verlangen keinen besonderen Boden, jeder gute Gartenboden sagt auch ihnen zu, sie verlangen keine besondere Pflege und Aufmerksamkeit, sie bleiben auch im Winter im Freien, denn sie sind frosthart, also kann sie jeder Gartenfreund im Garten haben, so wie er Tulpen oder Hyazinthen im Garten zieht. Und wer sie einmal ausprobiert hat, wird sie nie mehr lassen.

So ist es nicht verwunderlich, wenn die Zahl der Lilienhybriden – der neuen Lilien – jährlich zunimmt und ihre Liebhaber findet. Heute beträgt die Zahl der im internationalen Lilienregister bei der Royal Horticultural Society (RHS) in London eingetragenen Lilienzüchtungen über 2400 Namen und wächst jährlich weiter. Ihre Aufzählung ist im Rahmen dieses Buches unmöglich. Damit wir uns aber wenigstens einen guten Überblick über diese Lilienzüchtungen verschaffen können, ist es zweckmäßig, nach einer Einteilung vorzugehen, die sich aus der Abstammung der verschiedenen Züchtungen ergibt. Wie wir schon gehört haben, geht durchaus nicht jede Lilie eine Kreuzung mit jeder anderen Lilie ein, sondern es gibt bestimmte verwandtschaftliche Kreise von Lilien, innerhalb derer Kreuzungen möglich sind. Kreuzungen außerhalb dieses Kreises sind meist erfolglos, aber bei Anwendung besonderer Vorkehrungen möglich.

Tritt aber wirklich einmal eine solche seltene Ausnahme ein, so daß eine Querverbindung von einem Kreis zu einem anderen entsteht, so können die daraus entstandenen Hybriden Träger interessanter Chromosomenkombinationen und für die Weiterzucht von größtem Wert sein. Heute werden solche Querverbindungen von einem Kreis zum anderen vielfach durch Anwendung der Embryokultur ermöglicht.

Engländer und Amerikaner, beide an den neuen Lilien gärtnerisch interessiert, haben nun eine solche Einteilung geschaffen, um die Hybridlilien für gärtnerische Zwecke zu klassifizieren. Heute werden die Hybriden in 8 Abteilungen, man könnte sie auch Zuchtkreise nennen, gegliedert:

1. Asiatische Hybriden,
2. Türkenbund (Martagon)-Hybriden,
3. Candidum-Hybriden,
4. Amerikanische Hybriden,
5. Longiflorum-Hybriden,
6. Trompeten-Hybriden,
7. Orientalische (Japanische) Hybriden,
8. Hybriden verschiedener Abstammung, die nicht in die vorigen Abteilungen passen.

Asiatische Hybriden

Sie umfassen alle Hybriden, die aus Kreuzungen von *L. bulbiferum, L. dauricum, L. wilsonii, L. concolor, L. maculatum, L.* × *hollandicum, L. lankongense, L. pumilum, L. amabile, L. davidii, L. leichtlinii* var. *maximowiczii, L. tigrinum, L. cernuum* und *L. callosum* entstanden sind.

In diesem Zuchtkreis ist eine große Zahl von Lilienspezies beteiligt, daher sind die Kreuzungsmöglichkeiten fast unübersehbar und die Zahl der registrierten Hybriden geht in die Hunderte. Als einzige europäische Lilie gehört *L. bulbiferum* dieser Abteilung an, sonst finden wir hier ausschließlich in Asien beheimatete Lilien mit Schalenblüten oder türkenbundblütige Lilien. Außer *L. cernuum* und *L. lankongense* führen all diese Lilien in den Blüten die gelben Karotinoidfarbstoffe.

Als zeitlich erste Kreuzung in dieser Abteilung dürften die *L.* × *elegans*-Hybriden (*L. maculatum*) anzusprechen sein, die japanische Gärtner vor etwa 200 Jahren zogen und die mit etwa 150 Cultivaren beziffert werden. Cytologische Untersuchungen bestätigten als Eltern die in Japan vorkommenden beiden Wildlilien *L. dauricum* und *L. maculatum (L. wilsonii)* (1960, Shimizu NALS-LYB). Dagegen steht die Vermutung von Fritz Berckmüller, Hamburg-Volksdorf (1927), daß *L. maculatum* eine Hybride zwischen *L. concolor* und *L. dauricum* ist. Jedoch haben Chromosomenuntersuchungen ergeben, daß *L. concolor* nicht beteiligt ist

Einige der alten *L. maculatum*-Formen und -Klone werden noch gezogen. Sie sind als Vorläufer und Eltern der heutigen Hybriden von Interesse. Es sind:

- *L. maculatum* 'Alice Wilson', rein zitronengelb mit dunkelroten Sprenkeln, 1877,
- *L. maculatum* 'Alutaceum', eine Zwergform mit großen aprikosenfarbenen Blüten, auch als 'Kikak' bezeichnet,
- *L. maculatum* 'Atrosanguineum', dunkelrot mit schwarzen Punkten,
- *L. maculatum* 'Aureum', mit orangegelben Blüten, die schwarz gesprenkelt sind,
- *L. maculatum* 'Auranticum', tief orangefarbige, ungesprenkelte Blüten,
- *L. maculatum* 'Batemanniae', wird bis 100 cm hoch, aprikosenfarben, ungesprenkelt,
- *L. elegans* × *L. tigrinum* (NALS-LYB 1952).

Nach Moto'o Shimizu:

- *L. maculatum* 'Bicolor', Blütenblattränder feuerrot, sonst glänzend orange,
- *L. maculatum* 'Diadem', auch als 'Leonard Joerg' bekannt, aprikosenrosa mit gelbem Mittelband, spätblühend, von Jan de Graaff für die Midcentury-Kreuzungen verwendet,
- *L. maculatum* 'Mahogany', mit sehr breiten Blütenblättern, tiefes braunrotes Mahagonirot, vererbt die dunkle Farbe sehr gut,
- *L. maculatum* 'Sanguineum', tiefrot, schwarz gesprenkelt,
- *L. maculatum* 'Venustum', rein aprikosenfarben, ohne Sprenkel,
- *L. maculatum* 'Wallacei', 1876 aus Japan eingeführt, aprikosenrosa, wird bis 70 cm hoch, blüht im August; in sandigen Boden pflanzen und gut wässern.

Um 1830 erhielten holländische Gärtner solche Lilien aus Japan, die von v. Siebold eingeführt worden waren. Der Ursprung der heute mit *L.* × *hollandicum* bezeichneten Lilien dürfte auf den Londoner Gärtner Henry Groom zurückgehen, der zwischen 1840 und 1853 *L. bulbiferum* mit *L. atrosanguineum* (*L. maculatum* 'Atrosanguineum') kreuzte, wobei er viele Sämlinge mit dunkler Blütenfarbe erhielt.

Die *L.* × *hollandicum*-Cultivare sind zum Teil noch im Handel und werden noch gezogen:

- 'Apricot', mit zart aprikosenfarbenen Blüten in Dolden,
- 'Darkest of All', dunkelrot, mahagonirote Blüten mit breiten Petalen,
- 'Erectum', karminscharlach mit Orange in der Blüte, 60 cm hoch,
- 'Golden Fleece', mit hell-aprikosengelben großen Blüten, sehr kräftig,
- 'Invincibile', große dunkel-orangefarbige Blüten mit scharlachroten Spitzen, 60 bis 90 cm hoch,
- 'Orange King', große Blütendolden, orange in der Mitte, dunkel-rotorange an den Rändern der Blütenblätter,
- 'Refulgence', orangescharlach, 70 cm hoch,
- 'Splendid', zinnoberrot mit Orange, ohne Sprenkel, 70 cm hoch,

'Vermillion Brillant', karmin-blutrote Blüten in schönen Dolden, kräftig, 40 cm,

Coolhurst-Hybriden, glühend orangerot, wurden vor 1932 in England gezogen.

Hier wären auch die von Jan de Graaff in den Handel gebrachten Rainbow-Hybriden (Abb. Seite 141) und die Golden Chalice-Hybriden einzureihen.

Das Verdienst, als erste bahnbrechend in dieser Liliengruppe gearbeitet zu haben, gebührt Miß Isabella Preston, Ottawa, die in den zwanziger und dreißiger Jahren in die Gruppe der Schalenlilien die pyramidenförmig wachsende und Martagonblüten tragende *L. davidii* var. *willmottiae* zur Kreuzung einführte. Sie schuf die Gruppe der sogenannten Stenographer-Lilien, deren bekannteste 'Lillian Cummings' und 'Brenda Watts' sind, welche aus der Kreuzung (*L. dauricum* × *L. maculatum*) × *L. davidii* var. *willmottiae* entstanden sind. Es sind sehr hübsche Lilien mit reichen traubenförmigen Blütenständen, deren teils hängende, teils seitwärts stehende, mehr oder wenig stark zurückgeschlagene Schalenblüten von orangeroter bis scharlachroter Farbe sind.

Die Fighter-Lilien, entstanden während des Zweiten Weltkrieges, sind nach englischen Flugzeugtypen benannt ('Spitfire', 'Hurricane', 'Mosquito' usw.) und zeigen meist aufrechte Schalenblüten in roten Farbtönen. Die beiden Lilien 'Coronation' und 'Sovereign' haben gelbe Blüten. Diese Lilien waren bei ihrem Erscheinen etwas durchaus Neues und erweckten viel Interesse und Bewunderung.

1931 führte F.L. Skinner *L.* × *scottiae* ein, entstanden aus *L. davidii* var. *willmottiae* × *L. maculatum* 'Mahogany', eine orangegelbe, seitwärts schauende Schalenlilie, die vielfach als Kreuzungspartner benutzt wurde, weil sie das dunkle Mahagonirot von 'Mahogany' sehr gut vererbt.

Zwischen *L. tigrinum* (diploide Art) und *L.* × *hollandicum* entstanden um 1940 im Boyce Thompson Institute, New York, Hybriden mit mehr oder weniger aufrechten Schalenblüten. Damit hatte man die ersten Tigrinum-Hybriden, die diploid waren und nicht steril, wie die Kreuzungen mit den triploiden Tigrinum-Formen. Sie wurden als Umbtig-Hybriden bezeichnet.

1934 gründete Jan de Graaff aus dem Hause de Graaff in Holland, das seit Generationen mit der Tulpen- und Narzissenzucht vertraut ist, in den USA die Oregon Bulb Farms, kaufte Land und zog Narzissen und Zwiebel-Iris. Gleichzeitig aber faszinierten ihn die Lilien, denn er trug an Lilien zusammen, was die Welt bot, begann Lilien zu kreuzen und zu selektieren. Mit dem angeborenen sicheren Instinkt des Züchters stellte er ein umfangreiches Züchtungsprogramm auf, das er großzügig verfolgte. So ist es nicht verwunderlich, daß ganz neue Lilien unter seinen Händen entstanden, die dann mit den Mitteln amerikanischer Farmtechnik vermehrt wurden, so daß heute die Jahresproduktion mehr als 3 Millionen Lilienzwiebeln beträgt. Der erste Lilienzüchter der Oregon Bulb Farms war John Heyer, später folgten Earl N. Hornback und Harald F. Comber.

Der amerikanische Lilienzüchter Jan de Graaff

Seit 1961 wird diese Arbeit von Edward McRae durchgeführt.

Aus einem reichhaltigen Kreuzungsmaterial von aufrechten Schalenlilien, wie *L. maculatum, L. × hollandicum, L. dauricum,* selektierte Jan de Graaff die Rainbow-Hybriden, mit ganz ausgezeichneten aufrechten Schalenblüten, in allen Farbtönen von Gelb, Orange und Rot spielend, sowie die goldgelben Golden Chalice-Hybriden.

Unter Verwendung von *L. davidii* × *L. leichtlinii*-Hybriden, deren Kreuzung dem Lilienliebhaber Dr. Abel aus New York gelungen war, zog Jan de Graaff seine Fiesta-Hybriden, in welche er *L. amabile* und auch das gelbblühende *L. amabile* var. *luteum* einkreuzte.

Die Fiesta-Hybriden sind Lilien mit dem kräftigen aufrechten Wuchs von *L. davidii,* jedoch mit lebhaften Farben von Goldgelb über Orange, Rot bis Kastanienbraun. Drei Strains sind aus diesen Fiesta-Hybriden besonders ausgelesen worden, der reingelbe Citronella, der rubinrote Burgundy und der bronzefarbene Bronzino Strain (Abb. Seite 141).

1949 brachte Jan de Graaff seine berühmten Midcentury-Hybriden in den Handel mit mehr als einem Dutzend benannter Lilienklone. Obwohl sie im wesentlichen von Schalenlilien und *L. tigrinum* abstammen, ist ihr Stammbaum doch ziemlich verwickelt. Er hat in den Grundzügen untenstehenden Aufbau.

Es sind äußerst kräftige, fast tischhoch werdende Lilien mit guten dolden- bis pyramidenförmigen Blütenständen mit meist weit offenen, nach der Seite oder nach oben gerichteten Schalenblüten in allen Farben von hellgelb bis dunkelrot. Von den ursprünglichen Sorten sind die bekanntesten 'Enchantment' (Abb. Seite 142), eine leuchtend nasturtiumrote Sorte, 'Harmony', 'John Evans', 'Valencia', 'Croesos', dazu kamen später die reingelben Sorten 'Destiny' und 'Prosperity' und die roten bis dunkelroten Sorten 'Cinnabar', 'Sunspot', 'Sunstar', 'Tabasco', 'Paprika'. Alle diese Midcentury-Hybriden stellen keine besonderen Bodenansprüche, kommen in allen Böden und in jedem Klima bei uns durch. Sie blühen reich, vermehren sich gut durch Zwiebelteilung und manche auch durch Achselbulben in den Blattachseln. Ihre kräftigen Farben verleihen jedem Garten einen starken Akzent.

Außer Jan de Graaff haben in dieser Richtung noch verschiedene andere Züchter in Nordamerika und Kanada gearbeitet. F.L. Skinner zog 'The Duchess', eine *L. amabile* × *L. maculatum*-Kreuzung von safrangelber Farbe, 'Dunkirk' ist eine blutrote Davidii-Kreuzung, 'Lemon Lady' ist eine zitronengelbe Davidii-Kreuzung. Bemerkenswert ist durch die Seltenheit ihrer Kreuzung 'Evening Star', die aus *L. concolor* × *L. callosum* hervorgegangen ist.

Percy Byam, Toronto (Kanada), hat drei sehr gute dunkelrote Hybriden in dieser Klasse herausgebracht: 'Byam's Red Giant', 'Byam's Ruby' und 'Dark Eyes'.

Prof. Taylor, Guelph, Ontario, wurde schon frühzeitig durch die Einführung von 'Cardinal', einer *L. tigrinum* × *L. amabile*-Kreuzung, bekannt, auch die seltene Kreu-

L. bulbiferum × *L. dauricum*

L. × *hollandicum* × *L. tigrinum*

L. 'Umbtig' — *L. maculatum* 'Alice Wilson'

L.-Midcentury-Hybriden

zung 'Goldcrest', eine goldgelbe *L. philadelphicum* × *L. pumilum*-Hybride, stammt von ihm.

Dr. E.F. Palmer, Vineland Station, Ontario, brachte 1945 'Skyrocket', eine sehr wüchsige und hoch wachsende Kreuzung von *L. davidii* × 'Lillian Cummings' heraus. Ebenso wüchsig und gute Kreuzungspartner sind seine 'Redbird' und 'Valiant', hervorgegangen aus *L. bulbiferum* var. *croceum* × *L. maculatum* 'Mahogany' × *L. tigrinum*.

David Stone, ein Liebhaberzüchter in den USA, setzte die Kreuzungsarbeit von Ralph Warner fort und brachte die äußerst wüchsigen und gesunden Stones-Lemon-Yellow-Hybriden heraus, die von *L. tigrinum* var. *flaviflorum* abstammen.

1969 wurde auf der Lily Conference in London zum erstenmal 'Connecticut King', eine Züchtung von David Stone gezeigt, eine herrliche, großblütige, aureolingelbe, offene Schalenlilie, ganz rein, ohne Sprenkel (Abb. Seite 33, 142). Aus dieser Lilie sind eine Reihe sprenkelloser, unifarbener Lilien hervorgegangen, wie 'Connecticut Lemonglow', 'Connecticut Queen', 'Connecticut Bronze' usw. In Zusammenarbeit mit F. Henry Payne schuf Stone die berühmten Connecticut-Hybriden. Als Klone hat er 'Connecticut Yankee', einfarbig orangerot ohne Sprenkelung, und den Geschwistersämling 'Nutmegger', zitronengelb, herausgebracht.

Dr. S.L. Emsweller von der Plant Industry Station, Beltsville, zog aus der Kreuzung 'Brenda Watts' × gelber Hollandicum-Sämling einen Strauß sehr wüchsiger Schalenlilien. 'Brandywine', gelblich-kognakfarben, 'Cavalier', hochwachsend, goldgelb, 'Mega', kanariengelbe Schalen, etwas schwachwüchsig, 'Mountaineer', sehr schön paprikarot. Von 'Brandywine', 'Mega' und 'Mountaineer' wurden durch Verdoppelung des Chromosomensatzes tetraploide Lilien gezogen, die in der Blüte wesentlich größer und kräftiger sind.

A.J. Porter, Parkside, Saskatchewan (Kanada), hat in dieser Liliengruppe ebenfalls einige Neuheiten gebracht. Am bekanntesten sind 'Rosabelle', kräftig, bis 75 cm hoch werdend, rosa mit aufrechten Schalenblüten, 'Firebright' mit seitlich zeigenden, roten, sternförmigen Schalenblüten, dazu duftend, 'Delicious' aus Isabella Prestons 'Edna Kean' entstanden, blüht orangegold, spät im Juli und August und ist ebenfalls duftend und 'Red Carpet', eine dunkelrote, uni, aufrechte und niedere Asiatische Hybride, die als Topfpflanze sehr beliebt ist.

Bemerkenswert waren die Züchtungserfolge des leider zu bald verstorbenen Prof. C.F. Patterson von der Universität von Saskatchewan in Saskatoon (Kanada). Ihm gelang es, das fliederfarben blühende *L. cernuum* in diesen Lilienkomplex einzukreuzen, wodurch auch die Farbe Lila Eingang fand, was zu bemerkenswert hellpastellfarbenen Tönen bei den Hybriden führte. Seine frühen Einführungen sind 'White Gold' und 'White Princess' mit cremefarbenen Blüten, 'Pink Charm' und 'Edith Cecilia', rosa, 'Rose Dawn' und 'Rose Queen' mit altrosafarbigen Blüten und die aprikosenrosafarbene 'Burnished Rose'. Um 1960 wurden eingeführt 'Rosalind', eine Tigrinum-Hybride, 'Fuchsia Queen' 'Orchid Queen', zwei Cernuum-Hybriden. All diese Lilien sind sogar in dem extrem kalten Klima der kanadischen Prärie winterhart.

Sie haben jedoch vielfach nicht die reguläre diploide Chromosomenzahl von 24, sondern eine abweichende, so daß sie bei der Kreuzungsarbeit Schwierigkeiten machen oder steril sind. Die Universität von Saskatchewan führt die Entwicklung und Auslese der Patterson-Hybriden weiter, so daß bis jetzt 30 Cultivare eingeführt werden konnten, wovon 13 erst nach Pattersons Tod dazu kamen.

Jan de Graaff führt ebenfalls diese *L. cernuum*-Hybriden unter dem Namen Harlequin-Hybriden (Abb. Seite 160). Außerdem werden einige besonders auffallende Selektionen als Klone angeboten, so 'Corsage' mit seitwärts schauenden, weit offenen Blüten in Elfenbein und Rosa.

Der verstorbene englische Lilienzüchter G.W. Darby hat uns einige sehr schöne und wertvolle Asiatische Hybriden geschenkt. Seine Ausgangslilien waren *L. davidii* 'Maxwill', 'Edna Kean', 'Dark Princess', *L. tigrinum* var. *flaviflorum, L. dauricum* var. *flavum* und andere. Die Namen seiner besten Hybriden sind 'Walter Bently', gelborange mit hängenden Blüten, 'Lady Bowes Lyon', kupferrot, 'Josef Fletscher', dunkelkanariengelb, 'Walter Darby', Blüten seitlich zeigend, dunkelrot, kräftig, 'David Bowes Lyon', hellgelb, 'Frederick Stern', goldgelb mit sehr kräftiger Sprenkelung, ein Erbe von Dr. Emswellers 'Dark Princess'.

Auch nach dem Verkauf der Oregon Bulb Farms durch Jan de Graaff, 1961, wurde unter Edward A. McRae die Züchtungsarbeit mit Erfolg fortgesetzt. Die neuen Typen der Asiatischen Lilien variieren sowohl in der Farbe, wie auch in der Haltung und Höhe. Neu gibt es uni Hybriden ohne Sprenkelung, Lilien mit „Brushmarks", das ist eine andersfarbige Färbung im Blütenzentrum. Für den holländischen Schnittblumenmarkt wurden starke, aufrecht blühende Lilien entwickelt, ebenso außergewöhnlich kurze Lilien mit großen Blütenständen als Topfpflanzen.

Unter den neuen aufrecht blühenden Lilien sind die leuchtend tangerin-orangefarbene 'Pirate', die glänzend rote 'Firecracker', die hohe ockergelbe 'Chinook', die etwas kürzere 'Sunkissed' mit vielen pfirsichfarben-orangen Blüten, 'Dayspring' mit sanft gelben, goldgezeichneten Blüten, und 'Sterling Star' und 'Juliana' mit weißen Sternblüten zu nennen. Lilien mit seitwärts gerichteten Blüten sind 'Ming Yellow' mit schönen gelben Blüten, 'Orangeglow' mit lebhaft rotorange uni Blüten. 'Parfait' und 'Peachblush' sind gute, pfirsich- und goldfarbene Bicolors, 'Twilight' ist von einem reinen, nicht bleichenden Rosa, während 'Showboat' blutrot ist (Abb. Seite 52, 159).

Hängende, abwärts zeigende Lilienblüten bringt der Harlequin Strain (Abb. Seite 160), dessen Blütengröße und Farbpalette erweitert wurde. 'Hornback's Gold' ist ein bemerkenswerter Klon mit zart mimosagelben, großen Blüten, die von starken Blütenstielen getragen werden.

Leonard Marshall aus Casper, Wyoming, begann 1968 ein breit angelegtes Kreuzungsprogramm mit der Aufgabe, die kleinen und kleinblütigen Asiatischen Lilien mit anderen Zwerglilien zu kreuzen, um kleine, aber elegante Steingartenlilien zu ziehen. Unter Verwendung von *L. concolor, L. pumilum, L. amabile, L. dauricum* var. *alpinum, L. maximowiczii, L. lankongense, L. duchartrei* und *L. wardii* und verschiedener genetischer Zwerglilien gelang ihm unter Anwendung aller Bestäubungstricks, wie gekürzte Stempel, Wärmeanwendung bei der Bestäubung, Mischbestäubungen und der Embryokultur, viele interspezifische und weite Kreuzungen zu machen, die ihn der Erfüllung des Zieles, elegante Steingartenlilien, kleinblütige Schnittblumen, eine breite Vielfalt von Topfpflanzen verschiedener Typen und Farben und spätblühende Gartenlilien zu schaffen, nahe brachte.

Großes Interesse findet bei den nordamerikanischen Lilienliebhabern und Züchtern der von Julius Wadekamper, Elk River, Minnesota, betriebene Borboleta Garden als ein kommerzieller Vertrieb von Hybridlilien von Amateurzüchtern. Man findet dort die besten Züchtungen amerikanischer, kanadischer, aber auch deutscher Züchter, deren Lilien auf diese Weise den Weg in die Welt suchen. 1979 waren 171 Cultivare von 50 Lilienzüchtern angeboten worden. Davon waren einige auch auf der Liliade in Amsterdam als Schnittblumen ausgestellt.

Ed Robinson, Manitoba, Kanada, arbeitet

mit den Patterson-Hybriden, wovon er einige Klone herausgebracht hat.

W.D. Evans, Guelph, Ontario, arbeitet ebenfalls mit den Patterson-Hybriden und den Lilien von Prof. I.C. Taylor. Seine Einführungen sind 'Ethelwaite' mit aprikosenfarbenen, hängenden Blüten und 'Berwyn', gelb, seitwärts gerichtet.

Charles Robinson, Erin, Ontario, brachte verschiedene Hybriden zwischen *L. pumilum* und den Stenographer-Hybriden heraus. 'Fiery Sunset' ist eine der hübschesten, von schöner roter Pumilum-Farbe, jedoch mit kräftigem Aufbau.

Mrs. Jean Ericksen, Wauchope, Saskatchewan, Kanada, hat vor allem Kreuzungen mit rosa blühenden Asiatischen Hybriden gemacht.

Zusammenstellung der bekanntesten Asiatischen Hybriden

Die Abteilung 1 (Asiatische Hybriden) wird in 3 Klassen unterteilt: 1a = Asiatische Hybriden mit aufrecht stehenden Blüten, 1b = Asiatische Hybriden mit seitwärts gerichteten Blüten, 1c = Asiatische Hybriden mit abwärts hängenden Blüten. Die angegebenen Höhen sind Durchschnittswerte bei guter Kultur. Die Blütezeiten beziehen sich auf den süddeutschen Raum für warme Lagen. Die Abstammungsangaben sind den Angaben der Züchter, der Literatur, insbesondere dem International Lily Register der RHS 1969 entnommen.

Abkürzungen: OBF = Oregon Bulb Farms, USA; StP = Stone und Payne, USA; VldH = Vletter de Haan, Holland; Laan = Gebrüder Laan, Holland. G = Gartenlilien, S = Treiblilien, T = Topflilien. Farbangabe in Klammern ( ) nach der Colour Chart der Royal Horticultural Society. Alles Klone, falls Strain nicht beim Namen vermerkt ist.

Name Abstammung	Klasse	Höhe cm	Monat der Blüte	Beschreibung	Verwendung Eignung	Züchter/ Vermehrer Einführungsjahr
'Addington' 'Grace Marshall' × 'Lyla McCann'	Ia	80	VII	hellgelb	G	Preston 1952
'Adonis' *L. lankongense* × 'Edith Cecilia'	Ic	60	VII	purpurrot (64B), Blüten abwärts gerichtet, duftend, triploid	G	Dr. North 1976
'Agnes Bernauer' 'Bloodtiger'-Sämling	Ib	120	VII	orangerot mit rötlichem Schein, dunkelbraune Sprenkel, Achselbulben	G	Feldmaier 1977
'Algoma' Selektion von Byam's Hybriden	Ib	100	VII	goldgelb, leicht gesprenkelt, lange Blütenstiele	G	Byam 1968
'Amber Gold' *L. amabile* × *L. davidii* (Fiesta-Hybriden)	Ic	120	VII	buttergelb mit braunen Sprenkeln	G S	de Graaff 1963
'Apricot Glow' *L. davidii* var. *willmottiae* × *L. maculatum*	Ib	120	VI	breitpetalige, orangefarbene Blüten	G S	Patterson 1949

Name Abstammung	Klasse	Höhe cm	Monat der Blüte	Beschreibung	Verwen- dung Eignung	Züchter/ Vermehrer Einführungsjahr
'Ariadne' *L. lankongense* × 'Maxwill'	Ic	70	VI	zartorange-weiß mit purpur Spitzen, duftend	G	Dr. North 1976
'Armada' 'Cinnabar' × ('Edith Cecilia' × 'Lemon Queen') F_2	Ia	120	VI	dunkel-blutrote, flache Sternschalen, schwarz gesprenkelt	G S	de Graaff 1966
'Avalon' (Hallmark Klon × 'Destiny') F_2	Ia	100	VII	reinweiß, viel Sprenkel, vielblütig, kräftig	G S	OBF 1979
'Bellona' 'Destiny'-Sämling	Ia	70	VI VII	zitronengelbe Schalen, leicht gesprenkelt	G S	Laan 1975
'Bianca' Abstammung unbekannt	Ia	80	VII	reinweiß, wenig Sprenkel, reichblütig	G S	de Jong
'Bittersweet' ('Fuga') 'Edith Cecilia' × 'Lighthouse'	Ic	120	VII	glänzend orangerot, großblütig	G S	OBF
'Black Bear' Abstammung unbekannt	Ia	90	VI	tief-purpurschwarze Schalen, ungesprenkelt	G	Doerr Wadekamper
'Black Butterfly' 'Red Knight'-Sämling	Ic	120	VI VII	dunkel-scharlachrot mit schwarzem Schein, Willmottiae-Typ	G	Simonet 1964
'Black Velvet' ('Black Butterfly' × 'Byams Ruby')	Ib	90	VII	dunkelrot (187 A–C) ungesprenkelt	G	Mattas 1969
'Brandywine' ('Brenda Watts' × *L. hollandicum*-Sämling gelb)	Ib	70	VII	orpimentorange, blutrot gesprenkelt	G S	Emsweller 1953
'Brauner Bär' Sämling von 'Pink Champagne'	Ib	180	VII	gedämpftorange (168 A–D) Schalen mit rötlichen Adern, braun gesprenkelt, Achselbulben	G	Feldmaier 1972
'Brenda Watts' *(L. dauricum* × *L. maculatum)* × *L. davidii* var. *willmottiae*	Ib	150	VII	orangerot mit braunen Sprenkeln	G	Preston 1924
'Brigitta' Abstammung unbekannt	Ia		VII	kanariengelb, braun gesprenkelt	G S	de Jong 1978
Bronzino Strain Fiesta-Hybriden	Ic	100	VII	Bronzeton, gelblich und rötlich zurückgeschlagene Blüten, Auslese	G S	de Graaff 1959

Name Abstammung	Klasse	Höhe cm	Monat der Blüte	Beschreibung	Verwen- dung Eignung	Züchter/ Vermehrer Einführungsjahr
'Burgundy' Fiesta-Hybride	Ic	120	VII	Rispe mit weinroten (50 A) zurückgeschlagene Blüten	G S	de Graaff 1959
'Byam's Ruby' 'Brenda Watts' × 'Cabeli' (Wilsonii-Hybride)	Ia	100	VII	blutrot, halbaufrechte Schalen	G	Byam 1943
'Cardinal' *L. tigrinum* × *L. amabile*	Ic		VII	feurig rot, gesprenkelt	G	I.C. Taylor 1939
'Cavalier' 'Brenda Watts' × 'Yellow Hollandicum'	Ia	80	VI	gelborange, dunkelbraun gesprenkelt	G	Emsweller 1953
'Challenger' 'Enchantment' × ['Edith Cecilia' × ('Lemon Queen' × 'Mega')] F_2	Ia	80	VII	kirschrot mit orange	G	OBF 1966
'Chako' 'Nr. 39.66' × 'Mercury'	Ib	80	VII	venetianisch Rosa, gesprenkelt	G S	Laan 1975
'Charisma' Midcentury × Scottiae-Sämling	Ia	30	VI	stark orange Schale mit gelb, ohne Sprenkel	G T	OBF 1976
'Chinook' [('Lemon Queen' × 'Mega') × Edith Cecilia'] F_2 × 'Enchantment'	Ia	100	VII	ockergelb/lachsfarben, offene Schale, kräftig	G S	OBF 1972
'Chiquita' 'Earl of Rochester' × Gelbe Tiger-Hybride	Ia	90	VII	kanariengelb, innen grüngelb, außen dunkelgelb, gesprenkelt	G	Wadekamper 1976
'Cinnabar' Midcentury-Hybride	Ia	80	VI	leuchtend dunkelrote Schalen, Mitte dunkel gesprenkelt	G S T	de Graaff 1950
Citronella Strain Fiesta-Hybriden	Ic	100	VII	zitronengelbe Auslese	G S	de Graaff 1958
'Connecticut Beauty' ('Medaillon') Abstammung unbekannt	Ia	100	VII	große hellgelbe Blüten, Spitzen weiß, Nektarfurche grünlich, leicht gesprenkelt	G S	StP VldH
'Connecticut Lemon-glow' 'Connecticut Lass' × 'Keystone'	Ib	80	VII	zitronengelb, kräftig, ohne Sprenkel	G S T	StP 1965 OBF
'Connecticut King' 'Connecticut Lass' × 'Keystone'	Ia	70	VII	cadmiumgelb, Spiegel aureolingelb, ohne Sprenkel, sehr kräftig	G S	StP 1967 OBF

Name Abstammung	Klasse	Höhe cm	Monat der Blüte	Beschreibung	Verwen- dung Eignung	Züchter/ Vermehrer Einführungsjahr
'Connecticut Yankee' (*L. tigrinum* var. *flaviflorum* × 'Gold Urn')	I c	120	VII	dunkel-lachsorange, ungesprenkelt	G S	StP 1958
'Corina' 'Cinnabar' × (*L. davidii* × 'Radosnaya')	I a	70	VII	rot mit jasperrotem Schein, Mitte braun gesprenkelt	G S	de Jong 1978
'Corsage' ('Edith Cecilia' × 'Destiny') F_2	I b	100	VII	zartrosa mit gelb und creme, ohne Pollen	G S	de Graaff 1961 OBF
'Crimsonia' *L. umbellatum* × 'Maxwill'	I b	70	VI	garnellenrot, weit offen, kleine schwarze Sprenkel	G S	Laan 1965
'Croesus' Midcentury-Hybride	I a	70	VII	cadmiumorange, Mitte mit Sprenkel	G S T	de Graaff 1954 OBF
'Czardas' Abstammung unbekannt	I a	100	VII	Schalenblüten braunrot, Mitte hellgelborange, Zweit- und Drittblüten	G	Hoerster 1978 Wadekamper
'Dayspring' [('Lemon Queen' × 'Mega') × 'Edith Cecilia'] F_2 × 'Croesus'	I a	70	VII	gelb mit goldenem Fleck, leicht gesprenkelt, dunkelgrünes Laub	G S	OBF 1977
'Delicious' 'Edna Kean'-Sämling	I a	70	VII	orangegelb, in Dolden, Zweit- blüten, duftend	G S	Porter 1965
'Destiny' Midcentury-Hybride × *L. amabile* var. *luteum* × 'Valencia'	I a	80	VI	aureolingelb, braun gesprenkelt, Spitzen zurückgebogen	G S	de Graaff 1949
'Diana' Abstammung unbekannt	I a	80	VII	dunkelgelb, wenig Sprenkel	G S	de Jong
'Discovery' *(L. cernuum* × *L. davidii)* F_2	I c	80	VI VII	Türkenbundform, altrosa, stark schwarz gesprenkelt	G S	de Graaff 1962
'Diskus' 'Rote Schale' × 'Lamb's Feuertiger' (Abb. Seite 123)	I a	90	VII	flache Schalen, saturnrot, wenig braune Sprenkel	G S	Feldmaier 1973
'Dunkirk' Abstammung unbekannt	I b	80	VI	feurig rot	G	Skinner 1950
'Earlibird' Preston-Hybride F_2	I b	70	V VI	apricotfarben mit Sprenkel in der Mitte	G	Porter 1956 Wadekamper

Name Abstammung	Klasse	Höhe cm	Monat der Blüte	Beschreibung	Verwendung Eignung	Züchter/ Vermehrer Einführungsjahr
'Earl of Rochester' ('Gold Urn' × 'Yellow Tiger') × gelbe *L. umbellatum*	I a	90	VII	gelb, ungesprenkelt, kräftig, gesund	G S	Tesca 1972 Wadekamper
'Edith Cecilia' *L. davidii* × 'Oriole'- Sämling	I c	90	VII	orange gelb, Spitzen rosa, Mitte schwarz gesprenkelt	G	Patterson 1944
'Embarassment' Scottiae-Sämling	I b–c	100	VII	rosa, reichblütige Rispe	G S	Simonet 1975
'Enchantment' Midcentury-Hybride (*L. tigrinum* × var. *hollandicum)*	I a	90	VI VII	nasturtium-orangerote Sternschalen, beste Treibsorte	G S T	de Graaff 1944
'Eros' [*L. lankongense* × ('Redbird' × 'Citronella')] × *L. tigrinum* var. *flaviflorum*- Hybride	I c	70	VII	rosa, mit Duft, steril, triploid	G	Dr. North
'Exception' Cernuum-Hybride × *L. davidii*	I b	70	VII	lilarosa mit elfenbeinfarbener Mitte, karmin Sprenkel, halbgefüllt, ohne Pollen	G S	Laan 1976
Fiesta-Hybriden, Strain, *L. amabile, L. davidii,* *L. tigrinum*	I c	80 100	VII	verschiedene Farben, gelb, orange, bronze, rot	G S	de Graaff 1946
'Firebrand' ('Prominenz') ('Harmony' × 'Byam's Ruby')	I a	70	VI	starkes Rot, dunkle Stengel, glänzendes Laub	G S T	OBF 1977
'Firebright' 'Flame' × 'Christmas Red'	I b	75	VII	kräftig johannisbeerrot, große Blütendolden	G	Porter 1964
'Firecracker' 'Harmony' × Bym's Ruby'	I a	100	VII	dunkel kirschrot, weiße Nektarrinnen, sehr kräftig	G S T	OBF 1974
'Fire King' *(L. hollandicum* × *L. maculatum)* × *L. crovidii* × *L. davidii* var. *willmottiae*	I b		VI	kräftig rotorange, Spitzen zurückgebogen, Sprenkel purpur, sehr kräftig	G S	Holland 1946
'Ginger' Tigrinum-Hybride × 'Connecticut Morn'	I c	90	VII	helles gelbliches Braun, ohne Sprenkel	G	StP

Name Abstammung	Klasse	Höhe cm	Monat der Blüte	Beschreibung	Verwen- dung Eignung	Züchter/ Vermehrer Einführungsjahr
Golden Chalice-Hybriden, Strain *L. dauricum* × *L. maculatum* × *L. hollandicum*	Ia	60 90	V VI	verschiedene Farben gelb-orange, breite Petale, gesprenkelt	G S T	de Graaff 1947 OBF
'Golden Jubilee' Preston-Hybriden-Sämling	Ia	70	VI	goldgelbe Schalenblüten, leicht rötlich gesprenkelt	G S	Porter 1956
'Grace Mashall' *L. davidii* var. *willmottiae* × *(L. maculatum* × *L. dauricum)* Stenographer-Hybriden	Ib	90	VI	tief orange Scharlach, breite Sprenkelung, Petale zurückgeschlagen	G S	Preston 1935
Hallmark Strain Complex-Hybriden *(L. cernuum, L. tigrinum, L. davidii, L. dauricum)*	Ic	100	VI VII	weiß mit rosa und creme Schein, braune Sprenkel	G	de Graaff 1965
Harlequin-Hybriden, Strain ['Edith Cecilia' × ('Lemon Queen' × 'Mega')] F_2	Ic	100	VII	rosa, creme, mimosagelb und lachsorange	G S	de Graaff 1950 OBF
'Harmony' Midcentury-Hybride	Ia	80	VI	orpimentorange mit rötlichem Schlund, breitpetalig, braun gesprenkelt	G S	de Graaff 1950 OBF
'Hawaiian Punch' 'Rose Sunshine' × 'Rosabelle'	Ib	60	VII	lavendelrosa mit dunklen Sprenkeln	G S	Koehler 1968 Wadekamper
Herkules Selektion von 'Yellow Blaze' ('Nutmegger' × *L. wilsonii* var. *flavum*)	Ia	120	VIII	goldgelbe Blüten mit aureolin-farbenem Spiegel, braun gesprenkelt	G S	de Jong 1979
'Herold' Davidii-Maculatum-Hybride	Ia	100	VII VIII	persimmon orange (28 A), braun gesprenkelt, Dolden	G S	Feldmaier 1977
'Hornback's Gold' ('Lemon Queen' × 'Mega') F_2 × [*L. tigrinum* var. *flaviflorum* × ('Harmony' × *L. maximowiczii*)]	Ic	120	VII	große mimosagelbe Blüten, stark gesprenkelt, kräftig, schlecht für Kreuzungen	G S	OBF 1972

Name Abstammung	Klasse	Höhe cm	Monat der Blüte	Beschreibung	Verwen- dung Eignung	Züchter/ Vermehrer Einführungsjahr
'Hurricane' 'Edna Kean'-Sämling	Ia		VI	ziegelrote Schale	G S	Preston 1946
'Jasper' *L. tigrinum* × (*L. davidii* var. *willmottiae* × *L. maculatum*)	Ib	100	VII	altrosafarbene Schalen, zurückgeschlagen, dunkle Sprenkelung	G S	Patterson 1940
'Joan Evans' Midcentury-Hybride	Ia	100	VI VII	spanisch orange mit rötlichem Schlund, rotbraune Sprenkelung in Blütenmitte	G S	de Graaff 1950
'John Dix' 'Darkest Favorite' × *L. bulbiferum* var. *croceum*	Ib	100	VI	rein orange, feine Sprenkelung, Blüten zurückgerollt	G S	van der Zwet 1953
'Jolanda' Abstammung unbekannt	Ia	100	VII	orange bis kirschrot, wenig Sprenkel	G S	de Jong
'Juliana' [('Lemon Queen' × 'Mega') × 'Edith Cecilia'] F_2 × ('Hallmark' × *L. dauricum*)	Ia	80	VII	cremefarbig bis weiß, wenig Sprenkel, kräftig, gesund	G S	OBF 1977
'Katinka' 'Woodriff's Pink' × 'Tiger' × unbekannt	Ib	100	VII	Blüten lachsrosa – lachsorange mit cremeweißen Spitzen, braun gesprenkelt, kräftig	G	Mattas 1964
'La Boheme' *L. tigrinum* × (*L. croceum* × *L. umbellatum*)	Ic		VII	zitrongelb (14 B), purpurbraun gesprenkelt	G S	Koeman 1965 Hof
'Lady Dawn' ('Barber Nr. 23')	Ib	90	VII	rotviolette Blüten mit cremefarbenem Schlund, reichblütige Rispe	G	Barber
'Lady Fair' ('Connecticut Lass' × 'Yellow Blaze')	Ia	100	VII	zitrongelb, große braune Sprenkel, sehr kräftig, kleinblütig	G	StP 1966
'Ladykiller' *L. hollandicum* × *L. tigrinum* × 'Red Smoke'	Ia	70	VII	Blüten persimmon-orange (28 B), Sprenkel blutrot	G S	Laan 1974
'Lemon Lady' Davidii-Hybride × Davidii-Hybride	Ic			kanariengelb, Mitte schwarz geprenkelt	G	Skinner 1951
'Lemon Queen' 'Grace Marshall'-Sämling	Ib			zitrongelb (14 B)	G	Patterson 1945

Name Abstammung	Klasse	Höhe cm	Monat der Blüte	Beschreibung	Verwen- dung Eignung	Züchter/ Vermehrer Einführungsjahr
'Levant' Abstammung unbekannt (Abb. Seite 215)	Ic	120	VII	Blüten als Pyramide aufgebaut mit Zweit- und Drittblüten, chromgelb, rötlich gesprenkelt, reichblütig	G S	Laan 1978
'Lyla McCann' *L. davidii* var. *willmottiae* × (*L. maculatum* × *L. dauricum*) Stenographer Lily	Ic	80	VI	orange mit Sprenkel, Petale zurückgeschlagen	G	Preston 1935
'Manuella' 'Ladykiller' × *L. cernuum*	Ia			hell bariumgelb (10 B) Schlund primelgelb	G S	Laan 1975
'Matchless' 'Enchantment' × 'Connecticut Lemonglow'	Ia	100	VII	dunkelorange, hohe Stengel, breite Blätter	G S	OBF 1979
'Maxwill' *L. leichtlinii* var. *maximowiczii* × *L. davidii* var. *willmottiae*	Ic	120	VII	saturnrot, dunkel gesprenkelt	G	Skinner 1932
'Mega' 'Brenda Watts' × gelber Hollandicum- Sämling	Ia	80	VI	zitronengelb	G	Emsweller 1953
'Mies Bouwman' Mutation aus 'Tabasco' durch Röntgenbestrahlung	Ia	60	VI	guter Aufbau, rotorange mit leichter Sprenkelung, reichblütig	G S	Bischoff Tulleken
'Milk and Honey', Strain Tigrinum-Hybriden × 'Connecticut King' (Abb. Seite 142)	Ia	90	VI	zart schwefelgelb mit cadmium-orange Streifen, Nektarfurche grün, ohne Sprenkel	G	StP 1967

Oben links: 'Firecracker' von den Oregon Bulb Farms, eine gute Lilie für Schnitt und Garten mit glänzend roten, unifarbenen Schalenblüten. Oben rechts: 'Juliana', gezüchtet von den Oregon Bulb Farms; die aufrechte weiße Schalenlilie mit roten Sprenkeln ist eine sehr gefragte Schnittlilie. Unten links: 'Peachblush', Oregon Bulb Farms, ist durch die sehr großen, zart getönten, aufrechten Blüten eine Schnittlilie von Qualität. Unten rechts: 'Twilight', Oregon Bulb Farms, eine reichblühende, kräftig und rein-rosafarbene Lilie für Schnitt und Garten.

Name Abstammung	Klasse	Höhe cm	Monat der Blüte	Beschreibung	Verwendung Eignung	Züchter/ Vermehrer Einführungsjahr
'Ming Yellow' ('Sutter's Gold' × 'Connecticut Lemonglow')	Ib	90	VII	Dottergelb mit rötlichen Sprenkeln, grünliche Mitte	G S	OBF 1976
'Minos' ('Redbird' × 'Citronella') × ('Yellow Tigrinum' × 'Destiny')	Ic	80	VII	Blüten martagonartig, zurückgeschlagen, scharlach	G	Dr. North 1976
'Mountaineer' 'Brenda Watts' × gelbe Hollandicum-Hybride	Ia	60	VI	dunkelrote Schale, dunkle Sprenkel	G	Emsweller 1953
'Nanda' 'Prosperity' × 'Citronella'	Ia–Ib	80	VII	chromgelbe Blüten (14 B) braune Sprenkel in der Mitte	G S	de Jong 1977
'Nubian' 'Edna Kean'-Sämling	Ic			schwarzrote Schalen, Spitzen zurückgeschlagen	G	Wright 1950
'Nutmegger' *L. tigrinum flaviflorum* × 'Gold Urn'	Ic	120	VII VIII	kanariengelb, dunkelbraune Sprenkel, sehr kräftig	G	StP 1964
'Obrist' 'Rote Schale' × Lamb's Tiger-Hybride (Abb. Seite 124)	Ia	140	VII	flache Schalen, gebrannt Orange (31 A) leicht braune Sprenkel in Blütenmitte	G	Feldmaier 1978
'Orangeglow' 'Connecticut Lemon-glow' × 'Enchantment'	Ia	60	VII	rotorange Sternschalen ohne Sprenkel	G S	OBF 1973

Oben links: 'Harlequin', ein farbenfroher Strain pastellfarbener Lilien, gezüchtet von Jan de Graaff. Oben rechts: 'XX – 9', eine Asiatische Hybride von Warren Summers mit zweifarbigen Blüten (bicolor) ist mit ihren langen Blütenständen und ihrem schönen Aufbau sicher auch eine geeignete Gartenlilie. Um Fremdbestäubung zu vermeiden, sind die Narben mit Alu-Hütchen abgedeckt. Unten links: Eine noch unbenannte Hybride (Martagon-Hybride × *L. tsingtauense*), die sehr wüchsig ist; von Dr. Horst Georgi, Birkenwerder (DDR) entwikkelt. Unten rechts: Der Del Norte Strain wurde aus Kreuzungen mit *L. parryi* herausgezüchtet; er ist sehr schön, aber empfindlich gegen Nässe.

Name Abstammung	Klasse	Höhe cm	Monat der Blüte	Beschreibung	Verwen- dung Eignung	Züchter/ Vermehrer Einführungsjahr
'Orestes' 'Cardinal' × ('Yellow Tigrinum' × 'Enchantment')	Ib	60	VII	orangerote Blüten, zurückschlagen	G	Dr. North 1976
'Paprika' 'Fireflame' × roter Hollandicum- Sämling	Ib	70	VI	kräftig crimsonrote Schalen, schwarzbraun gesprenkelt	G S	de Graaff 1958
'Parfait' [('Lemon Queen' × 'Mega') × 'Edith Cecilia'] F_2 × Paprika	Iab	60	VII	großblütig, dunkelapricos, Spiegel aureolingelb, leicht gesprenkelt	G S T	OBF 1976 registriert 1980
Pastel Hybrids Strain ('Lemon Queen' × 'Mega' ×'Edith Cecilia') F_2 × [*L. dauricum* × ('Mega' × 'Lemon Queen')]	Ib	30 50	VI	pastellfarbene Sternschalen, weiß, creme, rosa, gelb, kleinblütig	G S	OBF 1972
'Peachblush' ['Cinnabar' × ('Lemon Queen' × 'Destiny') × 'Edith Cecilia')] F_2 × ('Hallmark' × *L. dauricum*)	Ia	80	VII	großblütig, lachs-aprikos, etwas gesprenkelt, sehr gute Schnittlilie	S	OBF 1976
'Pegasus' *L. lankongense* × *L. davidii* × Komplex Enchant- ment-Hybriden	Ic	70	VII	Blüte hängend, weißlich, duftend, steril, triploid	G	Dr. North 1976
'Pepper' 'Cinnabar' × ('Edith Cecilia' × 'Lemon Queen') F_2	Ia	70	VI VII	signalrote Sternschalen (43 A), nicht bleichend, Mitte mit leichter Sprenkelung	G	de Graaff 1965
'Picasso' 'Enchantment' × 'Connecticut King'	Ia	90	VII	dunkelorange mit braunen Brushmarks	G S	OBF 1979
'Pink Champagne' Umtig-Hybriden- Auslese (Abb. Seite 33)	Ib	100	VII	gelblich mit rosa Schein, Blütenspitzen rosa, zurückgerollt, sehr wüchsig	G	Porter
'Pink Giant' unbekannt (Abb. Seite 215)	Ib	100	VII	Blütenrispe, Sternschalen, empire-rosa, schwarz gesprenkelt	G S	Laan 1978

Name Abstammung	Klasse	Höhe cm	Monat der Blüte	Beschreibung	Verwen- dung Eignung	Züchter/ Vermehrer Einführungsjahr
'Pink Tiger' Tigrinum-Hybride × 'Discovery'	I b	80	VII VIII	mohnrot mit violettem Schein, braunrot gesprenkelt	G	Laan 1976
'Pirate' 'Paprika' × 'Prince Charming'	I a	100	VI VII	nasturtiumrote Sternschalen (30 A), Spitzen Indianerorange (32 A), sehr kräftig	G S	OBF 1966
'Prawn Tiger' Red Tiger-Hybride	I c	150	VII VIII	krebsrot, leicht gesprenkelt, sehr hoch	G	St P
'Primerose Green' 'Connecticut Yankee' × 'Yellow' Blaze	I a	120	VII	hell primelgelb mit grüner Mitte, leicht braun gesprenkelt	G	StP 1967
'Prince Charming' (Harlequin-Hybride × 'Mega') F_2	I a	60	VII	lilarosa mit weißer Mitte, leicht gesprenkelt	G	de Graaff 1964
'Prins Constantijn' *L. maximowiczii* × 'Citronella'	I b	90	VII	goldgelbe Blüten, Mitte gesprenkelt	G S	Laan 1970
'Prosperity' *L. amabile* var. *luteum* × 'Valencia'	I b	80	VI VII	kanariengelb, Mitte schwarz gesprenkelt	G S	de Graaff 1955 OBF
Rainbow-Hybriden, Strain *L. tigrinum* × *L. hollandicum*	I a	60	VI	verschiedene Farben, gelb, orange, rot, offene Becherschalen	G S T	de Graaff 1948 OBF
'Ralph' *L. maximowiczii* × *L. hollandicum*	I a	100	VII	johannisbeerrote, aufrechte Sternschalen, Petale leicht zurückgebogen, orange Nektarfurche	G	Feldmaier 1960
'Red Bess' ('Red Tiger' × Red-Sämling × *L. hollandicum*)	I c	120	VII	johannisbeerrot (46 A), Nektarfurche weiß, leicht schwarz gesprenkelt	G	StP 1966
'Redbird' *L. bulbiferum* var. *croceum* × L. hollandicum 'Mahogany'	I a	120	V	glänzend rot mit dunkelrot, schwarz gesprenkelt	G	E. F. Palmer OBF
'Red Carpet' Abstammung unbekannt	I a	30	VI	scharlachrote Becherschalen (44 A), ohne Sprenkelung	G T	Porter 1960
'Red Fox' ('Maxwill' × *L. regale*) × 'Mahogany'	I c	100	VII	dunkelrot mit braunroten Martagonblüten an steifem Stiel, dunkelbraune Sprenkel	G	Laan 1963

Name Abstammung	Klasse	Höhe cm	Monat der Blüte	Beschreibung	Verwen- dung Eignung	Züchter/ Vermehrer Einführungsjahr
'Red Knight' 'Skyrocket' × 'Sultan' × *L. davidii*	Ic	100	VII	reichblütige Rispe mit wachs- roten Blüten, Petale zurück- gebogen, mit Sprenkel	G	Wright und Porter 1957
'Red Lion' Abstammung unbekannt (Abb. Seite 33)	Ia	100	VII	scharlachrot, guter Blüten- stand, vielblütig, leicht gesprenkelt	G S	Laan 1978
'Red Night' Abstammung unbekannt	Ia	80	VII	dunkel-schwarzrot, Achselbulben	G S	Laan
'Red Smoke' (*L. croceum* × *L. umbellatum*) × 'Darkest Favorite'	Ia	70	VI VII	dunkles Crimsonrot (185 A), mit etwas orange in der Mitte, schwarz gesprenkelt	G S	Laan 1966
'Red Tiger' *L. tigrinum* var. *flaviflorum* × 'Gold Urn'	Ib	120	VII	blutrot (45 D), leicht gesprenkelt	G	Warner 1964 StP 1967
'Red Velvet' 'Red Tiger' × 'Nubian'	Ib	120	VII	dunkelrot, wenig Sprenkel, Blütenblatt leicht zurück- geschlagen	G	StP 1964
'Rosabelle' *L. tigrinum* × *L. scottiae* × *L. maculatum*	Ia	75	VII	tief altrosa Sternschalen, rötlich gesprenkelt	G	Porter 1956
'Rosalind' *L. tigrinum* × (*L. davidii* var. *willmotiae* × *L. cernuum*)	Ic			rosafarbene Martagonblüten, Rücken dunkler, reichblütige Rispe	G	Patterson Porter
'Roter Cardinal' Tigrinum-Hybride × 'Document'	Ia			dunkelrot mit braunrot geflammt, gesprenkelt	GS	Laan
'Roter Prinz' *L. davidii* × *L. maculatum*	Ia	150	VI VII	Rispe mit ziegelroten Stern- schalen, braun gesprenkelt, schwarze Nektarrinne	G S	Feldmaier 1955
'Sally' 'Marlin' × 'Redbird'	Ic	120	VII	rotorange, Spitzen gelborange, Sprenkel schokoladebraun	G	Lighty 1965
'Scarlet Emperor' 'Paprika' × 'Red Carpet'	Ia	60	VI	scharlachfarbene Becher- schalen, fein gesprenkelt, dichte Belaubung	G S	OBF 1976
'Schellenbaum' *L. davidii* × 'Maxwill' × *L. maculatum* 'Mahogany'	Ib	180	VII	hohe Rispe, bis 40 Blüten, cap- sicumrot (34 A), mir orange Fleck, braunrote Papillen und Sprenkel, triploid	G	Feldmaier 1955

Name Abstammung	Klasse	Höhe cm	Monat der Blüte	Beschreibung	Verwendung Eignung	Züchter/ Vermehrer Einführungsjahr
Schützenlisl *L. davidii* × Maculatum-Hybriden	Ib	140	VII VIII	Doldenrispe, bis 12 Blüten, überlappende Schalen, Persimmonorange (28 A), braune Sprenkel	G	Feldmaier 1966
'Sunspot' 'Sunset' × 'Byam's Ruby'	Ia	100	VI VII	tief kastanienbraune Sternschalen mit weißem Nektarmal	G S	OBF 1975
'Silvia' ('Harmony' × *L. davidii* × Sämling)	Ia	70	VI	marigold orange (28 B–C), Mitte braun gesprenkelt	G S	de Jong 1978
'Sonata' 'Edith Cecilia' × 'Lighthouse'	Ic	120	VII	lachsrosa Blüten in Martagonform, kräftig braun gesprenkelt	G	de Graaff 1960
'Sonnentiger' *L. tigrinum* × Hollandicum-Hybride	Ia	100	VII	Doldenrispe, flache Sternschalen, aureolingelb (13 A), Spiegel safrangelb (21 A), braune Sprenkel	G	Feldmaier 1960
'Sonja' 'Destiny' × 'Citronella' × gelber Sämling	Ia	70	VII	zitronengelb (13 A), braun gesprenkelt	G S	de Jong 1978
'Sterling Star' 'Hallmark' × 'Croesus'	Ia	80	VII	weiße, leicht cremefarbene Sternschalen, Mitte rötliche Sprenkel	G S	OBF 1973
'Summerpearl' *(L. hollandicum* *× L. tigrinum)* *× L. croceum*	Ia		VII	persimmonorange, Petale mit Mandarinrot überlaufen, kleine dunkelbraune Sprenkel	G S	de Jong 1960
Sundrop, Strain 'Croesus' × 'Uncle Sam'	Ia	60	VI	zart goldgelbe Schalen sehr kräftig	G S T	OBF 1972
'Sunkissed' ['Edith Cecilia' × ('Lemon Queen' × 'Mega')] F_2 × 'Croesus'	Ia	60	VI	goldorange Schalen, breitpetalig	G S T	OBF 1974
'Sun Ray' 'Connecticut Lass' × 'Keystone'	Ia	70	VII	cadmiumgelb, Spiegel aureolingelb, Nektarfurche grünlich, wenige braune Sprenkel	G S T	StP 1965
'Sunrise' ('Hallmark' × 'Croesus') × ('Hallmark' × *L. dauricum*)	Ib	50		weiße Sternschalen, rosa überlaufen	GST	OBF 1974

Name Abstammung	Klasse	Höhe cm	Monat der Blüte	Beschreibung	Verwen- dung Eignung	Züchter/ Vermehrer Einführungsjahr
'Sutter's Gold', Strain [*L. tigrinum* var. *flaviflorum* × ('Harmony' × *L. maximowiczii*)] × 'Hallmark'	Ic	120	VII	Rispe mit chromgelben, hängenden, weit offenen Blüten, dunkelbraun gesprenkelt	G S	de Graaff 1964
'Suzanna' 'Destiny' × (*L. davidii* × Sämling)	Ia	90	VII	kanariengelbe (9 A) Schalen, Mitte wenig gesprenkelt, kräftig	G S	de Jong 1978
'Tabasco' 'Fireflame' × roter Hollandicum-Sämling	Ia	50	VII	kastanienbraune Schalen	G S	de Graaff 1958
'Talisman' *L. tigrinum-,* *L. hollandicum-,* *L. davidii* var. *willmottiae-* Hybriden	Ic	120	VII	saturnrote Martagonblüten an langer Rispe, ähnlich 'Maxwill'	G	de Graaff 1949
'Tamara' Abstammung unbekannt	Ia	50	VI	Empire Rosa (48 C), Mitte bernsteingelb (18 C), ochsenblutrot gesprenkelt	G S	de Jong 1978
'Tetra Brandywine' ('Brenda Watts' × Hollandicum Sämling gelb)	Ib	80	VII	orpimentorange, blutrot gesprenkelt, sehr kräftig	G	Emsweller
'Tetra Mega'	Ia	90	VI	zitrongelb, größer und stärker als 'Mega'	G	Emsweller 1960
'Tetra Mountaineer' 'Brenda Watts' × gelbe Hollandicum-Hybride	Ia	90	VI	dunkelrote Schale, dunkle Sprenkel, kräftiger und größer als Mountaineer, tetraploid	G	Emsweller 1960
'Theseus' *(L. lankongense* *× L. davidii)* × 'Black Butterfly'	Ic	80	VII	rot, duftend, steril, triploid	G	Dr. North
'Top Class' Orchid Queen-Sämling	Ia	40	VII	korallenrosa, stark und groß, gesprenkelt	G T	R. Clas OBF 1976
'Treues Herz' *L. davidii* × *L. tigrinum* × Maculatum-Hybriden	Ia	100	VII VIII	Doldenrispe mit flachen Schalen, orpiment-nasturtium-orange (25 A–B), Sprenkelung in Mitte	G	Feldmaier 1968
'True Grit' Hollandicum-Hybriden	Ia	50	VI	rotorange Becherschalen, fein gesprenkelt	G S T	OBF 1976

Name Abstammung	Klasse	Höhe cm	Monat der Blüte	Beschreibung	Verwen- dung Eignung	Züchter/ Vermehrer Einführungsjahr
'Twilight' ('Edith Cecilia' × 'Mega') F_2 × 'Lemon Queen' × 'Edith Cecilia' × *L. dauricum*	Ib	90	VII	tief rosafarbene Sterne, zurückgebogen, leicht gesprenkelt	G S	OBF 1976
'Uncle Sam' [*L. tigrinum* var. *flaviflorum* × ('Harmony' × *L. maximowiczii*) F_2]	Ia	90	VII	glänzend kanariengelb, großblütig, schwarz gesprenkelt	G S	de Graaff 1964
'Venture' 'Tabasco' × 'Connecticut Red'	Ia	100	VII	dunkelblutrote Blüten, Knos- pen und Stengel mit Flaum- haaren	G S	OBF 1979
'Vonnie' Abstammung unbekannt	Ib Ic	100	VII	bronzegelb, Petale zurück- gebogen, Schlund und Nektar- furche grün	G	Kroell 1976 Wadekamper
'White Gold' *L. tigrinum* × 'Maxwill' × *L. regale*) × 37.538.1	Ib Ic	80	VIII	cremeweiß	G	Patterson 1950
'White Princess' *L. tigrinum* × ('Maxwill' × *L. regale*) × 37.538.1	Ic			cremeweiß, hängend	G	Patterson 1953
'White Tiger' 'Connecticut Lass' × 'Minuet' × 'Snow Bunting'	Ib	60	VII	weiß mit kleinen purpur- farbenen Sprenkeln, kein Pollen	G	StP 1968
 'Nutmegger' × *L. wilsonii* var. *flavum*	Ia	100	VIII	kanariengelbe Schalen mit dunkler Sprenkelung, sehr kräftig	G	StP 1965
'Zeus' 'Sutter's Gold' × 'Connecticut' Lemonglow'	Ib	90	VII	dunkel-goldgelbe Blüten, sehr kräftig	G S	OBF 1979
'Zigeunerliebe' *L. tigrinum* × 'Radosnaja' × Midcentury-Hybride	Ib	90	VII	signalrot mit scharlach Hauch, Mitte lackrot gesprenkelt	G S	de Jong 1973

Martagon-Hybriden

Diese umfassen die Hybriden der echten Martagonlilien: *L. martagon* mit den Varietäten *album* und *cattaniae*, den koreanischen gelben Türkenbund *L. hansonii* und das in Japan beheimatete *L. medeoloides* mit orangefarbener Blüte, *L. distichum* und *L. tsingtauense* mit glänzend orangeroten Blüten.

Durch die Einführung der gelben Blütenfarbe der *L. hansonii* zu den rosa, lila oder dunkelweinroten Tönen von *L. martagon* und *L. martagon* var. *cattaniae* oder zu dem Weiß der var. *album* ergab sich ein reiches Farbenspiel in den Blüten der Hybriden. Die erste Hybride dieser Art erzielte 1890 C. Baden-Powell, Southborough (England), die *L. × dalhansonii* genannt wurde. Die erste Silbe der Bezeichnung rührt von dem Namen *L. martagon* var. *dalmaticum* her, einem Synonym zu *L. martagon* var. *cattaniae*. Der pyramidale Blütenstand trägt Martagonblüten von rötlichem Kastanienbraun mit einer orangefarbenen Mitte.

Es folgten 1886 die Marhan-Hybriden (Abb. Seite 52) von Van Tubergen, deren Mutterpflanze *L. martagon* var. *album* war. Die dickfleischigen Blüten hatten meist orangefarbige und gelbe Töne mit dunkler Sprenkelung. Die Backhouse-Hybriden der Familie R. O. Backhouse hatten ebenfalls meist gelbe und orangefarbige Blüten.

Ähnliche Hybriden, als Painted-Lady-Hybriden deklariert, führt E.L. Kline, Jan de Graaff als Paisley Strain, Dr. Norma Pfeiffer als Terrace-City-Hybriden. Wenn diesen Lilien ein Standort zusagt, so können sie Jahrzehnte überdauern.

Sehr gute Martagon-Hybriden hat auch J.S. Dijt Burg, Texel, Holland herausgebracht, so 'Jacques S. Dijt', hellcremegelb, 'Jupiter', zimtgelb, und 'Queen of Night', dunkelrot.

L. martagon ist auch Kreuzungen mit *L. medeoloides (L.* × Marmed) eingegangen.

Mit Kreuzungen zwischen *L. martagon* var. *album, L. martagon* var. *cattaniae* und *L. medeoloides* arbeiten Otto Beutnagel, Braunschweig, und Fritz Ewald, Leiferde. Das Farbenspiel dieser Hybriden reicht von Pastelltönen über dunkelrot bis braun. Die Medeoloides-Hybriden zeichnen sich durch einen späteren Austrieb (keine Frostschäden), eine spätere Blütezeit (Juli) und einen aufrechten Wuchs (bis 1,80 m) aus, sie vertragen auch saueren Boden.

Ed Robinson, Wawanesa, Kanada, gelang es als erstem, Kreuzungen zwischen Martagon-Hybriden und *L. tsingtauense* durchzuführen. Aus der Kreuzung zwischen der Martagon-Hansonii-Hybride *L. × dalhansoni* × *L. tsingtauense* wurden 1964 vier Hybridlilien ausgelesen mit den Namen 'Sontsing', Blüten stumpforange, , 'Tsingense', strahlend orange, Laub wie *L. tsingtauense,* 'Dalhense', stumpflila, helle Mitte, ungesprenkelt, 'Hantsing', glänzend hellrot mit blaßgelber Mitte, ungesprenkelt, 20 Blüten, alle 120 bis 180 cm hoch. Unterdessen wurden mehrfach Kreuzungen zwischen Martagon-Hybriden und *L. tsingtauense* verwirklicht.

Auch Dr. Horst Georgi, Birkenwerder (DDR) hat Kreuzungen von *L. martagon* und Martagon-Hybriden mit *L. tsingtauense* mit gutem Erfolg durchgeführt, die Hybriden aber noch nicht benannt (Abb. Seite 160).

Candidum-Hybriden

Hier treffen *L. candidum*, die weiße Madonnenlilie, und das schon früh aus Griechenland nach dem Westen eingeführte *L. chalcedonicum* mit roten Martagonblüten zusammen. Aus diesen beiden Lilien entstand L. × *testaceum*, die Isabell- oder Nanking-Lilie, eine Zufallshybride und die erste bekanntgewordene Lilienhybride überhaupt. Sie wurde 1836 bei Franz Anton Haage, Erfurt, in einer

Madonnenlilie. Absolut naturgetreu malte Matthias Grünewald die Madonnenlilie als Attribut der Gottesmutter auf dem Stuppacher Altar. Die Weiße Lilie als ein göttliches Attribut begegnet uns schon bei den Griechen und Römern; vom frühen Christentum reicht diese Tradition weiter bis in die Neuzeit.

Lilienzwiebelsendung aus Holland gefunden. Mit ihrer zartgelben, etwas zum Bräunlichen tendierenden Blütenfarbe und ihrem kräftigen Wuchs ist sie trotz ihrer 130 Jahre immer noch eine bemerkenswerte Gartenlilie, die ähnlich wie die Madonnenlilie einen kalkhaltigen Boden und einen warmen Stand, daneben aber auch feuchte Luft liebt. So soll sie sehr gut auf dem Kreideboden der Insel Rügen bei Saßnitz gedeihen.

Die Kreuzung *L. candidum* × *L. chalcedonicum* wurde unterdessen mehrmals, auch in umgekehrter Richtung wiederholt, auch Rückkreuzungen mit ihren Eltern wurden ausgeführt (Wyatt, England, Jan de Graaff). Professor Scheubel, Oberlahnstein, erhielt aus der Rückkreuzung von *L.* × *testaceum* mit *L. candidum* eine schöne weiße Lilie, die als 'White Knight' nach England verkauft wurde. Von Ch. Robinson stammt die bemerkenswerte Kreuzung 'June Fragrance' *(L. candidum* var. *salonikae* × *L. monadelphum).* 1976 blühten bei Ed und Judith McRae mehrere aus einer Embryokultur stammende Hybriden von 'June Fragrance', die mit pastellfarbenen, aufrechten Asiatischen Hybriden gekreuzt waren, in rosa und weiß (Abb. Seite 215).

Dr. Wilbert G. Ronald hat ähnliche Hybriden und eine *L. candidum* × *L. cernuum* gezogen. Die McRaes zogen von *L. candidum* (Slate Strain) × *L. monadelphum* Hybriden, die fruchtbar sein dürften.

Bei uns setzt die Madonnenlilie meist keinen Samen an, sei es infolge klimatischer Bedingungen oder weil die bei uns wachsenden Madonnenlilien einem selbststerilen Klon angehören. Dagegen bilden diese Lilien in Frankreich, Italien und in ihren Ursprungsländern Samen aus. Jan de Graaff hat nun Samen dieser Lilie, die von E. Debras in Frankreich gesammelt worden waren, gesät, die daraus gezogenen Lilien selektiert und daraus mehrere Strains und Klone verbesserter samentragender Madonnenlilien gezogen und in den Handel gebracht. Der bekannteste wurde Cascade-Strain benannt. Eine Selektierung dieser *L. candidum* wurde mit großem Erfolg von Prof. G.L. Slate, Geneva, vorgenommen.

L. candidum kreuzt mit L. × *testaceum*, weiterhin *L.* × *testaceum* mit *L. chalcedonicum.* Jan de Graaff hat daraus Lilien vom Candidum-Typ, jedoch mit orangeroten Pollen gezogen.

O.E.P. Wyatt (England) brachte seine *L.* × *testaceum* × *L. chalcedonicum*-Hybriden unter den Namen 'Ares', 'Artemis', 'Zeus' in den Handel. Sie sind von orangeroter, rosa oder ziegelroter Farbe.

Amerikanische Hybriden

In dieser Abteilung sind die Hybriden der in Amerika beheimateten Lilien zusammengefaßt. Hier ist zu unterscheiden zwischen

den ostamerikanischen Lilien:

L. canadense, L. michiganense, L. philadelphicum, L. michauxii, L. grayi, L. catesbaei, L. irridollae,

den westamerikanischen Lilien des Landtyps:

L. washingtonianum, L. rubescens, L. kellogii, L. columbianum, L. humboldtii, L. ocellatum, L. bolanderi, L. parryi,

den Lilien des Sumpftyps:

L. pardalinum, L. vollmeri, L. occidentale, L. maritimum, L. nevadense, L. wigginsii, L. harrisianum, L. pitkinense, L. kelleyanum.

Schon Luther Burbank, der große „Zauberer", kreuzte in großem Ausmaß verschiedene amerikanische Wildlilien. Als die wenigen vorhandenen Zeugnisse seiner Tätigkeit gelten *L.* × *burbankii (L. parryi* × *L. pardalinum),* das vor 1901 in den Handel kam, und *L.* × *pardaboldtii,* das 1907 erwähnt wird.

Das Eis bei der Kreuzung dieser amerikanischen Lilien wurde gebrochen, als die Bellingham-Hybriden in den Handel kamen. Die Samen dieser Hybriden stammten von Robert Kessler aus Los Angeles, der *L. humboldtii* var. *ocellatum, L. pardalinum* und *L. parryi* miteinander kreuzte. Von David Griffiths vom Büro der Plant Industry Station Bellingham, Washington, wurden daraus etwa 3000 Pflanzen gezogen, woraus 1924 wiederum 10 Klone ausgewählt und in den Handel gebracht wurden. Während die Hybriden mit *L. parryi*-Blut bald verschwanden, sind die übrigen 7 Klone, die von *L. pardalinum* × *L. humboldtii* abstammen, heute gemischt und verbessert als Bellingham-Hybriden im Handel, als einziger Klon dazu noch 'Shuksan'.

Die Oregon Bulb Farms haben einige westamerikanische Hybriden eingeführt, so 'Afterglow' und 'Buttercup', später die rote 'Robin' (Abb. Seite 177), die zartrosa 'Bunting' und die tief-magentarote 'Nightingale' (Abb. Seite 177). Alle diese Lilien wachsen kräftig, werden etwa 150 cm hoch. An den Blütenstengeln stehen frisch grüne Blätter in Quirlen, die Blütenstände sind traubig aufgebaut. Die stark zurückgeschlagenen Blüten in Türkenbundform sind elegant an leicht aufwärts strebenden Blütenstielen nickend angeordnet. Die Grundfarbe ist meist ein kräftiges Gelb oder Orange, wenn *L. parryi* eingekreuzt ist oder auch ein scharfes Zitronengelb mit kräftigen, braunen Sprenkeln. Je nach der Sorte sind nur die Spitzen der Blütenblätter karmin überlaufen oder die rote Farbe kann mehr als das halbe Blütenblatt bedecken. Für feuchte Plätze im Halbschatten mit saurem Boden (kein Kalk) sind diese sehr blühwilligen und sich stark vermehrenden Lilien empfehlenswert.

Zwischen dem erst 1952 entdeckten, sehr seltenen, rotblühenden *L. pitkinense* und *L. kelloggii* hat Eric Mayell die sehr wüchsigen Monterey-Hybriden mit delikaten Rot-, Rosa- und Mauvetönen gezüchtet. Aus einer *L.* × *burbankii*-Hybride mit scharlachroten Blüten und *L. pitkinense* entstanden die sehr wüchsigen Pitkinense-Hybriden bei A.D. Rothmann, Rhinebeck, New York. Besonders interessante Farben gab es bei den Hybriden zwischen *L. pardalinum* × *L. bolanderi*. Die hängenden, leicht zurückgeschlagenen Blüten zeigen ein seltenes Magentarot, mit einigen Sprenkeln. Die beste wurde 'Henry Bolander' benannt (RHS-LYB 1960).

O.E.P. Wyatt, Maidwell Hall, Northampton (England), hat sich auch der Kreuzung dieser nordamerikanischen Lilien gewidmet. Von ihm stammen 'Yellow Maid', 'Brides Maid', beide *L. nevadense* × *L. parryi* mit intensiver gelber Färbung und 'Sir Lancelot', eine Parryi-Hybride. Bei der Fortführung dieser Kreuzungen mit *L. parryi* konnte eine besonders schöne und graziöse Lilie mit flach offenen, hängenden Blüten von kräftigem Gelb, das leicht rot überlaufen ist, ausgelesen werden. Sie wurde von H.R. Baar 'Oliver Wyatt' benannt. Diese Zuchtlinie wurde von Derek Fox, England, fortgesetzt, so daß neue rosafarbene westamerikanische Hybriden entstanden.

S.L. Shride, Seattle, Wahington, zog aus *L.* 'Shuksan' und *L. parryi* durch mehrmalige Kreuzung die hellgelben Hybriden 'Index', 'Comtance' und 'Elinor', mit ausgezeichnet aufgebauten Blütenständen.

Zwischen *L. rubescens* und *L. columbianum* hat Wade Sturgeon, Sebastopol, Oregon, Hybriden gezogen. Clifford Hanum, Federal Way, Washington, sowie David H. Brown, Portland, Oregon, haben ebenfalls vielfach mit westamerikanischen Spezies gekreuzt.

Dr. A.M. Showalter, Harrisonburg, Virginia, sammelte und zog viele der amerikanischen Lilien in verschiedenen Varianten. *L. canadense* wurde mit *L. michiganense* und *L. michauxii* gekreuzt. In beiden Fällen wurden Hybriden gezogen. Eine Hybride mit *L. michiganense* wurde als 'Carolina Bells' benannt. Aus 'Carolina Bells' und *L. harrisia-*

num konnten gleichfalls Hybriden gezogen werden. Kreuzungen von *L. michauxii* und *L. michiganense* und mit *L. superbum* haben jedoch Lilien von wenig Kraft und Schönheit ergeben. Ralph Warner führte die Kreuzung *L. harrisianum* × *L. michauxii* durch. Diese *L.* × *harrichauxii* genannten Hybriden erwiesen sich als sehr fertil und gaben Samen, wenn mit Pollen von *L. michauxii, L. harrisianum, L. canadense* und verschiedenen anderen Hybriden aus dieser Gruppe gekreuzt wurde. *L. canadense* war auch fertil mit *L. davidii* var. *willmottiae*-Pollen und gab Sämlinge, die deutlich den *L. davidii* var. *willmottiae*-Einfluß zeigen. Auch ließen sie sich mit *L. davidii* var. *willmottiae* wieder rückkreuzen (NALS-LYB 1960, 1961, 1964, RHS-LYB 1965).

Als sehr wüchsig haben sich die Kelloggii-Hybriden der OBF, wie 'Bunting', 'Nightingale', 'Robin' erwiesen. Sie werden 120 bis 150 cm hoch und bringen hängende, wenig zurückgeschlagene Blüten in kräftigen Rottönen. Eine tiefviolette, bis 2 m hoch werdende Lilie der Kelloggi-Hybriden hat Fritz Ewald, Leiferde, mit dem Namen 'Haiti' gezogen. Von Ewald stammen auch die Bahama-Hybriden mit dem Klon 'Panama', die auf eine Kreuzung mit der Parryi-Hybride 'Oliver Wyatt' zurückgehen. Derek Fox, England, hat in letzter Zeit verschiedene Hybriden herausgebracht, wovon die Bullwood- und die Bellmaid-Hybriden erwähnenswert sind (NALS-LYB 1974).

Longiflorum-Hybriden

In dieser Abteilung werden alle Hybriden zusammengefaßt, die von *L. longiflorum, L. formosanum, L. wallichianum* und *L. neilgherrense* abstammen.

In dieser Gruppe, zu der die Trichterlilien Südasiens und Japans gehören, sind erst in letzter Zeit sehr bemerkenswerte Kreuzungen bei Embryoaufzucht gelungen. Dem Japaner Dr. Hiroshi Myodo, Sapporo, Japan, sind durch Griffelamputation und nachfolgender Aufzucht der Embryos mittels Embryokultur folgende Lilienkreuzungen gelungen:

L. longiflorum
× verschiedene Asiatische Hybriden,
L. longiflorum × *L. cernuum,*
L. longiflorum × *L. henryi,*
L. longiflorum × *L. concolor,*
L. longiflorum
× *(L. callosum* × *L. concolor),*
L. formosanum × *L. speciosum.*

Älteren Datums sind 'Formobel', 'Florosanum', *L.* × *formolongi,* entstanden aus den Eltern *L. formosanum* und *L. longiflorum. L. formosanum* 'Welwyn' und 'Tetrabel' sind tetraploide Longiflorum-Formen. Alle diese Lilien tragen lange, weiße Trichterblüten.

Trompetenlilien

Fast unermeßlich groß ist die Zahl der Hybriden, die in dieser Abteilung der chinesischen Trichterlilien entstanden und im Handel sind. Sie entstammen *L. regale, L. sargentiae, L. leucanthum* var. *centifolium, L. brownii, L. sulphureum* und *L. henryi.* Diese letzte Lilie trägt jedoch orangefarbige Türkenbundblüten und gehört nicht zu den Trompetenlilien.

Für Zwecke der Klassifikation und für Ausstellungszwecke wurden 4 Unterabteilungen gebildet:

Chinesische Trompeten. Hier sind alle echten Trichterlilien und Hybriden eingereiht, ausgeschlossen jedoch jene, die von *L. longiflorum, L. formosanum, L. wallichianum, L. philippinense* und *L. neilgherrense* abstammen. Typen sind 'Black Dragon', 'Golden

Splendor' und 'Pink Perfection' (Abb. Seite 34).

Schalenförmige Lilien. Hier werden alle Hybriden obiger Abstammung eingereiht,die weit offene, schalenförmige, seitwärts oder aufwärts gerichtete Blüten tragen, wie in den Lilien 'Heart's Desire'.

Hängende Typen. Hier sind alle Hybriden obiger Abstammung mit hängenden, meist weit offenen Blüten eingereiht, z.B. 'Golden Showers'.

Sunburst-Typen. Hier sind alle Hybriden obiger Abstammung zusammengefaßt, die sternförmige, flache, weit offenen Blüten zeigen, wie die Sunburst-Hybriden und 'Bright Star'.

Die verschiedenen aus China stammenden Trichterlilien kreuzen verhältnismäßig leicht untereinander, auch die entstehenden Hybriden gehen leicht weitere Kreuzungen ein. Weil diese Hybriden prachtvolle, reichblütige Blütenstände bringen, meist auch recht lange blühen, weil die Trichterblüten selbst zu den größten und auffallendsten Blüten zählen, die das Pflanzenreich auszuweisen hat, weil diese Lilien zu den gesündesten und langlebigsten gehören, zählen sie in den Gärten zu den beliebtesten und bequemsten Lilien.

Den Gartengestaltern können diese Lilien als Blütenschmuckträger nicht warm genug empfohlen werden. Geben doch die weißen und die verschiedenen gelben Farbtöne der Blütenstände gegen einen dunklen Laubhintergrund einen außerordentlichen Blickfang für Garten und Landschaft. Dazu verströmen sie weithin, über Straßen und Gärten hinweg, ihren feinen süßen Duft.

Ausgang für den Einzug der Trichterlilien in unsere Gärten war die Entdeckung von *L. regale*, der Königslilie, und des sehr ähnlichen *L. sargentiae* in der chinesischen Provinz Szetschuan durch E.H. Wilson im Jahre 1903. Aber erst nach 1910 wurden größere Mengen von Zwiebeln eingeführt, so daß *L. regale* in den USA und in England von den Gärtnereien in Aufzucht genommen werden konnte. Der Zufall ließ 1916 in der Gärtnerei Farquhar in Roslindale, Massachusetts, eine Kreuzung zwischen *L. regale* und *L. sargentiae* entstehen, als beide Lilien nebeneinander kultiviert wurden. Diese Hybride wurde *L.* × *imperiale* benannt und stand in ihrer Erscheinung zwischen den beiden Eltern, hatte aber einen mehr offenen Trichter. Diese Kreuzung wurde später oftmals wiederholt, unter anderem von Miß Isabella Preston, als diese in Guelph, Ontario, arbeitete. Ihr bester Sämling, eine sehr hoch wachsende Lilie mit großen offenen weißen Trichtern, wurde als *L.* × *imperiale* 'George C. Creelman' benannt.

Prof. F. Scheubel, Oberlahnstein, erhielt aus einer im Jahre 1913 durchgeführten Kreuzung von *L. sulphureum* mit Pollen von *L. regale* Hybridlilien, deren Nachkommen nach England verkauft wurden und dort als *L.* × *sulphurgale* in den Handel kamen. Diese Lilien ähnelten *L. regale*, hatten jedoch vielfach einen grünlichen Schlund und blühten zwei Wochen später als *L. regale*. Prof. J.W. Crow, Ontario, kreuzte *L.* × *sulphurgale mit L.* × *imperiale* 'G.C. Creelman'. Die daraus gezogenen Hybriden wurden als Crow's-Hybriden bezeichnet und später als *L.* × *gloriosum* in den Handel gebracht. Auch diese sehr wüchsigen Lilien zeigten einen grünlichen Schlund, auch waren die Trichter oft leicht elfenbeinfarben statt weiß. Kreuzungen von *L. leucanthum* var. *centifolium* mit *L. regale* wurden in Kew 1920 ausgeführt. In den USA wurde *L. leucanthum* var. *centifolium* mit *L.* × *imperiale*-Formen gekreuzt. Diese Hybridlilien wuchsen 150 bis 270 cm hoch, brachten bis zu 20 große Blüten mit auffallend dunklen, schokoladebraunen Außenseiten und durchscheinender rosa Aderung im Innern der Blüten.

Aurelian-Hybride, Sunburst Strain

Von außerordentlicher Bedeutung für die Entwicklung neuer Hybridlilien war die Kreuzung von *L. sargentiae* mit *L. henryi*, die 1925 E. Debras, Orleans (Frankreich), gelungen war. Dadurch war eine weiße Trichterlilie mit einer Lilie mit orangegelben Blüten von Martagonform vereinigt worden. Diese Lilie, *L.* × *aurelianense*, nach dem römischen Namen Aurelianum für die Stadt Orleans benannt, blühte 1928 zum ersten Mal. Unabhängig davon gelang die gleiche Kreuzung Leopold Frietsch in Rastatt. Seine *L.* × *frietschii* blühte 1931. Die Originalpflanzen, die unterdessen verloren gegangen sind, waren kräftige Pflanzen, bis über 2 m hoch werdend, mit einem traubigen Blütenstand von neapelgelben, orange überlaufenen, weit offenen, hängenden, sternförmigen Blüten. Durch Rückkreuzung mit den Eltern, durch Einkreuzung anderer Trichterlilien, wie *L. leucanthum* var. *centifolium, L. regale* und *L. sulphureum*, entstand bei den verschiedenen Züchtern eine solche Fülle von Formen und Farben, daß es fast unmöglich ist, diese aufzuzählen und zu beschreiben. Das Wesentliche aber ist, daß all diese Aurelianense- oder Aurelian-Hybriden, wie sie heute genannt werden, außerordentlich gesunde und kräftige Lilien sind und kaum von Krankheiten befallen werden. Auch sind sie, was den Boden betrifft, anspruchslos, jedoch empfindlich gegen Spätfrost, der den frühen Blütentrieb zerstören kann. Sonst sind sie wirklich narrenfeste Lilien.

In diesem Zusammenhang ist noch zu erwähnen 'T.A. Havemeyer', deren Eltern *L. sulphureum* × *L. henryi* sind und die von Tom Barry, Lambertsville, New York (USA), 1937 gezogen wurde. Sie ist ein Gegenstück zu *L.* × *aurelianense,* wird über 2 m hoch und trägt ebenfalls bräunlich-orangefarbige, weit offene Blüten mit einem grünen Rückenband. Sie wurde ebenfalls in *L.* × *aurelianense* eingekreuzt. Die Originalpflanze von 'T.A. Havemeyer' dürfte heute verlorengegangen sein.

Zwei weitere Züchtungen trugen zur fortschreitenden Beliebheit der neuen Lilien bei: die Züchtung einer rosa Trichterlilie und einer reingelben Königslilie. L.N. Freimann, Bellingham, Washington (USA), bemerkte an *L. leucanthum* var. *centifolium*-Hybridsämlingen, daß ein Sämling Blüten mit rosa überlaufenen Blütenblatträndern zeigte. Indem Freimann mehrere Generationen hindurch immer die Lilien, die dieses Merkmal am ausgeprägtesten zeigten, untereinander kreuzte, erhielt er Lilien, die fuchsiarosa Blütenblätter hatten; aber erst eine nochmalige Einkreuzung von *L. regale* zur Auffrischung der durch Inzucht schwach gewordenen 3. Generation und nochmalige Rückkreuzung mit den besten rosafarbenen Exemplaren ergab eine einheitliche hundertprozentig fuchsiarosa Nachkommenschaft. Darüber waren etwa 15 Jahre vergangen, bis die Pink Trumpets in den Handel gebracht werden konnten.

Auch die reingelbe Königslilie entstand aus den Händen dieses ebenso begabten wie fleißigen Züchters. 1941 säte Freimann ein Paket Samen Gloriosum-Hybridlilien, deren

Eltern *L. regale, L. sargentiae* und *L. sulphureum* waren. Ein Sämling zeigte leicht cremefarbene Blüten. *L. regale* wurde eingekreuzt und ein besonders guter Sämling wurde mit 'Lesterina', einem Regale-Sämling gekreuzt, dessen Samen von einer Regale-Lilie stammte, die der bekannte Pflanzenzüchter Luther Burbank nach seinen eigenen Worten „worked on", also irgendwie bestäubt hatte. Daraus entstanden Lilien, die zu 10% cremefarben waren. Oftmaliges Kreuzen der besten und farbigsten Formen ergab schließlich eine verbesserte Regale von klarem Gelb bis zu tiefem Goldgelb, und zwar war die Blüte gelb vom Schlund bis zur Blütenblattspitze, innen wie auch außen. 1946 kamen diese Golden Regales in den Handel.

Goldgelbe Regale-Lilien entstanden übrigens später auch bei Jan de Graaff aus *L. regale, L. sulphureum* und *L. leucanthum*. Als 'Royal Gold' ist dies heute die bekannteste goldgelbe Regale-Lilie.

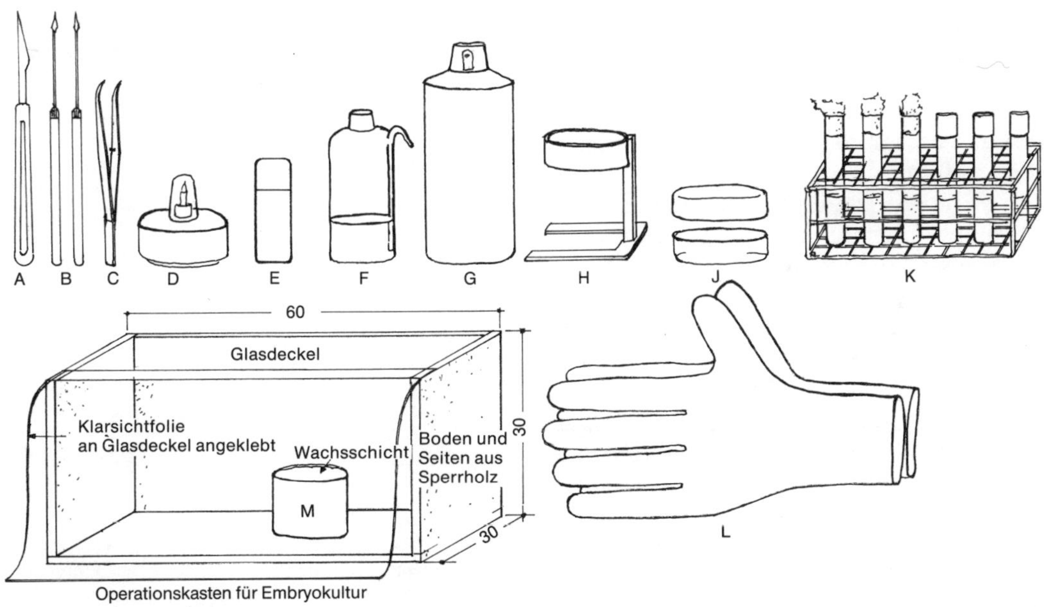

A Skalpell
B Schneidenadeln
C Pinzette
D Spiritusflamme
E Feuerzeug
F Kunststoff-Flasche für Alkohol
G Spraydose für Desinfektionsmittel
H Lupe
J Petrischalen
K Drahtgestell für Reagenz- oder Spezialaufzuchtgläser für Embryos
L Kunststoffhandschuhe
M „Operationstisch" aus einer Blechbüchse, oberer Boden mit Wachs ausgegossen

Zubehör für die Embryokultur.

Jan de Graaff sammelte zu Beginn seiner Arbeit mit Lilien Exemplare aller erreichbaren Trichterlilien, sowohl aus den USA, aus Europa, wie auch aus China und Japan. Die besten dieser Lilien waren das Ausgangsmaterial für seine weitere Zuchtarbeit.

Im wesentlichen stammen die Green Mountain-Hybriden von *L. leucanthum* var. *centifolium* ab, die hohe, pyramidenförmige Blütenstände mit langen, weißen, grünlich überlaufenden Trichtern bringen.

Auch die Olympic-Hybriden entstammen dieser Zuchtarbeit mit *L. centifolium, L. sargentiae* und *L. regale.* Durch wiederholte Kreuzung und Auslese kamen jährlich bessere Olympic-Hybriden in den Handel. Diese Olympic-Hybriden tragen an 150 bis 180 cm hohen, pyramidenförmigen Blütenständen große, weiße Blütentrichter. Durch Auslese aus den Olympic-Hybriden, den Trichterlilienkreuzungen und den Aurelian-Kreuzungen wurden von Jan de Graaff und den Oregon Bulb Farms eine sehr große Zahl von Klonen und Strains erzielt. Die wichtigsten davon waren:

'Carrara', Strain, reinweiße Trichterlilien,
'Sentinel', Strain, ebenfalls ein guter, reinweißer Trichter mit gelbem Schlund,
'Green Dragon', weit offene Trichter, chartreusefarben, außen grünlich,
'Damson', Klon, eine besonders dunkelrote Form der Pink Perfection,
'African Queen', orangefarbener Trichter,
'Emerald', Strain, ein gelblichgrüner Trichter mit pyramidenartiger Blütenrispe,
'Honeydew', lange gelblichgrüne Trichter mit grünem Rücken, von klassischschönem Aufbau,
'Red Gold', Strain, goldene Trompeten mit rosa Rändern,
'Verona', rosalila Trompeten, ausgelesen aus dem Pink Perfection Strain.

Diese wurden jedoch mit der Zeit aufgegeben, so daß bei den Oregon Bulb Farms heute nur noch folgende Strains in Vermehrung sind:

'Black Dragon', weit offene weiße Trichter, außen purpurbraun (Abb. Seite 34),
'Golden Spendor', tief goldgelbe Trichter (Abb. Seite 34, 177),
'Pink Perfection', Trichter, innen und außen rot überlaufen (Abb. Seite 34),
'Copper King', mit weit offenen Trichtern, kupferfarben,
'Heart's Desire', mit weit offenen Trichtern, gelb mit orangen Schlund,
'Thunderbolt', mit sternförmigen Blüten, goldgelb (Abb. Seite 177),
'Golden Sunburst', mit weit offenen, sternförmigen Blüten, die oft auch die für *L. henryi* charakteristischen Papillen im Blüteninneren zeigen.

Selbstverständlich haben auch andere Züchter diese Trichterlilien und Aurelian-Hybriden in ihr Züchtungsprogramm aufgenommen.

Mitte rechts: 'Glockenspiel', ein Sämling aus 'Eventide'; eine Aurelian-Hybride von Carl Feldmaier. Unten links: 'Golden Splendor', eine goldgelbe Trichterlilie mit bronzefarbenem Rücken. Unten rechts: 'Thunderbolt', gezüchtet von Jan de Graaff. Eine kräftige, ausdauernde Gartenlilie. Oben links: 'Robin', eine stark farbige, westamerikanische Hybride von guter Wirkung. Oben rechts: 'Nightingale', eine westamerikanische Hybride von schönem Aufbau und Wuchskraft. Mitte links: Aurelian-Hybride mit Einkreuzung von Pink Trumpets. Kennzeichnend ist der große offene Trichter.

E.F. Palmer, Vineland Station, Ontario, Kanada, brachte als beste seiner Züchtungen 'Galahad', die Sulphureum-Hybriden entstammte, mit langen grünlich-schwefelfarbenen Trompeten in den Handel.

John M. Shaver brachte die Temple-Hybriden heraus. Sie waren meist Centifolium-Hybriden, die nach verschiedenen Gesichtspunkten ausgelesen waren. Ihre Namen sind 'Pearl Temple', weiß, perlmuttschimmernd, 'Amethyst Temple', tief amethystrosa, 'Marble Temple', weiß-elfenbein, außen bronze und purpurüberlaufen, 'Jade Temple', blaßgrün und elfenbein, außen grün und braun. Einkreuzungen von Aurelian-Hybriden wiesen 'Topaz Temple', 'Sun Temple' und 'Golden Temple' auf.

Fred Abbey, Shelburne, Vermont, brachte 1930 die Shelburne-Hybriden und 'Shellman' in den Handel. Shellrose-Hybriden und 'Wintersunset' waren zart rosafarbene Trichterlilien.

Besonders schöne und wohlgeformte Aurelian-Hybriden hat Carleton Yerex, Newberg, Oregon, gezogen, die unter dem Namen Aurelian Apricot Trumpets, Aurelian Golden Trumpets, Aurelian Green-Gold Trumpets in verschiedenen Sorten im Handel waren.

Der Engländer Douglas Foxwell, Balcomae, Sussex, hat mit diesen Yerex-Hybriden weitergearbeitet und eine ganze Reihe von Auslesen zum Internationalen Lilienregister angemeldet.

Eine sehr gute und schöne Lilie, die sich auch gut für Kreuzungszwecke eignet, ist 'White Henry' von Leslie Woodriff, mit weit offenen, ebenmäßigen, elfenbeinfarbenen Blüten.

In letzter Zeit hat die Strahm Bulb Farm, Harbor, Oregon, eine hübsche gelbe Sunburst Aurelian 'Gold Eagle' herausgebracht.

T. Ross Martin, Binbrook, Ontario, fand großen Beifall für seine orangefarbenen Aurelian-Hybriden 'Mandarin Blaze' und 'King's Ransom'. Die Ottawa Experimental Station bringt eine Aurelian-Hybride 'Normanda Gold' heraus.

Verschiedene, der von den Züchtern aufgegebenen Trichterlilien und Aurelian-Hybriden, so von Shaver, Yerex, de Graaff, Strahm, werden von den Rex Bulb Farms, Port Townsend, Washington, in den Handel gebracht. Es ist bedauerlich, daß diese Trichterlilien und Aurelian-Hybriden in letzter Zeit so vernachläßigt worden sind und so stark ins Hintertreffen kamen. Der Grund dafür dürfte sein, daß sie infolge ihres starken Duftes sich nicht als Schnittlilien im Zimmer eignen und daher für den Erwerbsgärtner uninteressant sind. Deswegen soll man aber nicht im Garten auf sie verzichten, denn ihr Schmuckwert ist unerreicht. Hier kann auch ihr Duft ungehemmt entströmen.

Oben links: Woodriffs Züchtung 'Black Beauty' aus *L. speciosum* × *L. henryi*. Oben rechts: Auratum-Hybride 'Imperial Crimson'. Unten: 'Little Rascals' sind zwergig wachsende Auratum-Hybriden, die sich als Topfpflanzen eignen. Sie wurden von den Oregon Bulb Farms in den Handel gebracht.

Orient-Hybriden

In dieser Abteilung werden die Hybriden geführt, die aus den Spezies *L. auratum, L. speciosum, L. japonicum, L. rubellum, L. nobilissimum, L. alexandrae* und aus ihren Kreuzungen mit *L. henryi* entstanden sind. – Unterabteilungen sind:

- alle Hybriden mit trompetenförmigen Blüten,
- alle Hybriden mit schalenförmigen Blüten, z. B. 'Empress of India',
- alle Hybriden mit flachen Blüten, z. B. der Imperial Strain,
- alle Hybriden mit zurückgeschlagenen Blüten, z. B. der Jamboree Strain.

Die japanischen Lilien *L. auratum, L. speciosum, L. japonicum* und *L. rubellum* sind zunächst die Kreuzungspartner dieser Abteilung. Bei der außerordentlichen Schönheit dieser Lilien, insbesondere der Goldbandlilie, bei der Vielfalt der Naturformen von *L. auratum* und *L. speciosum* ist eine große Mannigfaltigkeit in den Hybriden zu erwarten. Leider haben diese Hybriden mit der Goldbandlilie gemeinsam, daß sie für Virusinfektionen und für Fusarium-Fäule anfällig sind, auch macht ihre Spezialisierung für kalkfreie Böden und maritimes Klima ihre Haltung in unseren Gärten nicht immer leicht.

Besser ist es, diese Lilien in Containern zu pflanzen, in welchen ein entsprechendes Pflanzsubstrat mit geringer pH-Reaktion verwendet werden kann; auch können die Container je nach Sonneneinstrahlung aufgestellt werden. Dies dürfte sich insbesondere für Gegenden mit sehr stark wechselndem kontinentalem Klima empfehlen.

Schon 1869, kaum 7 Jahre nach ihrer Einführung aus Japan, wurden die ersten Kreuzungen von *L. auratum* mit verschiedenen *L. speciosum*-Formen erzielt. Die beste wurde nach ihrem Züchter, dem amerikanischen Historiker Francis Parkman *L.* × *parkmannii* benannt. Ihre Schönheit wurde allgemein bestaunt. Leider dauerte die Freude nicht lange, denn alle Zwiebeln dieser Lilie gingen ein, nachdem sie nach England verkauft waren. Aber die farbige Abbildung dieser Lilie in Elwes Monographie über Lilien war stets ein Stachel des Ansporns für die Lilienzüchter. Schließlich gelang Roy M. Wallace, Wartburton, Victoria (Australien), die Kreuzung von *L. speciosum* 'Gilrey' mit dem *L. auratum* 'Crimson Queen'. Diese 'Jillian Wallace' benannte Hybride erregte größtes Aufsehen, und die Züchter rissen sich um diese Lilie. Die Blüten sind ungemein groß mit mehr als 20 cm Durchmesser, die Blütenblätter leicht gewellt, karminrot mit weißen Rändern und Spitzen mit kräftigen roten Tupfen und Papillen. Vor allem die ganz flach ausgebreiteten Blütenblätter waren eine neue Errungenschaft und zeigten die Blüte in ihrer vollen Schönheit und Größe.

Auch G. L. Slate, Geneva, New York (USA), gelang die Parkmannii-Kreuzung. Dr. S. L. Emsweller, Beltsville, führte eine Reihe von Kreuzungen mit *L. speciosum* und *L. auratum* durch, dazu Rückkreuzungen mit *L. speciosum.* Diese Hybriden, die 1953 als Potomac-Hybriden (Abb. Seite 93) in den Handel gebracht wurden, hatten sehr flache, große, reinweiße, weiß und rote oder stark karminrote Blüten. 1960 wurde noch die Hybride 'Allegra', entstanden aus *L. speciosum* var. *album* und *L. auratum* var. *platyphyllum*, weiß mit einigen rosa Papillen eingeführt.

Die Schwierigkeiten bei der Aufzucht dieser Hybriden aus Samen besteht darin, daß die Samen meist kein Endosperm entwickeln, obwohl sich ein Embryo entwickelt, also eine Befruchtung stattgefunden hat. Emsweller führte diese Aufzuchtschwierigkeiten auf Wuchshemmstoffe zurück. Es ist jedoch möglich, aus Samen, die kein Endosperm aufweisen, den Embryo, solange er noch nicht abgestorben ist, aus dem grünen Samen herauszuoperieren und unter sterilen Bedingungen auf einem Keimsubstrat zum Keimen und zum Wachsen zu bringen (Embryokultur).

Miß Dr. Norma E. Pfeiffer, Boyce Thompson Institute, Yonkers, New York, führte eine Reihe von Kreuzungen von *L. auratum* mit Pollen von *L. japonicum* und *L. rubellum* durch, machte auch entsprechende Rückkreuzungen, wobei das Ziel war, die zartrosa Farbe von *L. japonicum* und *L. rubellum* in die Hybriden mit *L. auratum* einzuführen.

Bei Jan de Graaff blühte 1949 zum erstenmal 'Empress of China', 1950 'Empress of Japan' und später 'Empress of India'. Die erstere reinweiß mit einigen purpurfarbenen Sprenkeln, die zweite weiß mit goldenem Mittelstreifen, tief rotbraun gesprenkelt, die letzte rosa mit dunkel-karminfarbiger Mitte und dunkelroten Papillen. Dabei sind die Blüten flach schalenförmig von außerordentlicher Größe, bis 30 cm Durchmesser. Ihrer Abstammung nach sind diese Züchtungen der Oregon Bulb Farms Rückkreuzungen von 'Jillian Wallace' mit *L. auratum* 'Crimson Queen' und *L. auratum* 'Virginale'.

Zu diesen 3 Klonen brachte Jan de Graaff 3 entsprechende Strains 'Imperial Crimson', 'Imperial Silver' und 'Imperial Gold' in den Handel (Abb. Seite 178, 195).

Die Einkreuzung von *L. japonicum* in den Auratum-Speciosum-Komplex brachte zarte Rosatöne, so daß das Angebot der OBF durch den Imperial Pink Strain und den Pink Glory Strain erweitert wurde. Weiterhin aufgenommen wurde der sehr schöne Everest Strain, der aus Dr. Emswellers großartiger 'Allegra' entwickelt wurde, und der Celebrity Strain, der aus Kreuzungen von 'Allegra' mit den 'Pink Glory' Klonen entstand. Dieser ähnelt zartrosa und ungesprenkelten Formen von 'Allegra'. Der Little Rascal Strain wurde durch Kreuzung von Dr. Yeates, Neuseeland, zwergigen *L. auratum*-Formen mit kräftigen Oriental-Hybriden und deren Rückkreuzung gewonnen. Dadurch entstanden samentreu fallende Zwerglilien in jeder Farbstellung (Abb. Seite 178).

Edgar L. Kline, Lake Grove, Oregon, brachte die Centennial-Hybriden mit bis 30 cm großen Blüten von karminroter Farbe mit weißen Rändern in den Handel. Es sind Rückkreuzungen von 'Jillian Wallace' und den Potomac-Hybriden mit *L. auratum* und *L. speciosum.* Kreuzungen von *L. auratum* var. *platyphyllum* mit *L. japonicum* brachte Kline unter der Bezeichnung Pink Cameo-Hybriden und White Cameo-Hybriden heraus. Diese Cameo-Hybriden haben schalenförmige Blüten und haben von *L. japonicum* die zartrosa Farbe, oder von *L. japonicum* var. *album* die reinweiße Farbe geerbt.

Leslie Woodriff, McKinleyville, Kalifornien, hatte ebenfalls mit Hybriden zwischen *L. auratum, L. speciosum, L. japonicum* und *L. rubellum* Erfolg. Seine Atomic-Hybriden (Abb. Seite 196) zeigen offene Schalen, weiß bis tiefrosa, oftmals mit Sprenkelung. Eine Besonderheit ist, daß die Einkreuzung der sehr frühblühenden *L. rubellum* die Eigenschaft der frühen Blüte zum Teil auch auf die Nachkommen vererbt hat, was für Treibzwecke von ausschlaggebender Bedeutung ist. Viele von Woodriffs Lilien werden von der Strahm Bulb Farm, Harbor, Oregon, und von der Sun Valley Bulb Farm, Arcata, Kalifornien, angeboten.

L. auratum und *L. speciosum* gedeihen im Klima Neuseelands vorzüglich, so ist es selbstverständlich, wenn die Neuseeländer auch mit Hybriden dieser Lilien arbeiten.

Von Dr. J.S. Yeates, Palmerston North (Neuseeland), stammen die Melford-Hybriden, deren Abstammung auf besonders gute und schöne Lilientypen zurückgeht. So finden wir in ihrem Stammbaum *L. auratum* 'Crimson Queen', *L. speciosum* 'Gilrey' und die Parkmannii-Hybride 'Jillian Wallace'. Aus den über 30 Klonen, die für Dr. Yeates registriert wurden, sollen einige der besten, die im Handel sind, herausgegriffen werden:

'Pink Delight' bringt Schalenblüten von 22 bis 25 cm Durchmesser von Tyrus-purpurrot mit weißem Rand, 'Pink Beauty' hat noch größere Blüten bis 30 cm Durchmesser, die Blütenfarbe ist Chinesischrosa mit dunklerer Sprenkelung, die weißen Ränder sind schmäler. Weitere Melford-Hybriden sind 'Rising Star', rosa mit etwas aufwärts gerichteter Schalenblüte, 'Lavender Princess', rhodaminrot, und 'Excelsior', tief-crimsonrot mit schmalen, weißen Rändern. Eine sehr gute Hybride ist 'Journey's End', bengalrosafarben mit Weiß, die es auch in der tetraploiden Form gibt.

Das Klima in Australien, besonders im Dandenong-Bergland, scheint für die Oriental-Hybriden sehr geeignet zu sein, so daß dort mehrere Züchter bei der Arbeit sind, so Basil Hayler, Kallista, Victoria, Gordon Chandler, Calanthe, Victoria, Eric Genat, Gembrook, Victoria, Robert F. Nelson, Ferntree Gully, Victoria, Dr. R.M. Withers, Hawthorn, Victoria, die eine Reihe guter Züchtungen von Oriental-Hybriden herausgebracht haben, die leider ihren Weg zu uns noch nicht gefunden haben.

Die neueste Entwicklung sind Lilien aus dem Auratum-Komplex mit doppelten Blüten, d.h. mit 10 Blütenblättern, die von Liliensamen von Leslie Woodriff ihren Ausgang nahmen. Diese Lilien, als Opera House-Hybriden bezeichnet (Abb. Seite 196), sind aus einer Kreuzung von 'Austral Gem' × 'Opera House' bei Basil Hayler entstanden. So wird uns die Zukunft außer diesen doppelblütigen Auratums auch Oriential-Hybriden mit Einkreuzungen von *L. nobilissimum* und *L. alexandrae* bringen. Ein Vorläufer ist die 'Star Gazer' (Abb. Seite 196), mit aufrecht stehenden Blüten (NALS-LYB 1978).

Großes Aufsehen bei den Lilienzüchtern löste es aus, als Leslie Woodriff 1957 in der Lilienschau der North American Lily Society seine 'Black Beauty' (Abb. Seite 178) ausstellte, die dunkelroteste *L. speciosum*-Hybride, deren Farbe gegen die Mitte zu fast in ein schwärzliches Rot übergeht. Dazu ist diese Lilie über alle Maßen wüchsig, gesund und bringt bis 56 Blüten pro Stiel. Sie wurde als einzige aus über 50000 Sämlingen ausgelesen, die aus Samen von verschiedenen Typen von *L. speciosum* gezogen und die mit dem Pollen der verschiedensten Lilien bestäubt worden waren, ausgenommen mit Pollen von *L. speciosum.* Unter dem verwendeten Pollen war auch solcher von *L. henryi.* Die cytologische Untersuchung der Chromosomen durch Dr. S.L. Emsweller und Joseph Uhrig erwies, daß als Eltern dieser Lilie *L. speciosum* und *L. henryi* zu betrachten sind (NALS-LYB 1962).

Im Handel erhältliche Orient-Hybriden:

Oregon Bulb Farms, Sandy, Oregon:
- 'Imperial Crimson', Strain, crimsonrot, mit weißem Rand gekennzeichnet (Abb. Seite 178),
- 'Imperial Silver', Strain, weiß mit roten Sprenkeln,
- 'Imperial Gold', Strain, weiß mit breitem, goldenem Mittelstreifen, dunkelrote Punkte,
- 'Imperial Pink', breite, schalenförmige Blüten, rot bis sanft rosa,
- 'Magic Pink', Strain, *L. rubellum* × *L. auratum*-Hybriden zartrosa mit dunkelroten Punkten (Abb. Seite 196),
- 'Pink Glory', Strain, Einkreuzung von *L. japonicum*, lachsrosa 6Abb. Seite 195),
- 'Red Band', Strain, weiß mit kräftig rotem Mittelband (Abb. Seite 196),
- 'Jamboree', Strain, crimsonrote, weißgeränderte Blüten, zurückgeschlagen,
- 'Everest', Strain, reinweißer Jamboree-Typ.

Dr. S.L. Emsweller, Beltsville, Md.:
- 'Allegra', Klon, Abstammung wie vorige, reinweiß, grüner Stern.

Leslie Woodriff, Harbor, Oregon:
- Atomic-Hybriden (Abb. Seite 196), *L. rubellum*-Hybriden, rosa in verschiedenen

Formen, früh- und spätblühende Hybriden,

Little Fairy-Hybriden, *L. auratum* × *L. rubellum*, rosa nieder, Mai blühend,

'Black Beauty', karminrot mit schwarzroter Mitte, zurückgeschlagen (Abb. Seite 178),

'Star Gazer' mit aufrechten roten Schalenblüten, entstanden aus 'Pink Glory' × *L. nobilissimum* (Abb. Seite 196).

Dr. J.S. Yeates, Palmerston North, Neuseeland:

'Pink Delight', Klon, schalenförmig, purpurrot mit weißen Rändern, bis 30 cm Durchmesser,

Basil Hayler, Kallista, Victoria, Australien:

Opera House-Hybriden, weiße bis rote, gefüllt blühende (10 Petale) Auratum-Hybriden (Abb. Seite 196),

'Austral Gem' (Abb. Seite 196), eine rosafarbene Auratum-Rubellum-Hybride,

'Pink Beauty', chinesischrosa mit dunklerer Sprenkelung, schmaler weißer Rand,

'Lavender Princess', lavendellila gesprenkelt,

'Rising Star', rosa Schalenblüte,

'Excelsior', karminrosa mit schmalen weißen Rändern,

'Journey's End', rosa mit weiß.

Verschiedene Hybriden

Hier muß auf die Kreuzungen hingewiesen werden, die mit den im Kaukasus beheimateten Lilien *L. monadelphum, L. szovitsianum, L. kesselringianum* von den Russen gemacht wurden.

Schon 1914 gelang Mitschurin die Kreuzung *L. szovitsianum* × *L. maculatum*. Sie wurde *L.* × *fialkovaja* = Veilchenlilie genannt, weil ihr Duft an Veilchen erinnert. Sie bringt bis zu 20 offene trichterförmige Blüten von etwa 8 cm Durchmesser von ziegelorangeroter Farbe mit karminlila Blütenblattspitzen.

L. × *tsvetajewa*- Hybriden entstanden aus der vorgenannten *L.* × *fialkovaja* × *L. concolor* im Jahre 1940. Züchterin war S.N. Zwetajewa. Diese Hybriden zeigen aufrechte und auch seitlich gerichtete becherförmige duftende Blüten in den Farben Hellgelb bis Dunkelbraunrot mit violetten Spitzen. Blütezeit ist Juni.

Als *L.* × *sestroretskaja* wird eine Hybride zwischen *L. dauricum* und *L. davidii* var. *willmottiae* bezeichnet, die 1936 bei J.L. Saliwski entstand.

Vielleicht ist hier der rechte Ort, um über weitere russische Lilienzüchtungen zu berichten, auch wenn diese in andere Abteilungen gehören. Es ist sehr bedauerlich, daß aus der UdSSR kaum Nachrichten über die dortige Züchtertätigkeit, noch Zwiebeln oder Samen bei uns vorliegen. Sowohl die Unterschiede in Sprache und Schrift, wie auch die strenge Handhabung der Quarantänemaßnahmen setzen hier Barrieren.

V.P. Orekhov brachte zwischen 1950 und 1960 eine Reihe neuer Hybriden heraus, die in Rußland Verbreitung fanden. Er arbeitete mit den schon bekannten Hybriden *L.* × *sestroretskaja, L.* × *fialkovaja, L.* × *tsvetajewa, L.* × *stroynaya* und mit den Lilienspezies *L. amabile, L. davidii* var. *willmottiae, L. tigrinum, L. dauricum, L. concolor, L. szovitsianum, L. monadelphum, L. kesselringianum.*

Nach sorgfältiger Auslese der Sämlinge wurden 7 Gruppen mit einer Reihe verschiedener Hybriden gebildet.

L. 'Vasaras Prieks' = 'Joy of Summer'

Die Hybridlilie *(L. sestroretskaya* × *L. tsvetajewa)* wurde 1954 mit einer Pollenmischung von den Lilien *L. amabile, L. davidii* var. *willmottiae, L. tigrinum, L. monadelphum, L.* × *stroynaya* bestäubt. Die daraus ausgewählten Sämlingslilien haben große schalenförmige Blüten von hellem Orangerot bis zu einem dunklen Aprikosenrot mit großen braunen Sprenkeln. Die Pflanzen werden 120 bis 150 cm hoch und bringen Ende Juni/ Juli 25 bis 30 Blüten. Es wurden folgende Klone benannt: 'Vasaras Prieks', 'Dirigents' (Conductor), 'Dzives Prieks', 'Orekhova Brinams' ('Orekhov's Fascination') 'Gaischais Stars', 'Albert', 'Spidola' 'Ceriba', 'Nakotne', 'Gaischa Nakotne', 'Vera', 'Sofija', 'Luba', 'Elena'. Alle mit seitwärts gerichteten Blüten.

L. – Zelta Vainags-Hybriden = Golden Crown-Hybriden

Die amerikanischen L. Golden-Chalice-Hybriden wurden 1954 mit einer Mischung von Pollen roter Lilien bestäubt. Die Sämlinge haben schalenförmige, orange-goldgelbe Blüten mit rosa Blütenblattspitzen und rotbraunen Sprenkeln. Die Blüten erreichen einen Durchmesser von 15 cm, die Pflanze eine Höhe von 150 cm. Ausgelesen wurden: 'Zelta Vainags', Ia, 'Zelta Bikeris', Ia, 'Peluzuschkite', Ia, 'Saulaina', Ib, 'Dzives Prieciga', Ia, 'Citron Karoline', Ib, 'Rita Zwaigzne', Ib., 'Saules Sturitis', Ia.

L. – Daurskoy-Hybriden = Dauricum-Hybriden

Ausgelesen wurden: 'Kautviga', Ia, 'Nakts Karoline', Ia, 'Leopoldovizs', Ia, 'Stalta', Ia.

L. – Sautrie Bernie-Hybriden

Sie entstanden durch Bestäubung eines ausgewählten Sämlings mit einer Pollenmischung von *L. amabile, L. willmottiae* und *L. monadelphum.* Ausgelesen und benannt wurden: 'Sautrie Bernie', Ib, 'Elwira', Ib, 'Rita', Ib, 'Nina', Ib, 'Raibulite', Ib, 'Dreis Kuliga', Ib. Es sind sehr kräftige, hochwachsende Lilien von 120 bis 180 cm Höhe mit 20 bis 30 sternförmigen hell-orangerosa bis dunkelroten Blüten.

L. – Skumstu-Hybriden
(L. tsvetajewa × *L.* × *stroynaya)*

Ausgelesen wurden: 'Skumstu', Ib, 'Zenta', Ic, 'Ilza', Ib, 'Ira', Ib, 'Aria', Ia, 'Maria', Ib, 'Alma', Ib, 'Smaids', Ic, 'Kicunova Piemina', Ic.

L. – Yuras-Zwaigzne-Hybriden

Aus der Kreuzung *L. concolor* × *L. tsvetajewa* wurden folgende Hybriden ausgelesen: 'Yuras Zwaigzne', Ia, 'Neptun' Ia, beide mit aufrechtstehenden glänzend roten Blüten in Dolden, von 100 cm Höhe.

V.K. Negrobov hat in der Ukraine verschiedene Hybriden gezogen, eine mit der Abstammung *L.* × *centigale* × *L. longiflorum* × *L. regale*, eine andere mit der Abstammung *L. formosanum* × *L. princeps* × *L. regale*, beide Lilien tragen cremeweiße Trichter mit grünem Schein (NALS-LYB 1962, RHS-LYB 1965).

Als besonders winterhart und widerstandsfähig gegen Krankheiten werden die russischen Züchtungen 'Stroynaya' und 'Wostor-2' bezeichnet. 'Stroynaya' von E.N. Saizewa wird als die härteste und populärste Sorte genannt.

Die Sorte 'Wostor-2', von W.A. Grot gezüchtet, hat schalenförmige Blüten von orangeroter Farbe, auch sie wird als sehr widerstandsfähig bezeichnet. Durch N. Mitschurin wurden Kreuzungen zwischen den russischen Sorten, kanadischen und nordamerikanischen Züchtungen durchgeführt. Das staatliche Sortenprüfungsamt hat nachfolgende Sämlinge zur Sortenprüfung erhalten:

‘Aelita‘, Ia, gelbe Sternblüten, 100 cm, Juli.

‘Diana‘, Ia, dunkel-kirschrote Blüten, lokkeren Blütenstand, Ende Juni.

‘Karmen’, Ia, geschlossener Blütenstand, rubinrote Blüten, 80 cm, Mitte Juni.

‘Notschka’ (Nacht) Ib, geschlossener Blütenstand, dunkel-kirschrote Blüten 180 cm, Anfang Juli.

‘Swetlana’, Ic, geschlossener Blütenstand mit bis 25 cremerosa türkenbundartigen Blüten, 100 cm, Ende Juni.

‘Smena’, Ia, sternförmige Blüten, kräftig orange, 100 cm, Mitte Juni.

‘Krasnyii Sontik’ (Roter Schirm) mit scharlachroten Blüten, halb kugelförmig zurückgeschlagen, 60 cm, Mitte Juni.

Die gewerbsmäßige Anzucht von Lilienzwiebeln

Lilienzwiebeln für den Handel werden gewerbsmäßig in den USA, in Holland und in Japan gezogen. Von *L. longiflorum,* der Osterlilie, werden in den USA jährlich 15 Millionen produziert, weitere 5 Millionen werden aus Japan importiert, zusammen werden diese für Ostern getrieben und verkauft.

Die Oregon Bulb Farms (Abb. Seite 205), gegründet 1934 von Jan de Graaff, sind die größten kommerziellen Lilienproduzenten der USA. Sie produzieren jedes Jahr in einer großen Anzahl von Sorten gut über 3 Millionen Zwiebeln zum Verkauf: Asiatische Hybriden, Trompetenlilien, Aurelian Hybriden, Orient-Hybriden und einige andere Spezies. Einige weitere Lilienzwiebelproduzenten in den USA und in Kanada vertreiben meistens ihre eigenen Züchtungen.

In Holland ist die gewerbliche Anbaufläche von Lilien in den Jahren 1977 und 1978 auf über 1100 ha angewachsen. Von 'Enchantment', der am besten bekannten und meist gefragten Sorte, waren 1977 allein 770 ha angebaut. Außer für die eigene Schnittlilienproduktion werden die Zwiebeln dieser Sorte zum Treiben in Gewächshäusern in ganz Europa verkauft. Über die Versteigerungen in Honselersdijk wurden 47 Millionen Blütenstiele im Wert von fast 16 Millionen Gulden verkauft. Der Gesamtabsatz von Lilienstielen betrug 1979 in Holland 150 Millionen Stück. Die Einführung weiterer neuer Asiatischer Hybriden wird unzweifelhaft das Areal, das in Holland der Lilienanzucht gewidmet ist, vergrößern. Bedeutsam ist auch die Kultur von *L. speciosum* und deren Hybriden, von denen 1977 112 ha angebaut waren. Diese Zwiebeln werden meist an Glashausgärtner für Treibzwecke verkauft.

Die Mehrzahl der handelsüblichen Liliensorten sind Klone, die vegetativ vermehrt werden müssen, um ihre Identität zu bewahren. Eine weitere Vermehrungsart ist die Schaffung von Sämling Strains.

Vermehrung der Klone

Diese kann durch Stengelbulben, Achselbulben und durch Zwiebelschuppen erfolgen.

Stengelbulben, die sich meist reichlich an den Lilienstengeln im Erdboden bilden, werden bei der Ernte aufgenommen und sofort wieder gepflanzt. Nach 2 Jahren haben sie meist Handelsgröße erreicht. Fast alle Asiatischen Hybriden eignen sich gut für diese Vermehrungsart.

Achselbulben bilden vor allem die verschiedenen *L. tigrinum*-Hybriden. Sie werden im Spätsommer gesammelt, direkt ins Freiland gepflanzt, mit 3 cm Erde abgedeckt und leicht gemulcht. Im Herbst des nächsten Jahres werden die Zwiebeln geerntet und für ein weiteres Jahr ins Freiland gepflanzt. Hier erreichen sie die für den Handel notwendige Größe.

Zwiebelschuppen werden im Herbst von den gewaschenen Zwiebeln sorgfältig abgebrochen, wobei bis auf das Mittelstück alle Schuppen verwendet werden. Die Schuppen werden zur Desinfektion entweder in eine Suspension von Tecto Fl und Difolatan (Captafol) getaucht oder mit einem Fungizid (Thiram) eingestäubt. Dann werden sie unter Verwendung von grobem, nur wenig feuchtem Vermiculite in große, feste, mit perforierter Kunststoffolie ausgeschlagene Kisten gepackt, wobei Vorsorge für eine gute Lüftung und den richtigen Feuchtigkeitsgrad getroffen werden muß. Die Holländer verwenden für diesen Zweck auch leicht handfeuchten Torfmull.

Die Kisten mit den Schuppen werden bei gleichbleibender Temperatur von 21°C für 8 bis 12 Wochen aufgestellt, bis sich Bulben und Wurzeln entwickeln, was je nach Sorte verschieden lang dauert. Die anschließende Vernalisationsperiode von 10°C dauert 8 bis 12 Wochen. Bis zur Auspflanzung wird bei 1°C gelagert. In den westlichen USA werden diese Schuppen mit den Bulben dünn in Reihen aufgepflanzt. Nach 2 Jahren können die verkaufsfähigen Zwiebeln und reichlich kleines Pflanzmaterial geerntet werden. Bei Aufpflanzung der Schuppen in einem Gewächshaus kann eine frühere und bessere Ausbeute erzielt werden.

Sämling Strains

Da Trompetenlilien, Aurelian-Hybriden und Orient-Hybriden schwerer Bulben ansetzen als die Asiatischen Lilien, werden diese Lilien gewerblich meist als Sämling-Strains vermehrt. Damit können große Quantitäten von typentreuem, wüchsigem und virusfreiem Material erhalten werden. Der Samen wird von sorgfältig ausgewählten Elternklonen, die selbst oft das Produkt vieler Generationen sehr komplexer Hybriden sind, im Glashaus gewonnen, wobei durch Handbestäubung und Schutz Fremdbestäubungen zu vermeiden sind. Der Samen wird nach Reinigung von tauben Samen bei −18°C aufbewahrt, wodurch er viele Jahre keimfähig bleibt.

Aussaat

Samen von Lilien, die oberirdisch (epigäisch) keimen, wie *L. candidum, L. regale,* Asiatische Hybriden, Aurelian-Hybriden, werden im Frühjahr sobald als möglich im Gewächshaus in feinkrümeligen Boden ausgesät. Vor der Aussaat muß der Boden gedämpft oder mit Bodenentseuchungspräparaten gegen Nematoden und Pilzkrankheiten behandelt werden. Man sät etwa 500 Samen/m^2 breitwürfig aus. Er wird vorsichtig und gleichmäßig mit 6 mm Erde und 6 mm Torf oder Sägespänen abgedeckt. Der erste Anflug von Unkraut, bevor die Lilien keimen, wird durch Abbrennen zerstört. Im Herbst werden die kleinen Zwiebeln geerntet, sortiert und je nach Größe 1 oder 2 Jahre weiter kultiviert.

Samen der unterirdisch (hypogäisch) keimenden Lilien, Orient-Hybriden, Westamerikanischen Lilien, muß vor der Aussaat vorgekeimt werden. Für die meisten Orient-Hybriden ist der Mai, für *L. speciosum* und ihre Hybriden der August die beste Zeit, sie zur Keimung anzusetzen. Das ideale Keimsubstrat ist eine Mischung aus gleichen Teilen Sphagnum-Moos (trocken durch ein Sieb gerieben) und feinem Vermiculite. Das Keimsubstrat wird gedämpft und nur leicht feucht verwendet, um eine gute Wurzelbildung zu erreichen. Der Samen mit dem Keimsubstrat wird in transparente Foliensäcke gefüllt und bei 21°C zur Keimung aufgestellt. Je nach Sorte werden sich innerhalb von 2 bis 6 Monaten kleine, feste Zwiebelchen (2 bis 3 mm groß) entwickeln. Um die Blattbildung anzuregen, muß eine Kälteperiode eingeschaltet werden. Im allgemeinen genügen 4 Wochen bei 10°C und weitere 10 Wochen bei 1°C, wobei die Samen in den Säcken bis zur Aussaat im Frühjahr belassen werden können. Bei der Aussaat im Gewächshaus erreichen die Zwiebeln eine Größe, um im folgenden Jahr im Freiland in Reihen ausgesetzt werden zu können. In den USA werden aus Samen gezogene Strains weit ab von anderen Lilienpflanzungen gezogen, um jede Möglichkeit einer Virusinfektion auszuschalten.

Pflanzung

Die Pflanzung der großen wie auch der kleinen Zwiebeln und Schuppen wird im Freiland mit Pflanzmaschinen für 2 oder 3 Reihen bewerkstelligt. Diese sind auf verschiedene Pflanztiefen und verschiedene Mengen Pflanzmaterial, je Meter Reihe einzustellen. Die Pflanztrichter nehmen Pflanzmaterial für 2000 m^2 auf. In der Regel pflanzen die Pflanzmaschinen 1 ha pro Tag. Eine nachfolgende Pflugmaschine schließt die Furchen.

Düngung*

In Holland gibt man, wenn alter Stalldünger vorhanden ist, maximal 1 m^3/Ar und 3 bis 4 kg Volldünger mit niederem Stickstoffgehalt, z. B. in der Zusammensetzung 7–20–30 (= % N-P-K). Nach dieser Vorratsdüngung ist es notwendig, 1- bis 2mal im Jahr eine Nachdüngung mit Stickstoff zu geben, zumeist 3 bis 4 kg

* Mengenangaben bezogen auf 1 Ar = 100 m^2.

Pflanzmaschine für Lilienzwiebeln auf den Oregon Bulb Farms. Die Pflanzmaschine ist mit sechs Mann besetzt, die die Zwiebeln in die Maschine eingeben.

Kalksalpeter ($Ca(NO_3)_2$). Bei leichtem Sandboden ist diese Menge in mehreren Gaben aufzuteilen.

Steht kein Stalldünger zur Verfügung, wird die doppelte Menge des Volldüngers gegeben, also 6 bis 8 kg, Nachdüngung wie oben angegeben. Es kann jedoch auch auf eine Vorratsdüngung bei der Auspflanzung verzichtet werden, dafür wird wöchentlich eine Düngespritzung mit gut löslichem Volldünger vorgenommen, z.B. in den Zusammensetzungen 18–6–18 oder 20–5–20, sobald die ausgetriebenen Zwiebeln Stengelwurzeln bilden. Im zweiten Teil der Vegetationsperiode wird ein kalireicher Dünger mit Kalksalpeter ($Ca(NO_3)_2$) und Kalisalpeter (KNO_3) verwendet. Die Düngespritzung muß jedoch mit einer Bewässerung vor und nach der Spritzung verbunden werden.

Bei Magnesiummangel kann mit 1 bis 2 kg Magnesiumsulfat ($MgSO_4$) und bei Eisenmangel mit Eisenchelat, 2,5 bis 5 g/m², gespritzt werden, wobei wegen Verbrennungsgefahr nur am Abend gespritzt werden soll.

Für den Lilienanbau können alle guten Böden benutzt werden. Schwere Böden werden durch Beigabe von Torfmull in der Wasserhaltung verbessert. In Lehmböden mit der Neigung zur Verkrustung kann durch Untergraben von Stroh die Krustenbildung verhindert werden.

Bodenentseuchung

Eine Dampfbehandlung kann einmal im Jahr vorgenommen werden, dabei muß der Boden für 30 Minuten in einer Tiefe von 30 cm bis 70 °C angewärmt werden. Nach der Dampfbehandlung soll einige Wochen mit der Bepflanzung gewartet werden, auch soll 3 bis 4 Wochen nach der Dampfbehandlung keine Stickstoffdüngung gegeben werden.

Als chemische Entseuchungsmittel werden Shell DD mit 30 bis 60 ml/m² oder Di-Trapex mit 75 bis 100 ml/m² angewendet; bei beiden beträgt die Wartezeit 4 bis 6 Wochen. Methylbromid, 75 bis 100 ml/m², erfordert nur 10 bis 14 Tage Wartezeit. Alle diese Mittel sind giftig und dürfen zum Teil nur von zugelassenem Personal angewendet werden.

Bewässerung

Die ausgepflanzten Zwiebeln sollen mindestens 6 cm mit Erde überdeckt sein, um reichlich Stengelwurzeln bilden zu können. In der Zeit von der Pflanzung bis zum Austreiben muß der Boden gut feucht gehalten werden. Nicht krustenbildende und gut dränierte Böden können nach der Auspflanzung einige Male für 15 bis 30 Minuten gegossen oder beregnet werden. Weniger günstige Böden sollen öfters mit geringen Wassermengen bewässert werden.

Wenn während der Wachstumszeit die Bodenfeuchtigkeit abnimmt und ungenügend wird, muß gewässert werden. Je nach den Bodenverhältnissen wird täglich 2 bis 4 Stunden beregnet. Nach der Lilienblüte wird nicht mehr bewässert, damit die Lilienzwiebeln ausreifen. Auch bei hohen Bodentemperaturen muß eine Bewässerung vermieden werden, denn hohe Bodenfeuchtigkeit zusammen mit hohen Bodentemperaturen ist Anlaß für starken Befall mit Zwiebelbodenfäule *(Fusarium)*. Zu vermeiden ist ein Gießen oder Beregnen mit salzhaltigem Wasser, d.h. mit mehr als 300 mg Natriumchlorid ($NaCl$) auf 1 l Wasser.

Unkrautbekämpfung

Die Unkrautbekämpfung in den Lilienanbaugebieten ist deshalb wichtig, weil Unkräuter oftmals Träger der für Lilien schädlichen Blattnematoden sind. Eine Bodendämpfung oder Entseuchung mit chemischen Mitteln, wie im Kapitel „Aussaat“ beschrieben, vernichtet zumeist auch die Unkräuter und Samen. Ist keine Bodendämpfung oder Entseuchung (z.B. auf schon bepflanzten Flächen) vorgenommen worden, so wird im Frühjahr vor dem Austrieb der Lilien das Gelände mit einem Flammenwerfer abgeflammt oder mit einer Spritzung von Paraquat (Gramoxone) gereinigt.

Gegen keimende Unkräuter wird vor dem Austrieb der Lilien mit sehr wirksamen Simazinpräparaten (Gesatop) gespritzt. Dieses Mittel wird kurz vor dem Austrieb der Lilien im März–April ausgebracht; der Boden muß feucht und die Bodendecke geschlossen sein, andernfalls muß sie durch Wässern zugeschwemmt werden. Das Simazin bleibt in den oberen Erdschichten hängen, verhindert die Keimung der Unkrautsamen und ist mehrere Monate wirksam (bis gegen Mitte Juni). Während dieser Zeit darf die Bodendecke nicht gestört werden, um den Wirkstoff nicht in die unteren Bodenschichten zu bringen (Spritzung mit 20 g Gesatop + 10 l Wasser/100 m^2 laut Vorschrift).

In Holland wird auch Tenoran (Chloroxuron) als Spritzung mit 50 g/100 m^2 angewendet, auch wenn der Austrieb der Lilien schon begonnen hat (nicht höher als 10 bis 15 cm). Vor der Anwendung muß kräftig gegossen, anschließend sofort gespritzt und nochmals mit Wasser kurz abgespült werden.

Während der Wachstumszeit im Juni werden die in Reihen gesetzten Lilien mit der Häufelmaschine angehäufelt, was zur Unkrautvernichtung beiträgt.

Bekämpfung der Lilienkrankheiten

Botrytis ist die Pilzkrankheit, welche die meiste Aufmerksamkeit erfordert. Sie wird durch den Pilz *Botrytis elliptica* bei meist feuchtem und warmem Wetter hervorgerufen. Er befällt die Blätter, die zum Absterben gebracht werden und damit die Wachstumsperiode frühzeitig zum Abschluß bringen. Die Bekämpfung muß mit erfolgtem Austrieb einsetzen und den ganzen Sommer über fortgesetzt werden. Im Freiland wie im Glashaus werden als Spritzmittel Ronilan oder auch Kupferpräparate (Kocide, Kupferkalkbrühe) angewendet. Deshalb sei hier das Rezept zur Selbstherstellung der Kupferkalkbrühe (Bordeauxbrühe) gegeben:

Für 10 l Spritzbrühe werden 70 g frisch gelöschter Kalk (Löschkalk, Sumpfkalk) mit 5 l Wasser in einem metallfreien Gefäß verrührt und eine Stunde stehen gelassen. 70 g Kupfervitriol werden ebenfalls mit 5 l Wasser in einem metallfreien Gefäß aufgelöst. Die aufgerührte und geseihte Kalkbrühe wird in den Spritzbehälter gefüllt und dann die 5 l Kupfervitriol-Lösung beigefügt, nicht umgekehrt. Zum Schluß gibt man ein Netzmittel oder 15 ml Alginure hinzu.

Fusarium, die Zwiebelbodenfäule, wird durch den Pilz *Fusarium oxysporum* verursacht. Dabei wird der Zwiebelboden mit den anhaftenden Zwiebelschuppen zerstört und zeigt eine schwarzbraune Farbe.

Zur Bekämpfung von Zwiebelbodenfäule werden in den USA die Zwiebeln vor der Lagerung oder vor dem Pflanzen für 2 Stunden in einer 0,1 %igen Lösung von Thiabendazol getaucht. In Holland verwendet man für diesen Zweck eine Lösung von 1 bis 2% Difolatan und 0,4% Benlate mit 39 °C Wärme für 2 Stunden, die zugleich für die Bekämpfung von Blattälchen vorgeschrieben ist.

Die vom Feld geernteten Lilienzwiebeln werden in Sortiermaschinen gereinigt und teils nach Umfang oder nach Gewicht an Fließbändern sortiert.

Ernte und Lagerung der Zwiebeln

Erntezeit ist meist Ende September bis Ende Oktober.

Heute erfolgt die Ernte der Lilienzwiebeln (Rodung) mit Erntemaschinen, wie sie auch für Tulpen- und Narzissenzwiebeln angewendet werden. Ihre Kapazität ist zumeist ein halber Hektar pro Tag. Die ausgehobenen Lilienzwiebeln werden über ein Rollenstab-Rüttelsieb, wo sie von anhaftender Erde befreit werden, mit einem Transportband in die auf der Erntemaschine oder auf einem LKW-Anhänger stehenden großen Sammelkisten befördert. Vor der Arbeitsscheune werden die Kisten mit einem ebenfalls vom Traktor angetriebenen hydraulischen Gabelstapler auf eine Kippvorrichtung gesetzt, die die Kisten auf die Sortiermaschine (Abb. Seite 191) entleert. Hier werden auf Lesetischen manuell Fremdkörper und die kleinen Stengelbulben entfernt, die wieder für die Nachzucht verwendet werden. Die Sortiereinrichtung sortiert die Zwiebeln nach Größe (Umfang) und legt sie getrennt ab. Die für den Verkauf bestimmten Zwiebeln werden gewaschen und für kurze Zeit in eine schwache Fungizidlösung getaucht, um Pilzbefall, vor allem Grünschimmel *(Penicillium)* während der Lagerung zu vermeiden. Für den Verkauf werden die Zwiebeln je nach Größe in Kisten gepackt, die mit einer gelochten Polyäthylenfolie ausgeschlagen sind. Als Füllmaterial dienen Holzwolle oder Torfmull. Die Kisten müssen Öffnungen haben, um einen Luftaustausch zu ermöglichen; ohne Luftaustausch würden die Zwiebeln schwitzen und faulen. Die gepackten Kisten werden sofort in Kühlräumen bei 10 °C gelagert. Zwiebeln für Treibzwecke werden bei + 1 °C gelagert.

Die kleinen, für den weiteren Anbau bestimmten Zwiebeln werden ebenfalls gewaschen. Um Pilzbefall zu verhindern, werden sie vor der Pflanzung im Herbst kurze Zeit in eine Fungizid-Lösung getaucht *(Fusarium!)*. Beim Kauf von Lilienzwiebeln ist es sehr zu empfehlen, diese nur von Firmen zu kaufen, die Garantie dafür leisten, daß man sortenechte und gesunde Zwiebeln erhält; Firmen, welche auch mit Kühlräumen eingerichtet sind, so daß sie besonders für die Treiberei Zwiebeln liefern können, die entsprechend vorgekühlt sind, um die angegebenen Treibzeiten einzuhalten.

Die gewerbsmäßige Anzucht von Lilienzwiebeln erfordert einen großen Kapitaleinsatz, nicht nur für den Anbau und die Vermehrung. Heute sind die meisten dieser Unternehmen auch mit Laboratorien ausgestattet, die all diese Maßnahmen kontrollieren, um dem Abnehmer stets gesunde Ware für die Pflanzung und die Treiberei anzubieten.

Gewebekultur

Während der letzten Jahre ist die Gewebekultur ein wichtiger Zweig der gewerbsmäßigen Lilienkultur geworden. Unter Gewebekultur (engl. tissue culture) versteht man spezielle Methoden einer raschen vegetativen Vermehrung in vitro, d. h. in Glas- oder Proberöhren (Reagenzgläser). Der Zweck der Gewebekultur kann zweierlei sein:

1. Freimachung der Pflanzen von Viruskrankheiten,
2. schnelle vegetative Vermehrung von Pflanzen als Klone.

Die Anwendung der Gewebekultur zur Freimachung der Kartoffeln, Nelken, Chrysanthemen usw. von Viren ist schon einige Zeit bekannt. Dr. T. C. Allen, State University von Cornwallis, USA, hat diese Methode für Lilien ausgearbeitet, die auch von der Stichting Meristemkultur Lelies, Holland, übernommen wurde.

Meristemkultur

Bei der Meristemkultur werden Zwiebelschuppen desinfiziert, in Stücke geschnitten und auf einem sterilen, künstlichen Nährboden in Reagenzgläsern ausgelegt. Nach 3 bis 4 Wochen schneidet man an den entstandenen Sprossen die Wachstumsspitzen in der Größe von $^1/_2$ bis 2 mm ab und bringt diese Explantate (engl. explants, Abb. Seite 194) in einem Reagenzglas wiederum auf einem sterilen Nährboden zum Wachsen. Nach einigen Monaten haben sich daraus Pflanzen mit Zwiebeln entwickelt, die eingetopft werden können und wie normale Pflanzen versorgt werden. Die gleiche Prozedur kann an jungen Lilientrieben vorgenommen werden. Hier wird die Spitze des Wachstumskegels ebenfalls in Millimetergröße abgeschnitten, unter sterilen Bedingungen auf einem künstlichen Nährboden im Reagenzglas aufgezogen und wie oben beschrieben, eingetopft und aufgezogen.

Sobald die jungen Pflanzen (engl. plantlets) außerhalb des sterilen Reagenzglases weiterkultiviert werden, ist strengstens darauf zu achten, daß keine neue Virusinfektion stattfindet. Die Aufzucht findet daher in Holland in vollkommen geschlossenen Glashäusern unter Überdruck statt. Die mit Ventilatoren eingeblasene Luft muß ein insektendichtes Filter passieren, damit kein Virusüberträger in das Glashaus eindringen kann. Die getriebenen Blätter werden sofort auf die Anwesenheit von Viruskrankheiten untersucht.

Nach dem ersten Ernten, Lagern und Kühlen werden die Kleinzwiebeln nochmals im Gewächshaus aufgepflanzt. Auch diesmal werden die Blätter nach dem Austrieb auf die Anwesenheit der verschiedenen Viren geprüft und untersucht. Diese Prüfung findet ein Jahr später nochmals statt. Der Prozentsatz der dabei als virusfrei festgestellten Pflanzen ist verschieden und abhängig vom Gesundheitszustand des Ausgangsmaterials,

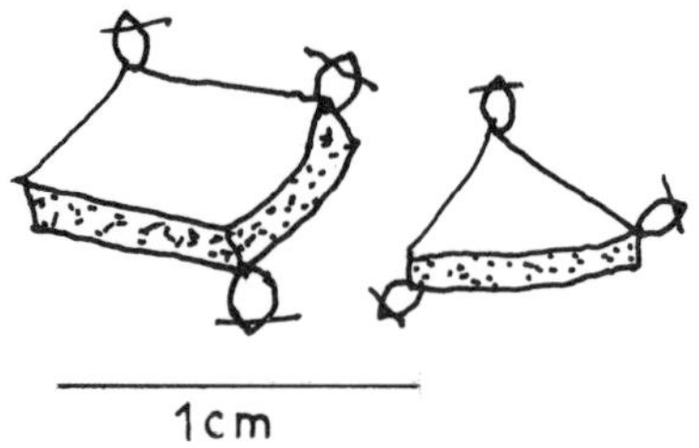

Explantate für die Gewebe- und Meristemkultur

der Hybride und des Cultivars. Er kann zwischen 50 bis 70 % gesundem Material schwanken. Diese virusfreien Zwiebeln können normal – mittels Schuppen – oder künstlich durch Gewebekultur weitervermehrt werden.

Der Unterschied zwischen virusbefallenem und virusfreiem Material ist stark auffallend. Virusfreie Pflanzen weisen höheren Pflanzenwuchs, reichliche Belaubung und größere Blüten auf. Für die im insektenfreien Glashaus gezogenen virusfreien Lilienzwiebeln gibt es, wie bei virusfreien Kartoffeln, 4 Güteklassen: S, SE, EE, E, wobei S die beste Güteklasse ist.

Die direkte Vermehrung durch Gewebestücke wurde im vorherigen Absatz schon angedeutet. Es werden Schuppenstückchen im Reagenzglas auf Nährboden unter sterilen Bedingungen zur Vermehrung gebracht und nach Zwiebel-, Wurzel- und Triebbildung ausgepflanzt. Dr. T.C. Allen berichtet über die gelungene Vermehrung von 1069 Pflanzen aus einer Zwiebel von 3 cm Durchmesser der Sorte 'Enchantment' innerhalb eines Jahres. Klaas de Jong, Andijk, Holland, vermehrte 1973 eine Zwiebel von *L. speciosum* auf 1500 Stück.

Kalluskultur

Eine andere Art der künstlichen Vermehrung geht über die Kalluskultur, die früher von Dr. Werckmeister, Geisenheim, schon bei der Iriskultur angewendet wurde. In diesem Fall werden die kleinen Gewebeteilchen durch Veränderung des Gehalts an Hormonen und Wuchsregulatoren im Nährmedium veranlaßt, Kallus – ein undifferenziertes Gewebe, ähnlich dem Wundgewebe – zu bilden, das sich bei entsprechender Zusammensetzung des flüssigen Nährmediums stark vermehrt. Die nachfolgende Überführung von kleinsten Kallusteilen in ein Nährmedium, das auf die spezifische Ausbildung von Wurzeln, Zwiebeln, Blätter ausgerichtet ist, ermöglicht es, aus einem so gewonnenen Kallus eine fast unbegrenzte Zahl von neuen identischen Pflanzen zu erhalten. Während man rechnet, daß bei der erstgenannten Vermehrungsmethode bis zu 10 000 Pflänzchen aus einer Zwiebel im Jahr erhalten werden, beziffern I. A. Simonds und B. G. Cummings von der Universität von New Brunswick, Kanada, die Leistungsmöglichkeit der Kalluskulturmethode mit 6 Billionen Pflänzchen aus einem Gramm des Originalkallus. Diese schwindelhafte, theoretisch errechnete Vermehrungskapazität dürfte in der Praxis durch verschiedene Imponderabilien stark eingeschränkt werden, wie Verluste durch Gewebeschädigungen, Schwierigkeiten beim

Oben: 'Imperial Silver' und 'Imperial Crimson', zwei der schönsten Orient-Hybriden von Jan de Graaff. Unten links: Auratum-Hybride 'Imperial Gold'. Unten rechts: 'Pink Glory', eine Oriental-Hybride mit Einkreuzung von *L. japonicum;* eine Treiblilie in zart rosaroter Farbe.

Übergang vom Reagenzglas in den Erdboden, Nichtbeachtung der Ruhezeiten und anderes. Schon die Realisierung von nur 1 Million Nachkommen dürfte am Arbeitsaufwand scheitern. Voraussetzung für alle Arbeiten mit Gewebekulturen ist, daß sie unter vollkommen sterilen Bedingungen und unter Einhaltung bestimmter Temperaturen vorgenommen werden.

Das erste gewerbliche Gewebekulturlaboratorium für Lilien wurde 1971 in den USA durch die Sun Valley Bulb Farms in Arcata, Kalifornien, unter der Direktion von Dr. Wilbur C. Andersen eröffnet. Dr. Andersen und Dr. Toshio Murashige, der „Vater" der Pflanzengewebekultur, haben Gewebekulturen von wichtigen Klonen für die Oregon Bulb Farms ausgeführt.

Ing. Henk Schouten arbeitete für de Jong Lilien, Andijk, das erste gewerbliche Gewebekulturprogramm für Lilien aus. Im Jahr 1972 wurde die Stichting Meristem Cultur Lelies, Holland, von 11 holländischen Lilienzüchtern gegründet. Wissenschaftler des bekannten Bulb Research Center in Lisse sind in dieses umfangreiche Programm eingeschaltet.

Oben links: 'Magic Pink', eine zartrosa Auratum-Hybride, die aus der Kreuzung von *L. rubellum* mit *L. auratum* 'Red Band' entstand. Oben rechts: Auratum-Hybride 'Redband' aus dem Klon 'Crimson Beauty'. Mitte links: 'Opera House' ist eine gefüllt blühende Auratum-Hybride, die in mehreren Farben von Basil Hayler in Australien gezogen wurde. Mitte rechts: 'Austral Gem', ebenfalls von Basil Hayler gezüchtet. Unten links: Zwergige Atomic-Hybriden von Leslie Woodriff, mit der Abstammung *L. auratum, L. speciosum, L. rubellum;* Höhe etwa 50 cm, Blütendurchmesser etwa 20 cm; sie können in 45 bis 50 Tagen getrieben werden. Unten rechts: 'Star Gazer', eine bemerkenswerte Lilie mit aufrechter Blütenhaltung, entstanden auf den Sun Valley Farms, Kalifornien. Die aufrechte Blütenhaltung dürfte durch die Einkreuzung von *L. nobilissimum* in den Auratum-Komplex entstanden sein.

Gewebekultur auf kommerzieller Grundlage erfordert auch große Ausgaben für Apparate, Räume, Glashäuser und wissenschaftliches Personal. Auch müssen solche Vermehrungsprogramme auf gesunden marktwirtschaftlichen Untersuchungen beruhen, um das Marktgeschehen nicht zu stören.

Obgleich ein gewerbliches Gewebekulturprogramm kompliziert und teuer ist, so ist es für einen naturwissenschaftlich interessierten Amateur möglich, ein kleines, aber wirksames Programm zu erschwinglichen Preisen aufzubauen.

Embryokultur

Jeder Lilienzüchter, der Kreuzungen vornimmt, wird bald auf Schwierigkeiten stoßen, denn die anscheinend vollen Samenkapseln enthalten oft nur verkrüppelte oder aufgeblasene Samen, letztere auch mit sichtbaren Embryos. Man darf als sicher annehmen, daß die Embryos abstarben, bevor der Samen ausreifte. Die Bildung einer Samenkapsel ist ein Anzeichen dafür, daß Befruchtungen der Eizellen vorgekommen sind und eine Embryoentwicklung stattgefunden hat.

Es ist anzunehmen, daß das Absterben der Embryos eine unvermeidbare Folge von Abnormitäten innerhalb des Endosperms ist, der Nahrungsquelle, die den Embryo in dem sich entwickelnden Samen umgibt. Der Embryo selbst braucht in seiner frühen Entwicklung nicht abnormal zu sein, sondern die Eltern sind genetisch zu verschieden, um Samen mit einem guten Nahrungsvorrat zu entwickeln. Lilien sind in dem Sinn ungewöhnlich, als die Zellen des Endosperms, die der Nahrungsvorrat jedes Samens sind, fünf Chromosomensätze enthalten, während die meisten Blütenpflanzen nur 3 Chromosomensätze im Endosperm führen. Die Chromosomensätze sind als die genetischen Baupläne anzusehen, die das Stoffwechselschema für Wachstum und Entwicklung in sich tragen. Der Embryo, der sich zu der neuen Kreuzungspflanze entwickeln soll, enthält zwei Chromosomensätze, von jedem Kreuzungspartner einen.

In einer „weiten" Kreuzung, zwischen weit entfernt verwandten Partnern, kann es genügend genetische Ähnlichkeiten zwischen den beiden Chromosomenbauplänen geben, so daß ein normaler Embryo entsprechend seinem Wachstumsschema aufgebaut werden kann. Jedoch 5 Chromosomensätze mit verschiedenen Regelungsschemen im Endosperm bewirken dessen Zerfall oder Austrocknung, so daß der Embryo noch vor der Samenreife aus Nahrungsmangel abstirbt. Wird der Embryo dem unreifen Samen entnommen bevor dies eintritt, so kann der Embryo in einem Reagenzglas mit einer künstlichen Nahrungsquelle aufgezogen werden. So ist die Embryokultur, das Aufziehen eines Embryos in vitro mittels eines künstlichen Nährmediums, eine Form der Gewebekultur mit dem speziellen Zweck, den frühzeitigen Tod des Embryos aus ungewöhnlichen („weiten") Kreuzungen zu verhindern, und damit zu neuen Kreuzungen und Hybriden zu gelangen.

Wie bei allen Arten von Gewebekulturen muß die Übertragung des Embryos von der Samenkapsel in das Medium des Reagenzglases unter sterilen Bedingungen vorgenommen werden. Steriles Arbeiten ist unbedingt notwendig, weil der Nährboden, aus dem sich der Embryo ernährt, gleichermaßen ein ausgezeichneter Nährboden für Pilze und Bakterien wäre, die den Embryo bald vernichtet hätten. Wenn der Embryo aus einer geschlossenen grünen Samenkapsel, die innen rein und steril ist, übertragen wird, so besteht gewöhnlich wenig Gefahr einer Keimübertragung und es kann mit einer hohen Erfolgsquote gerechnet werden.

Wann die vorzeitige Verkümmerung des Embryos erfolgt, hängt von der speziellen Kreuzung ab; oft erfolgt sie erst kurz bevor sich die Samenkapsel normal öffnen würde, bei anderen tritt sie schon bald nach der Befruchtung ein. Im ersten Fall können die Embryos mit einfachen Instrumenten aufgenommen werden, im zweiten Fall sind die Embryos noch so klein, daß ein Präpariermikroskop oder ein gutes Vergrößerungsglas notwendig sind, um den Embryo zu entnehmen. Auch sind in diesem Fall meist komplizierte Kulturmedien zur Aufzucht zu verwenden.

Die Embryokultur wurde erstmals um 1960 von Dr. S.L. Emsweller vom US Department of Agriculture, Beltsville, angewendet, um Unverträglichkeitsbarrieren innerhalb der verschiedenen orientalischen Lilien zu überwinden. Früchte dieser Arbeit waren hervorragende Lilien, wie 'Allegra' und die Potomac-Hybriden. Der verwendete Nährboden, jetzt „Emsweller's-Nährboden" genannt, war von einfacher Zusammensetzung, aber erfolgreich. Ein anderer, ebenfalls erfolgreich verwendeter Nährboden, der „Murashige and Skoog"-Gewebekulturnährboden wird mit und ohne Wuchshormon als Trockensubstanz in den USA verwendungsfertig verkauft. Es ist auch schon die Aufzucht auf einem Nährboden, bestehend aus 0,16% wasserlöslichem Volldüngersalz, 0,8% Agar und 2% Raffinadezucker gelungen. Je jünger der Embryo zur Aufzucht ist, um so kompliziertere Nährböden müssen verwendet werden.

Mit geeigneten Vorkehrungen kann die Embryokultur von Lilien in einer Küche oder einem Bad vorgenommen und erfolgreich ausgeführt werden. Als Kulturgefäße können Reagenzgläser oder spezielle Kulturröhrchen verwendet werden, mit einer Kunststoffkappe oder einem Wattepfropfen als Verschluß. Der künstliche Nährboden wird hergestellt, indem man die Chemikalien, einschließlich Zucker und Agar, in destilliertem Wasser bei vorsichtigem Erwärmen löst. Die Kulturgläser werden mit der Nährlösung halb gefüllt, verschlossen und in einem Druckkessel 15 Minuten lang bei 1 bar und 120 °C sterilisiert. Nach dem Abkühlen sind die Reagenzgläser fertig, um die Embryos aufzunehmen, die den Samen mittels Skalpell, Nadeln oder Pinzetten entnommen waren. Die benützten Instrumente werden vor Gebrauch durch Eintauchen in Alkohol desinfiziert und abgeflammt. Die Embryoübertragung wird innerhalb eines mit Glasfenstern versehenen Kastens vorgenommen, dessen Innenfläche mit Alkohol oder Chlorlauge (Chlorkalk) desinfiziert werden kann. Der Kasten kann auch eine keimtötende ultraviolette Lampe enthalten, um das Operationsgehäuse vor der Operation ohne Gebrauch von Desinfektionsmitteln steril zu machen.

Die Embryos auf den Nährböden in den Gläsern können sofort und direkt künstlichem oder natürlichem Licht ausgesetzt werden, so daß das Wachstum bald sichtbar wird. Embryos von Lilienkreuzungen, die normal eine unterirdische, verzögerte Keimung aufweisen, werden durch die Lichteinwirkung angeregt, bald, nachdem der Embryo begonnen hat, ein kleines Zwiebelchen zu bilden, auch mit der Blattbildung zu beginnen. Dies stellt einen bedeutenden Zeitgewinn dar, so daß die Embryokultur auch ein brauchbares Mittel ist, den Blühbeginn von Hybriden zu verfrühen, die normal aus Samen gezogen werden könnten. Es ist nicht ungewöhnlich, daß Orient-Hybriden in weniger als 2 Jahren vom Embryo zur Blüte gebracht werden können. Für sehr kleine Embryos, besonders jene, welche eine oberirdische Keimung zeigen, kann es von Vorteil sein, wenn sie zunächst einige Zeit dunkel stehen, bevor sie dem Licht oder der Beleuchtung ausgesetzt werden. Sobald die Embryos gute Wurzeln und mehrere Blätter entwickelt haben, können sie in normales Pflanzsubstrat gesetzt werden; dies erfordert meist eine Wachstumszeit von 6 Wochen bis 3 Monaten in den Reagenzgläsern.

Dazu werden die Embryopflänzchen vorsichtig aus dem Gel des Nährbodens entnommen, wobei eine große Häkelnadel gute Dienste tut. Das Agar-Gel an den Wurzeln muß sorgsam und vollständig mit fließendem Wasser aus den Wurzeln ausgewaschen werden. Die Jungpflanzen werden in eine Bodenmischung gesetzt, wie man sie für junge, frisch ausgepflanzte Sämlinge gebraucht und müssen gleichmäßig feucht gehalten werden. Eine Benebelung der Blätter, auch eine Glasabdeckung, um mit Wasserdampf gesättigte Luft zu erzeugen, ist notwendig, bis sie sich an das Leben außerhalb des Reagenzglases gewöhnt haben. Sobald die Wuchsfreudigkeit nachläßt, ist es Zeit, eine kühle Periode einzulegen (dies kann der natürliche Winter oder eine 4- bis 12wöchige Kühlung in einem Kühlschrank sein). Dann kann eine weitere Wachstumsperiode einsetzen.

Manche Züchter glauben und hoffen unwissentlich, daß mittels der Embryokultur jede Lilienkreuzung ausgeführt werden kann. Aber es ist selbstverständlich, daß zwischen den Eltern selbst genügend genetische Verträglichkeit vorhanden sein muß, damit der Embryo wächst. Jedoch sind manche der Kreuzungen, die mit Hilfe der Embryokultur ausgeführt wurden, sehr erstaunlich.

Dr. Chris North des Scottish Horticultural Research Institute of Invergowrie, Schottland, hat die Embryokultur benützt, um eine Reihe von Kreuzungen zwischen europäischen Lilienarten und Kaukasuslilien auszuführen. Seine Kreuzungen zwischen *L. pyrenaicum* und den *L. ponticum*, *L. chalcedonicum* und *L. szovitsianum* sind vielleicht die interessantesten dieser Reihe. Er hat auch kräftig wachsende Hybriden zwischen *L. lankongense* (und deren Hybriden) und Asiatischen Lilien aufgezogen. Aus diesen Kreuzungsreihen sind so schöne und wohlriechende Lilien wie 'Adonis' (*L. lankongense* × 'Edith Cecilia') und 'Ariadne' (*L. lankongense* × 'Maxwill') hervorgegangen, für welche er den Reginald Cory Cup der Royal Horticultural Society erhielt. 1977 brachte Dr. North die erste Hybride zwischen *L. henryi* und einer Asiatischen Lilie zur Blüte und gab ihr den passenden Namen 'Eureka' (Abb. Seite 215).

Die Oregon Bulb Farms begannen 1971 unter der Leitung von Edward A. McRae ein Programm der Embryokultur, das sich in der Hauptsache mit der Erweiterung der Zuchtlilien der Orient-Hybriden befaßte und *L. rubellum, L. nobilissimum, L. alexandrae* und die Miniatur-Auratum-Hybriden einschloß. Viele Hunderte von kultivierten Embryos haben geblüht; Hybriden der zweiten und dritten Generation wurden aufgezogen, manche von ihnen zeigen normale Keimfähigkeit. Die schönsten dieser Hybriden sind *L. alexandrae* × *L. rubellum, L. alexandrae* × *L. speciosum* 'Grand Commander', *L. alexandrae* × *L. speciosum* mit beiden Elternteilen zurückgekreuzt, *L. alexandrae* × komplexe Auratum – Japonicum-Hybriden und *L. alexandrae* × 'Sans Souci'.

Edward und Judith McRae, Oregon, haben auch Leonard Marshall, Casper, Wyoming, bei seinem Zuchtprogramm unterstützt, das auf die Züchtung von echten Zwerglilien und die Züchtung von *L. candidum*-Hybriden ausgerichtet ist. L. Marshall hat hunderte von kontrollierten Bestäubungen ausgeführt und die noch grünen Samenkapseln mit Luftpost zu Judith McRae nach Oregon geschickt, die die Embryokultur ausführte. Dieses Langzeitprogramm brachte 1976 den ersten Erfolg, als viele der embryokultivierten Sämlinge von 'June Fragrance' (*L. candidum* var. *salonikae* × *L. monadelphum*) × pastellfarbene Asiatische Hybriden, mit tief weinrosafarbenen Blüten erblühten, welche den Blüten von *L. candidum* in Form und Substanz glichen (Abb. Seite 215).

Hunderte von Embryos der russischen Hybride *L.* × *fialkovaja* (*L. monadelphum* × *L. maculatum*), gekreuzt mit pastellfarbenen Asiatischen Hybriden, wurden ebenfalls aufgezogen. Im Zuchtprogramm für Miniaturlilien wurden mittels Embryokultur Hybriden wie *L. cernuum* × *L. pumilum, L. concolor* × *L. pumilum* und *L. pumilum* × *L. maximowiczii* erhalten, die für weitere Kreuzungen verwendet wurden. In der Weiterverfolgung von Zuchtlinien, wie die von Dr. North, indem *L. lankongense* mit verschiedenen pastellfarbenen großblütigen Asiatischen Lilien gekreuzt wurden, sind äußerst wüchsige Hybriden, ähnlich *L. lankongense,* erzielt worden, jedoch mit duftenden, größeren, mehr offenen und mehr aufrechten Blüten.

Dr. P.D. Ascher von der Universität Minnesota hat bemerkenswerte Hybriden erhalten, indem er sich der Embryokultur und der Griffelamputation bei der Schaffung einer Reihe von farbigen *L. longiflorum*-Hybriden bediente. 1972 brachte er die Hybride 'Damson' × *L. longiflorum* zur Blüte. Weitere Kreuzungen verbinden 'Connecticut Yankee' × *L. longiflorum* und 'Moonlight' × *L. longiflorum.* Ein früherer Student von Dr. Ascher, Dr. Wilbert G. Ronald, Morden, Manitoba, hat einige Hybriden von besonderer Schönheit mit Hilfe der Embryokultur gezogen. Er erhielt 1977 den Earl N. Hornback Award der NALS für seine Kreuzung zwischen 'June Fragrance' und einer roten Asiatischen Lilie. Zugleich stellte er die Hybride 'June Fragrance' × 'Stuart Criddle', 'Damson' × 'Connecticut Yankee' und 'Pink Tiger' × 'Barber 23' aus.

Die ganze Lilienwelt war über die Hybriden von Dr. Hiroshi Myoda, Sapporo, Japan, erstaunt, die ihm durch Griffelamputation vor der Bestäubung und durch die Aufzucht extrem kleiner Embryos, oft nicht größer als 0,5 mm, gelangen. Seine Züchtungen umfassen *L. longiflorum* × verschiedene Asiatische Hybridlilien, *L. longiflorum* × *L. cernuum, L. longiflorum* × *L. henryi, L. longiflorum* × *L. concolor, L. longiflorum* × (*L. callo-*

sum var. *flaviflorum* × *L. concolor* var. *coridion*), die Orient-Hybride 'Shikayama' × *L. henryi* und *L. formosanum* × *L. speciosum*. All diese Hybriden stehen in Blütenform zwischen den Eltern und zeigen die Eigenschaften beider. Ihre Abstammung wurde durch die Nachprüfung der Chromosomen bestätigt. Rosenrote oder rosa Blütenfarben sind dominant über weiß, aber die Nachzucht von Kreuzungen zwischen *L. longiflorum* und gelb- oder orangefarbenen Lilien zeigen eine nicht vollkommene Dominanz und haben pastellfarbene Blüten.

Die Embryokultur ist ein sehr brauchbares Mittel, denn sie erlaubt nicht nur Kreuzungsbarrieren zu umgehen, sondern sie läßt hoffen, daß eventuell auch Hybriden aus frühen sterilen Zuchtlinien erzielt werden können, die normale Keimfähigkeit haben. Viele der ersten Generationen der „künstlichen" Hybriden, besonders der interspezifischen Hybriden, stellen eine Sackgasse in der Züchtung dar, denn sie sind vollständig unfähig, keimfähigen Pollen oder lebensfähige Samen hervorzubringen. Andere zeigen verschiedene Grade der Keimfähigkeit, und oftmals können ihre Embryos erfolgreich aufgezogen werden, wenn sie auch nicht als Pollenspender wirken können. Die Weiterzucht mit jenen, die wenigstens eine geringe Keimfähigkeit zeigen, kann eventuell Hybriden hervorbringen, die fähig sind, Nachwuchs auf normalem Weg, ohne Embryokultur zu zeugen.

Zum Beispiel: Es ist ganz schwierig, normale Samen von Ruth P.H. Clas's 'Easter Bunny' (Osterhase, Abb. Seite 205), einer Hybride zwischen *L. alexandrae* und *L. speciosum*, zu erhalten, obwohl sie eine ausgezeichnete Mutterpflanze ist, die kultiviert werden kann. Nachwuchs, der auf diese Weise von 'Easter Bunny' abstammt, das mit *L. alexandrae, L. speciosum* oder verschiedenen Orient-Hybriden gekreuzt worden ist, enthält einige wenige Individuen mit normalen Pollen, so daß leicht normaler Samen erhalten werden kann. Es ist zu hoffen, daß normal kreuzende Lilien, die *L. henryi* mit den Orient-Hybriden und *L. henryi* mit den Asiatischen Lilien verbinden, auf diese Weise erhalten werden können. Damit könnte die Robustheit von *L. henryi* auf einen größeren Lilienkreis übertragen werden.

Die Embryokultur ist eine Technik, welche heute amerikanische wie holländische Lilienzüchter vielfach anwenden und die es ermöglicht, durch Kreuzung weit entfernter Lilien neue Lilientypen zu züchten. Auch ein geschickter Amateur kann sich mit entsprechender Einrichtung dieser Technik mit Erfolg bedienen.

Treiben der Lilien als Schnittblumen und als Topfpflanzen

In Holland wurden 1970 10 Millionen Lilienstengel und 12 Millionen Lilienzwiebeln auf Auktionen versteigert. Im Jahr 1977 stiegen diese Zahlen auf 126 Millionen Lilienstengel und 22 Millionen Lilienzwiebeln. Die Lilienindustrie setzt ihre weltweite Expansion fort, vor allem, wenn geeignete neue Sorten mit neuen Farben in den Handel kommen.

Bis in die 60er Jahre wurden nur wenige Liliensorten und Spezies gezogen und getrieben. Die Einführung und Verbesserung der Kühltechnik und die Erfahrungen mit ihr, die ein vermehrtes Treiben der Midcentury-Hybride 'Enchantment' über das ganze Jahr möglich machte, gab der Lilienindustrie in Holland einen drastischen Aufschwung, so daß 1977 in Holland 770 ha 'Enchantment' gepflanzt wurden. In den 60er Jahren kamen weitere Midcentury-Hybriden, wie 'Destiny', 'Tabasco', 'Harmony', 'Joan Evans' und 'Prosperity' als Schnittblumen dazu, aber alle zusammen erreichten nie die Anbaufläche von 'Enchantment'. Nach 1970 wurden 'Connecticut King', 'Chinook', 'Firecracker', 'Dayspring', 'Juliana', 'Peachblush' (Abb. Seite 159), 'Sterling Star' von OBF und 'Bellona', 'Ladykiller' von den Gebrüdern Laan und 'Corina', 'Nanda', 'Suzanna' und 'Tamara' von de Jong, sowie 'Mies Bouwman', 'Sinai', 'Sahara' von Bischoff Tulleken (Abb. Seite 205, 206) als neue Asiatische Hybriden eingeführt, die während des ganzen Jahres zum Treiben geeignet sind.

Lilien zum Treiben werden einer strengen Auslese unterworfen. Für Asiatische Lilien werden gefordert: hohe Knospenzahl, klare Farbe, ein gut aufgebauter Blütenstand mit biegsamen Blütenstielen, verhältnismäßig kurze Blätter und lange Stiele. Topflilien sollen 30 cm oder kürzer sein, mit langen glänzenden Blättern, mit klarer Blütenfarbe und vielen Knospen. Jede Sorte muß geeignet sein, das ganze Jahr über getrieben zu werden, selbst bei längerer Kaltlagerung; auch sollen sie keinen Knospenabwurf oder Blattverfärbung zeigen. Infolge der stark gestiegenen Heizungskosten sind kurze Treibzeit und nicht zu hohe Treibtemperaturen in letzter Zeit besonders wichtige Kriterien für die Sortenwahl.

Die Zwiebeln, die für das Treiben vorgesehen sind, werden erst geerntet, wenn sie im Freiland voll reif geworden sind, d.h. nicht vor Ende September für die Asiatischen und nicht vor Ende Oktober für die Orient-Hybriden. Sie werden sortiert, gepackt und in den Kühlraum gebracht. Asiatische Hybriden müssen mindestens 6 bis 8 Wochen bei 1 °C im Kühlraum bleiben, bis sie zum Treiben verwendet werden, eine verlängerte Kühlzeit ist nicht schädlich, im Gegenteil, sie verkürzt die Zeit des Treibens. Orient-Hybriden verlangen im allgemeinen eine längere Kühlzeit, *L. speciosum* mindestens 8 Wochen und *L. auratum* mindestens 12 Wochen. Im Frühjahr müssen die Kühltemperaturen auf −1° bis −2 °C abgesenkt werden, um zu verhindern, daß die Zwiebeln, die später getrieben werden, frühzeitig austreiben.

Lilien verlangen im Treibhaus einen lockeren, humushaltigen Boden, der eventuell mit einem Torfsubstrat verbessert werden muß. Die Zwiebeln sind so tief zu pflanzen, daß sie mindestens 7 cm mit Erde überdeckt sind, außerdem muß der Boden genügend feucht gehalten werden.

Zur Schnittblumengewinnung werden die Zwiebeln auf Beeten in Reihen oder in großen Containern ausgesetzt. Die Weite der Pflanzung (Zwiebeln/m^2) hängt sowohl von der Sorte, der Zwiebelgröße, dem Boden und der Jahreszeit bei der Treiberei ab. Je stärker das Licht, je länger der Tag ist, um so mehr Zwiebeln können pro m^2 gepflanzt werden. Je enger gepflanzt wird, um so länger werden die Stiele. Vor dem Pflanzen ist der Boden gegen Pythium-Wurzelfäule zu behandeln. Dies geschieht durch Dämpfen oder einer chemischen Entseuchung mit Methylbromid. In Holland wird auch eine Gabe von 5 bis 10 g AAterra oder Bayer 5072 pro m^2 in den oberen 10 cm des Bodens eingearbeitet. Bayer 5072 kann auch nach dem Durchtreiben der Zwiebeln mit der Bewässerungsanlage auf die Pflanzen gesprüht werden. Zu achten ist auf Läusebefall; hier ist sofort mit bewährten Spritzmitteln zu behandeln.

Die Temperatur im Gewächshaus soll nicht mehr als 12° bis 15 °C betragen. Bei dieser Temperatur ergibt sich der beste Blütenansatz. Höhere Temperaturen verursachen ein Vertrocknen der Blütenknospen. Durch eine zusätzliche Beleuchtung bis zu 24 Stunden pro Tag kann das Vertrocknen der Knospen abgewendet und die Stengellänge günstig beeinflußt werden. Die Zusatzbeleuchtung während des Endes der Treibzeit soll 3000 Lux betragen und 4 Wochen lang gegeben werden. Bewährt haben sich Natriumdampflampen des Typs SON/T, 400 W. Asiatische Hybriden können in mehreren Sätzen ab Anfang Dezember gepflanzt werden. Nach Ende März kann nicht mehr mit Erfolg angebaut werden. Zwiebeln für das Gewächshaus müssen normal mindestens 6 Wochen bei einer Temperatur von +2° im Freien oder im Kühlhaus gelagert worden sein.

Die *L. speciosum*-Sorten brauchen im geheizten Gewächshaus 110 bis 140 Tage vom Setzen bis zur Blüte. Die Temperaturen können hier höher sein und betragen 18 bis 20 °C. Gepflanzt kann werden von Januar bis Ende Mai, aber auch hier kommen bei einzelnen Sorten Abweichungen vor. Durch zusätzliche Beleuchtung mit Glühlampen von 20 Watt/m^2 bei 16stündiger Dauer während eines Zeitraumes von 6 Wochen läßt sich die normale Treibzeit um 3 Wochen verkürzen. Auch hier kann der Zwiebellieferant für jede Sorte genaue Angaben machen. Als Sorten kommen 'Uchida', 'Rubrum Nr. 10', 'Rubrum B.A.', 'Grand Commander' in Frage, die von holländischen Firmen geliefert werden. In kleineren Mengen werden aus Holland und den USA auch Zwiebeln der Orient-Hybriden gezogen und geliefert, so die aus den USA stammenden Sämling Strains 'Imperial Crimson', 'Imperial Silver', 'Jamboree', 'Bonfire', 'Pink Glory'.

L. longiflorum können das ganze Jahr getrieben werden. In den USA werden sie für Ostern in großen Mengen als Schnittblumen und in Töpfen verkauft. Geeignete Sorten sind 'Arrai', 'White Queen'.

L. longiflorum und *L. speciosum* werden meist bei höheren Temperaturen getrieben; zu tiefe Temperaturen verursachen bei *L. speciosum* Blattverlust, bei *L. longiflorum* werden Virussymptome sichtbar. Klare Sonnentage nach einer Periode trüben Wetters kann „Sonnenbrand“ auf den zuletzt entwikkelten Blättern von einigen Sorten hervorrufen. Am besten ist es, kühle und schattige Bedingungen mit einem ausgeglichenen Feuchtigkeitsstand während dieses kritischen Wuchszustandes zu schaffen.

Die Stengel der Schnittlilien werden geschnitten, sobald die Knospen ihre Farbe zeigen und im Kühlraum bis zum Verkauf aufbewahrt. Stengel mit 6 bis 8 Blüten, die in gutem Zustand gekauft wurden, werden im allgemeinen 8 bis 14 Tage in guter Verfassung bleiben.

Eine gute Zwiebelqualität sorgt für die Ernährung bis zur Blütezeit. Es genügt im allgemeinen zweimaliges Düngen mit einem Flüssigdünger, sobald die Zwiebeln austreiben.

Je nach Sorte und der Jahreszeit ändern sich die Treibtemperaturen, wobei Lilien einen großen Temperaturspielraum ermöglichen. Asiatische Lilien werden meist mit 10 bis 15 °C Nachttemperatur und 15 bis 27 °C Tagtemperatur getrieben. In den Wintermonaten mit geringem Licht und kurzen Tagen werden die niederen Temperaturen bevorzugt. Je länger die Tage mit zunehmendem Licht und Wärme werden, um so kürzer ist die Treibzeit. Asiatische Sorten brauchen in der Regel 55 bis 85 Tage zum Treiben, je nach Saison und Umweltbedingungen.

Für die Topfkultur zum Verkauf als Topfpflanzen gibt es zur Zeit nicht viele Sorten. Obwohl eine große Anzahl von neuen genetischen Zwergformen, sowohl der Orient- wie der Asiatischen Hybriden, in allen Farben in Vermehrung sind, werden sie erst in Kürze für den Markt zur Verfügung stehen. In den USA sind 'Enchantment' und 'Connecticut Lemonglow', die mit einem Stauchemittel behandelt werden, um ihre Höhe zu reduzieren, als Topfpflanze beliebt; genau so wie 'Red Carpet', eine echte Zwerglilie, die große Blüten trägt und ohne chemische Behandlung klein bleibt.

Die Miniatur-Orient-Hybriden, wie 'Little Rascals', 'Little Red Rascals', 'Little Gold Rascals' und die neuen 'Little Pink Rascals' stammen von den Miniaturformen von *L. auratum* ab, die Dr. Yeates, Neuseeland, als Erster gezüchtet hat. Diese Züchtungen sind hübsche Topfpflanzen mit breiten Blättern und lange haltenden, duftenden Blüten. Sie finden guten Absatz, je mehr Vorrat zur Verfügung steht.

Oben links: Lilienfelder der Oregon Bulb Farms. Oben rechts: 'Sans Souci' auf einem Feld der Strahm Bulb Farms. Mitte links: 'Mies Bouwman' von Bischoff Tulleken. Mitte rechts: 'Easter Bunny', eine Kreuzung aus *L. alexandrae* × *L. speciosum* von Ruth Clas. Unten links: 'Suzanna' besitzt eine flache Blütenschale mit kräftigem Gelb und schöner Zeichnung. Unten rechts: 'Tamara', eine frühe Lilie für Schnitt und Garten.

Über die Schönheit der Lilien

Fast ist es vermessen, über die Schönheit der Lilien zu schreiben, denn es ist zu befürchten, daß dabei das Erscheinungsbild dieser unserer edelsten Gartenpflanze herabgesetzt wird, weil sich kaum passende Worte für ihre einfache, große Schönheit finden lassen.

Und doch ist es notwendig, daß wir uns über einige Wesenszüge der Lilienschönheit unterhalten. Wenn wir Menschen dabei sind, neue Lilien zu züchten und auszulesen, und wenn diese neuen Lilien Erscheinungsformen zeigen, die von denen der Wildlilien abweichen, so müssen wir uns darüber klar werden, welche Grundelemente die Schönheit der Lilien ausmachen, damit wir sie bei der Züchtung im Auge behalten und daran festhalten können.

Die Lilienblüte überrundet fast sämtliche unserer Gartenpflanzen in der Größe der Einzelblüte. Ein mannshoher, vielblütiger Lilienstengel mit seiner Blütenpracht steht konkurrenzlos im Garten. Aber nicht nur für das Auge ist die Lilie ein Wohlgefallen, der reichströmende warme und doch so fremde Duft vieler Lilien umschmeichelt unsere Sinne und läßt Märchen aus Tausendundeiner Nacht erahnen. Nachdem drei Kontinente Lilien in den mannigfaltigsten Wuchs- und Blütenformen hervorbringen, ist es unmöglich, sie in einen einheitlichen Schönheitskodex zu pressen. Wir wollen den einzelnen Formen nachgehen und versuchen, ihre Schönheit zu ergründen.

Wir wissen aus der Kunstbetrachtung, daß es gewisse Regeln der Ästhetik gibt, die ein Kunstwerk schön und harmonisch erscheinen lassen, sei es, daß die Form einen bestimmten Aufbau zeigt, der meist auf geometrische Formen (Dreieck, Viereck, Fünfeck, Sechseck, Kreis) zurückgeführt werden kann, oder daß die Form eine gewisse Richtung anzeigt, z.B. parallele Linien, steigende Linien, oder daß eine Wiederholung oder eine Reihung vorkommt.

Nun haben alle Lilien etwas gemeinsam. Ihre Blüten sind auf der Grundlage des regu-

---

Oben links: '75–18AA', aus 'Red Knight' × 'Schellenbaum', ist eine ausgezeichnete Hybride mit prächtigem Aufbau, gut plazierten, vielen Blüten von leuchtender Farbe; sie erhielt 1980 bei der Lilienschau in Mansfield, Ohio, das Prädikat „Beste Lilie der Schau". Züchter ist Warren S. Summers, Tolland. Oben rechts: 'Sahara', gezüchtet von Bischoff Tulleken, Holland; eine gelbe, aufrechte Schalenlilie, die sich infolge ihrer kurzen Treibzeit bei den Gärtnern großer Beliebtheit erfreut. Mitte links: 'Mykonos' von Victor Straßer, Erlangen, hat dunkle Stengel, einen robusten Aufbau und trägt aufrechte, glühend orangefarbene Blüten, deren Spitzen in Rot übergehen. Mitte rechts: 'Savona' von Victor Straßer ist eine kräftige Lilie mit glänzend und leuchtend roten Blüten, ein Blickfang im Garten. Unten links: 'Weißer Tiger', eine sehr gute und wüchsige weiße Lilie. Unten rechts: '3–76' ist durch die hellgelben Blüten mit rotem Mittelstrich und dem guten Aufbau der Rispe eine auffallende Gartenlilie.

lären Sechsecks aufgebaut. 6 Perigonblätter, genauer 3 äußere Kelchblätter und 3 innere Kronblätter, die aber bei der Lilie sich ziemlich gleichen, formen die Blüte. Auch die weit aus der Blüte ragenden Staubgefäße sind in der Sechszahl. Wer erinnert sich nicht bei der Betrachtung einer Lilienblüte der in der Schule erlernten Konstruktion des regulären Sechsecks mit dem Zirkel? Das Sechseck ist eine geometrische Figur, die ob ihrer allseitigen Ausgeglichenheit ästhetisch unseren Gesichtssinn besonders anspricht, vor allem auch deswegen, weil die Sechszahl der Form nach übersichtlich genug ist, um auf einen Blick ohne Nachzählen erfaßbar zu sein. Die geometrische Sechszahl strapaziert unseren Geist nicht, sondern wirkt direkt auf die Sinne. Sind Kelch- und Kronblätter in Breite und Größe verschieden groß, breit, lang oder gekrümmt, so wird die Gestalt des Sechsecks zu dem des Dreiecks verschoben. Das gleichseitige Dreieck ist die Figur, die sich nach drei Richtungen verströmt und verschenkt, die richtungweisend ist. Wie die Sechs bildet die Drei eine Figur, in sich vollkommen und abgeschlossen. Nicht umsonst gilt die Drei als eine heilige Zahl.

Die reinsten Sechseckkonstruktionen zeigen die Blüten der Schalenlilien, jener Lilien, die ihre Blüten in Form weiter Schalen öffnen. Dazu gehören vor allem die Blüten von *L. bulbiferum, L. bulbiferum* var. *croceum, L. maculatum, L.* × *hollandicum, L. concolor,* auch von *L. auratum.* Die Spitzen ihrer 6 Blütenblätter bilden ein reguläres Sechseck, bei *L. concolor* einen sechszackigen Stern. Bei der Betrachtung dieser Schalenlilien fällt sofort ein weiteres Element der Formung auf, nämlich der Umriß, die Silhouette der Blüte in der Aufsicht.

Wie befriedigend schön und voll, wie dekorativ wirkt die Blüte einer *L.* × *hollandicum,* wenn sich alle Perigonblätter überdekken, so daß geometrisch eine vollkommene sechseckige Schale entsteht! Anders ist der Eindruck, wenn die breiten Blütenblätter sehr spitz auslaufen, so daß die Blüte ein spitzeckiges Sechseck bildet. Die Blüte von *L. concolor* demonstriert uns am schönsten diesen Sechseckstern, in dem viel Grazie liegt. Noch stärker empfinden wir die Grazie der Blüte von *L. catesbaei.* Hier sind die Ansätze der Perigonblätter an den Blütenboden stengelhaft dünn, verbreitern sich dann zur Blattspreite, bis sie sich gegenseitig überdecken, um in langen dünnen Zipfeln elegant zu enden. Die Silhouette mit den Zwischenräumen der sich im Blütenboden nicht überdeckenden Blütenblätter wirkt fast spinnenhaft und erinnert an die Blüte der Wildtulpe *Tulipa acuminata.* Es zeigt sich, daß die Formung der sechseckigen Blütenschale, ob offene Schale, Kelch oder Stern, wesentlich zum Erscheinungsbild der Lilienblüte beiträgt.

Wenden wir uns den Türkenbundformen der Lilien zu. Hier sind die Blütenblätter des sechseckigen Blütensternes zumeist soweit zurückgeschlagen, daß sich die Blütenblattspitzen beim Blütenstengel wieder berühren. Die Blüte formt fast einen Ball oder Turban. Je regelmäßiger dieser Ball oder Turban geformt ist, je weniger sich die einzelnen Blütenblattspitzen überschneiden, um so klarer geformt wird sich die Einzelblüte darstellen und um so ästhetisch wertvoller wird sie uns erscheinen. Diese zurückgeschlagenen Blütenblätter, welche den Turban formen, lassen die Blüte kleiner erscheinen, als wenn sie eben ausgebreitet wären. Dafür ist diese kugelförmige Blüte eine körperhafte Form, die ihre Steigerung in den aus der Blüte herausragenden sechs langen Staubblättern und dem Griffel findet.

L. martagon, L. pumilum, L. cernuum, L. amabile, L. pomponium, L. lankongense, L. davidii und die Amerikaner *L. pardalinum, L. harrisianum, L. humboldtii,* zeigen diese Form am reinsten.

Die dritte und wesentliche Form unserer Lilien ist die Trichter- oder Trompetenform.

Eine lange, enge oder auch weite Blütenröhre öffnet sich zu einer Trompete oder zu einem Trichter. Es können sich die Blütenblattspitzen verschieden weit öffnen, sich sogar zurückschlagen oder sich zurückrollen, auch schraubenförmig sich drehen. Die Blüten dieser Lilien zählen zu den größten. Ihre Knospen können 14 bis 16 cm lang und auch länger sein und schauen wie Entenschnäbel aus. Auch hier zeigt sich, daß die regelmäßig geformte Blüte, z.B. einer *L. regale,* oder einer *L.* × *imperiale,* deren Blütenblätter zuerst eine trichterförmige Röhre bilden, um sich dann breit und gleichmäßig aufzuschlagen, uns am meisten anspricht. Sind die drei Kronblätter breit geformt mit sichtbar geprägter Mittelrippe, die Kelchblätter schmäler mit gleichweit zurückgeschlagenen Blütenblattspitzen, so können wir eine solche ebenmäßige Blütenform als klassisch bezeichnen. Eine Delikatesse ist es, wenn die Blütenblattränder etwas gewellt (frilled) sind, so daß ein plastischer Gegensatz zu dem glatten Alabasterweiß der Blütenröhre entsteht.

Die bekanntesten dieser Trichterlilien sind *L. regale, L. sargentiae, L.* × *imperiale, L. leucanthum* var. *centifolium, L. sulphureum, L. brownii, L. longiflorum, L. philippinense, L. formosanum.*

Die Blütenstände der Lilien können entweder Dolden oder auch Rispen sein, aber auch Zwischenstufen kommen im Aufbau der Blütenstände vor. Die als erste genannten Schalenblüten vieler asiatischer Lilien stehen vielfach in Dolden beisammen. Die weit offenen, dem Sechseck entstammenden Schalenblüten reihen sich in den Dolden zu reichen, großen Blütenständen aneinander, den Zauber der Einzelblüte vervielfachend.

Dagegen stehen die Turbanblüten der martagonblütigen Lilien meist in klaren Rispen aneinandergereiht und erblühen von unten nach oben. Bald schweben die kleinen Turbanblüten an elegant gebogenen langen Blütenstielen, wie bei *L. pardalinum,* bald stehen sie steif an kurzen Stielchen von der Blüte ab. Immer aber entspringen die Blüten der Rispe spiralig um den Hauptstengel, so daß ihr Platz am Stengel mathematisch vorausbestimmbar ist. Hier wiederholt sich in der Blütenrispe sichtbar das innere Gesetz dieser Pflanzen, die in der Aneinanderreihung und in der Überdeckung der Zwiebelschuppen für uns unsichtbar im Erdboden vorhanden ist. Diese sichtbare Gesetzmäßigkeit im Aufbau der Blütenrispe empfinden wir als schön, weil sie stark an den uns eigenen Sinn für Gesetzmäßigkeit und Ordnung rührt.

Auch die Trompetenlilien haben die Blüten meist in Rispen oder auch in Etagen aufgebaut. Beispiel für die Rispenform ist *L. sulphureum,* für die Etagenform *L. centifolium* und *L. regale.* Bei *L. regale* und *L. longiflorum* haben wir meist nur eine Etage, die Blüten stehen in einer radartigen Anordnung um den Mittelstiel, bei *L. leucanthum* var. *centifolium* sind meist mehrere Etagen vorhanden, nach oben an Blütenzahl abnehmend, so daß ein pyramidenartig aufgebauter Blütenstand entsteht. Oft kommen an einem Blütenstiel Zweitblüten vor, die erst aufblühen, wenn die Erstblüten schon verblüht sind, damit den Flor eines Blütenstandes verlängernd.

Ist für den Kenner und Züchter die ebenmäßige Form einer Blüte das Wesentliche und Erstrebenswerte, so bleibt der Laie gerne an der Farbe hängen, womit beileibe nicht gesagt werden soll, daß diese nebensächlich sei. Im Gegenteil wird eine weithin leuchtende, warme Farbe jede Lilie empfehlen. Gerade darin sind die Schalenlilien mit ihrem Gelb, Goldgelb, Orange, Feuerrot unübertroffen.

Die Natur hat viele Eisen im Feuer, wenn es gilt, neue Ausdrucksformen zu bieten. Gehen wir nur auf ein einziges dieser Mittel ein, die Lilienblüten zeigen können, auf die Sprenkelung vieler Blüten, besonders der asiatischen und auch der amerikanischen Lilien. Auf den gelben oder roten Blütenblättern zeigen sich dunkle Sprenkel, bald ganz fein, bald groß, bald überziehen sie fast das ganze Blütenblatt, bald sind sie nur auf einen kleinen Teil des Blütenblattes, auf den mittleren Teil oder den Schlund beschränkt. Bald sind sie nur andersartige Farbtupfen, bald sind es erhaben dastehende farbige Papillen und Warzen der Perigonblätter. Stets ist aber irgendeine Ordnung in der Anordnung der Sprenkel und Tupfen, die oft wie ein regelmäßiges Muster wirken und damit dem Auge Anlaß geben, dieses zu verfolgen wie ein Kreuzworträtsel. Nie wird aber dieses Rätsel aufgehen, denn die Natur webt und wirkt mit so vielen Unbekannten, daß ein Elektronengehirn notwendig wäre, die Lösung zu finden – wenn wir die Faktoren kennen würden.

Schließlich kam der lilienzüchtende Mensch, fand eine kleine Lücke in den Genfaktoren und hat diese Sprenkel einfach weggezüchtet. Ich stand 1969 ergriffen vor dem großen Strauß der rein orangegelben, völlig ungesprenkelten Blüten von 'Connecticut King', die anläßlich des Lilienkongresses in London ausgestellt waren. Ein Triumph der Züchtung.

Auch bei der Kreuzung der Lilien sind der Faktoren so viele und damit die Möglichkeiten so reich und mannigfaltig, daß sie in die Tausende gehen. Wir sprachen davon, daß durch die Kreuzung und die Einführung der Hybriden die Gefahr besteht, daß wir die echte und reine Schönheit der Lilien verlieren könnten. Dem dürfte jedoch nicht so sein. Die Mendelschen Vererbungsgesetze sind uns Garant dafür, daß die Schönheit der Lilien nicht vergänglich ist, solange der Mensch in all seinen Sinnen einen Empfänger für Schönheit hat. Der Mensch hat die Möglichkeit, alle jene Züchtungsprodukte von der Weiterzüchtung auszuschalten, die nicht seinem Zuchtziel und seinem Schönheitsideal entsprechen. Wenn sein Schönheitsideal sich an der natürlichen Schönheit der Lilien gebildet hat, wird es ihm sogar möglich sein, noch schönere und bessere Lilien zu züchten und aus den Tausenden von Spielarten die besten Ergebnisse auszuwählen. Um nur eine Zuchtrichtung zu nennen, sehen wir uns die Aurelianense-Hybriden an, die aus zwei so heterogenen Lilien wie der weißen Trichterlilie *L. sargentiae* und der *L. henryi* mit ihren orangefarbigen Türkenbundblüten entstanden sind. Aus den Abertausenden von Hybriden haben wundervolle Kreuzungslilien mit neuen vorteilhaften Eigenschaften Einzug in unsere Gärten gefunden; sie können in ihrer Grazie Schönheit und Eleganz wirklich als „Superlilien" angesprochen werden.

Unsere Lilien sind also Schönheitsträger ersten Ranges. Bestechend ist die Größe der Lilienblüten, ihre graziöse Anordnung in Rispen oder Dolden, ihre Reichblütigkeit. Im einzelnen empfinden wir eine Blüte als um so schöner, je regelmäßiger sie gebaut ist, je weiter sie sich öffnet und je mehr sie sich dem Betrachter zuwendet. Die Blütenfarbe soll kräftig sein, eine Sprenkelung kann, wenn sie gut verteilt oder konzentriert ist, den Reiz der Blüte erhöhen.

Wir schätzen die gute Verteilung der Blüten am Blütenstengel. Der Abstand soll so bemessen sein, daß jede Blüte zur Geltung kommt, weshalb eine rispenartige Blütenanordnung oft interessanter ist als eine doldenförmige. Wie die Blüten von kurzen oder langen, geraden, gebogenen oder geschwungenen Blütenstielen getragen werden, macht die Grazie eines Blütenstengels aus.

So müssen sehr viele gute Einzelheiten zusammentreffen, um eine gute Lilie zu formen. Der Lilienzüchter hat sich aber stets kritisch mit seinen Zuchtprodukten auseinanderzusetzen, nur die besten auszulesen und zur Weiterzucht zu benutzen.

Lilien zur Schau gestellt

In Nordamerika, wo es sehr rührige Gartenklubs gibt, in England, wo die Liebe zum Garten traditionell ist und die Royal Horticultural Society (RHS) alle Garten- und Pflanzenliebhaber vereinigt, sind Blumenausstellungen und Gartenschauen an der Tagesordnung und werden jährlich von Tausenden besucht. Das sind Ereignisse, über die man spricht und worüber die Zeitungen eingehend berichten. Selbstverständlich gibt es auch spezielle Lilienausstellungen. Die Nordamerikanische Liliengesellschaft (NALS) hält ihre Jahrestagung mit Lilienausstellung jährlich an einem anderen Ort ab, die RHS veranstaltet jährlich im Juli eine Lilienschau in London, auch die zwei Neuseeländischen Liliengesellschaften führen jährlich Lilienausstellungen durch. In Holland treffen sich die Lilienzüchter und Lilienvermehrer jährlich im Juli bei einer großen Lilienausstellung in Akersloot oder neuerdings im Mai im Keukenhof. Die „Gesellschaft der Staudenfreunde e. V.“, die in Deutschland die Lilien mitbetreut, hält ebenfalls jedes Jahr im Juli eine Lilienschau an jeweils verschiedenen Orten ab. Diese Ausstellungen bringen die besten Lilien zusammen und sind meist mit Prämiierungen verbunden.

Es ist selbstverständlich, daß die gezeigten Lilien in bester Verfassung zur Schau gestellt werden müssen. Dies ist oftmals nicht ganz einfach, denn die geschnittenen Lilienstengel werden per Bahn, per Auto, ja selbst mit dem Flugzeug angeliefert. So sind die holländischen Lilienzüchter und die Oregon Bulb Farms fast auf jeder dieser Ausstellungen vertreten und liefern ihre Lilien per Luftfracht von Oregon oder Holland an. Wie das gemacht wird und welche Vorbereitungen dafür getroffen werden müssen, ist wertvoll zu wissen. Eine zerdrückte oder mit Blütenstaub verschmierte Lilie wird nie einen Preis gewinnen oder beim Publikum Anklang finden. Ebenso wichtig ist diese Frage für den gewerbsmäßigen Liliengärtner, der seine Lilien in den Blumengeschäften als Schnittblumen absetzen will. Auch er muß beste Ware liefern, um beste Preise zu erzielen.

Schneiden

Die Vorbereitung für das Ausstellen von Schnittlilien beginnt mit dem Schneiden der Lilienstengel. Um die Lilienzwiebeln möglichst wenig zu schädigen, wird man nicht den ganzen Stengel mit all seinen Blättern abschneiden, sondern sich darauf beschränken, nur $^1/_3$ bis $^1/_2$ des beblätterten Stengels mit dem Blütenstand abzuschneiden. Es hat dann der verbleibende Blattrest immer noch die Möglichkeit, die Lilienzwiebel für das kommende Jahr mit Assimilaten zu versorgen.

Am schönsten sieht ein Lilienstengel aus, wenn gerade die ersten oder untersten Blüten erblüht sind. Soll jedoch ein Lilienstengel für den Verkauf oder für eine Ausstellung ge-

Blumengesteck. Ein Brett, eine flache Schale, ein Stein, bunte Blätter und einige bizarrschöne Aurelian-Hybriden zaubern fernöstliche Exotik in das Zimmer.

schnitten werden, so schneidet man bevor die ersten oder untersten Blüten aufspringen. Am besten ist es, am frühen Morgen zu schneiden, bevor die Staubbeutel sich geöffnet haben, um ein Beflecken der zarten Blüten zu vermeiden. Zweckmäßig ist es, die geschnittenen Stengel in einen Eimer mit Wasser zu stellen und diesen Eimer bis zum Gebrauch in einen kühlen Keller oder einen Kühlraum zu stellen.

Verpacken

Sollen Lilien längere Zeit transportiert werden, so ist es gut, die Lilien eine Nacht oder einen Tag vor dem Verpacken trocken zu lagern. Die sich einstellende leichte Mattigkeit der Knospen und Blätter machen das Verpacken leichter. Die Blütenknospen können auch mit Gummiringen umschlossen werden, um zu verhindern, daß sie sich während des Transportes öffnen.

Es gibt besonders lange und flache Kartons für den Transport von Blumen. Die Kartons werden mit Folie oder Ölpapier ausgelegt, um ein Austrocknen zu verhindern. Diese glatten Flächen verhindern auch die Reibung und Beschädigung der empfindlichen Blüten. Jeder Stengel erhält unter dem Blütenansatz eine Rolle aus Holzwolle oder Zeitungspapier, um den Blütenstand anzuheben und von Druck zu entlasten. Die Stengel werden mit Bindfaden oder Bändern am Boden des Kartons festgebunden, unterlegtes Seidenpapier muß eingebundene Blätter schützen. Sind am Stengel offene Blüten, so müssen die Staubbeutel mit der Pinzette entfernt werden. Ist der Karton groß genug, so können ein oder zwei weitere Stengel in der Gegenrichtung eingelegt und befestigt werden. Blüten und Blütenknospen sind gegenseitig mit Seidenpapiereinlagen zu schützen.

Transport und Vorbereitung für die Ausstellung

So verpackt können Lilien ohne weiteres einen 2- bis 3tägigen Transport überstehen. Wichtig ist, daß die Kartons nicht der Sonne ausgesetzt sind. Nach der Ankunft sind die Kartons sofort zu öffnen, ein Stück des Blütenstengels wird abgeschnitten und die Stengel in einem kühlen Raum in Wasser gestellt. Meist haben sich die Stengel über Nacht oder anderntags erholt. Die Lilien beginnen ihre Blüten zu entfalten, rechtzeitig, um sich für die Prämierung am besten zur Schau zu stellen.

Um diesen Termin einhalten zu können, ist es notwendig, Lilienstengel, die schon so weit fortgeschritten sind, daß die Gefahr besteht, eher zu erblühen, rechtzeitig vor der Entfaltung der Blüten zu schneiden und in einem kühlen Keller oder besser noch in einem Kühlraum aufzubewahren. Große Schnittblumengärtnereien besitzen Kühlräume, in welchen Schnittblumen bei 2 bis 6 °C bis zu 3 oder 4 Wochen aufgehoben werden können. Sollen spät blühende Lilien zu einem gewissen Zeitpunkt in Blüte stehen, so ist es notwendig, diese als Topfpflanzen in einem Gewächshaus zu ziehen. Durch Regelung der Temperatur kann der gewünschte frühere Blühtermin erreicht werden.

Topflilien. Sollen eingetopfte Lilien gezeigt werden, so sind besondere Vorkehrungen beim Transport zu treffen. Jeder Blütenstengel wird mit Raffiabast an einem in der Länge passenden Tonkinstab angebunden. Weitere beigesteckte, etwas längere Tonkinstäbe dienen als Halterung für jede einzelne Blüte. Diese werden mit Kreppapierbändern an diesen Stäben befestigt. Die Töpfe werden reihenweise in die Transportkiste gestellt, mit Holzwolle festgestopft und jede Reihe mit einem eingenagelten Brett festgelegt. Über die Kiste kommt ein Lattengestell, das an der Kiste festgenagelt wird. Es dient dazu, die langen Tonkinstäbe festzubinden, damit diese beim Transport nicht umfallen können. Staubbeutel offener Blüten werden mit einem Stück Seidenpapier eingebunden, auch kann man mit Wattebausch die Blüten ausstopfen oder umlegen, um Beschädigungen zu vermeiden. Auch diese Topflilien sollen 2 bis 3 Tage vor der Ausstellungseröffnung ausgepackt und aufgestellt werden, damit sie ihre natürliche Haltung einnehmen.

Wenn man Lilien auf eine Ausstellung gibt, um einen Preis zu gewinnen, ist es selbstverständlich, daß man dafür nur die besten Stiele auswählt, daß man sich jede Mühe gibt, diese Ausstellungsstücke unbeschädigt und in bester Verfassung zur Schau zu bringen. Auch ist es notwendig, daß jede Art oder Sorte richtig und gut leserlich beschildert ist.

Bewertung

In den USA und in England sind Bewertungsklassen für Ausstellungen eingerichtet worden, und zwar werden dort bewertet: Einzelstengel von Lilienarten, von Hybriden, sechs oder drei Stengel verschiedener Lilien, neue noch unbekannte Hybriden, und dies für die verschiedenen Lilienarten und Sorten. Weiterhin gibt es Bewertungen von Lilienarrangements in Vasen, in Schalen oder in Bodenpflanzungen. Die Bewertung selbst erfolgt nach einem festen Schema nach Punkten, wobei die Einzelwertungen mit einer gewissen Höchstzahl an Punkten bedacht werden können. Die Bewertung richtet sich nach folgenden Kriterien und Punktzahlen:

Zustand: Ein Lilienstengel ist am besten, wenn gerade die untersten Blüten sich öffnen. Je mehr offen sind, um so besser, dabei dürfen die untersten Blüten nicht abgeblüht oder verwelkt sein. Auch müssen Blüten, Blätter und Stengel gesund sein und dürfen keine Anzeichen von *Botrytis* oder Viruskrankheiten zeigen. 30 Punkte

Stärke: Hier werden die Größe und Stärke des Stengels sowie die Anzahl der Blüten, auch die Schönheit des Laubes bewertet. 20 Punkte

Stellung der Blüten: Wichtig ist die Stellung der Blüten am Stiel, insbesondere der gute Abstand voneinander, die Haltung und Stellung der Blütenstielchen am Stengel, insgesamt ein wohlgeformter Blütenstand. 20 Punkte

Substanz der Blüten: Je kräftiger die Blütenblätter sind, vor allem in ihrer Stärke, um so kräftiger sieht die Blüte aus und um so widerstandsfähiger ist sie. 10 Punkte

Form der Blüten: Hier wird verglichen, ob die Form der Blüte typisch ist und bei Hybriden, ob sie wohlgeformt und gefällig ist. 10 Punkte

Farbe der Blüten: Je klarer und schöner die Farbe ist, desto besser wird die Bewertung sein. Unreine und schmutzige Farben setzen die Bewertung ab. 10 Punkte

Aus diesem Bewertungsschema ist zu ersehen, daß der Zustand und die Stärke des Blütenstieles sowie die Form des Blütenstandes stark bewertet werden, daß die Farbe, die beim Publikum oft die Hauptrolle spielt, jedoch vergleichsweise mit nur wenigen Punkten bedacht wird.

Oben links: 'Pink Giant' von Laan Lelies b.v., Holland, ist mit den starken Blütenstengeln, dem gesunden Grün der Blätter und dem interessanten Rosa der Blüten ein Blickfang im Garten. Oben rechts: 'Levant', eine Blütenpyramide mit chromgelben hängenden Blüten und Zweitblüten empfiehlt sich durch die langdauernde Blütezeit für den Garten. Mitte links: 'Eureka', gezüchtet von Dr. North, Newmill of Knap, Schottland. Mit dieser Kreuzung von *L. henryi* mit einer Asiatischen Hybride wurde der Anfang für die Einkreuzung der sehr harten *L. henryi* in den Komplex der Asiatischen Hybriden gemacht. Mitte rechts: Der Weg zu farbigen *L. candidum*-Hybriden ist offen. Links 'June Fragrance' × Pastel Asiatic, rechts L. candidum. Unten links: 'Southern Belles', neue Langkongense-Hybride von Judith McRae. Unten rechts: 'Peach Melba' ist die erste in Vermehrung befindliche Lilie der Züchtergruppe Licarlen.

Rückblick und Ausblick

Geschichte der Lilien

Sagen, Legenden und Märchen ranken sich in der Frühzeit der Geschichte um die Lilien. In den alten Kulturländern um das Mittelmeer war die Madonnenlilie, *L. candidum*, beheimatet. Daß die Archäologen die Spuren der bildlichen oder plastischen Darstellung dieser Lilie bei ihren Ausgrabungen fanden, daß sie in einer der ältesten schriftlichen Überlieferungen, der Bibel, erwähnt wird, mag zeigen, welche Gunst die Madonnenlilien in dieser geschichtlich oft nur bruchstückhaft erfaßbaren Zeit genossen hat. Ein Grund ihrer Wertschätzung waren die Heilwirkungen, die man der Lilie früher zuschrieb. Aus den Blüten und Zwiebeln wurde unter Zuhilfenahme von Ölen das Lilienöl gewonnen, das Brandwunden, zerrissene Gewebe, selbst Aussatz heilen sollte.

Bei Ausgrabungen auf der griechischen Insel Santorin, die etwa 1500 Jahre vor unserer Zeitrechnung durch einen Vulkanausbruch zerstört wurde, ist 11 m unter Bimssand begraben, ein Zimmer ausgegraben worden, dessen Wände mit Fresken von Lilien, vielleicht *L. chalcedonicum*, Iris und Schwalben bemalt war. Diese Wände mit den einzigartig schönen Fresken wurden in das archäologische Museum nach Athen transportiert, wo sie heute gezeigt werden.

Auch aus Ägypten ist eine Lilienzwiebel bekannt geworden, die in einem ägyptischen Mumiensarg gefunden worden ist. Eine stark naturalistisch dargestellte Lilie wurde auf Wandbildern in dem um 700 v. Chr. entstandenen Palast des Königs Assurbanipal in Ninive aufgedeckt.

Wir wissen sicher, daß *L. candidum* an den Küstengebirgen Palästinas einen Wildstandort hatte. So ist nicht verwunderlich, daß sie in der Bibel mehrmals Erwähnung findet. In Griechenland finden wir Darstellungen von Lilien auf Vasen und auf Flachreliefs. Sie war das Attribut der Aphrodite, der Artemis und der himmlischen Hera. In Rom war diese Blume den Göttinen Diana, Venus und Juno geweiht. Plinius rühmt die Lilie als die edelste Blume. Lilienblüten wurden von den Römern in Kissen und Decken eingelegt und für Bä-

Die älteste Liliendarstellung wurde auf der griechischen Insel Santorin gefunden und dürfte etwa 3500 Jahre alt sein. Durch einen Vulkanausbruch auf der Insel wurden Gebäude bis 10 m hoch mit Bimsschlacke verschüttet. In einem Zimmer waren alle vier Wände mit Lilien und Schwalben ausgemalt. Die abgenommenen Freskomalereien sind jetzt im Museum in Athen ausgestellt.

der verwendet. Das von den Römern verwendete Lilienöl hieß „susinu“. Dieses Wort dürfte sich von dem syrischen Wort für Lilie „sasa“ oder von dem hebräischen „susan“ herleiten. Der Frauenname „Susanne“, der aus dem Hebräischen kommt, bedeutet nichts anderes als „Lilie“.

Wahrscheinlich haben schon die Römer die Weiße Lilie über die Alpen gebracht, denn in der Handschrift „Hortulas“ des Abtes Wahlafried Strabo, der um 840 im Kloster Reichenau am Bodensee lebte, finden wir die Lilie erwähnt und ihre Schönheit mit der der Rose verglichen. Später haben die Kreuzfahrer Zwiebeln dieser Lilie von ihren Kreuzzügen, die sie nach Syrien und Palästina führten, mitgebracht. War die Weiße Lilie im Altertum das Attribut der römischen Göttinnen Diana, Venus und Juno, so wurde sie jetzt als Sinnbild der Reinheit und der Keuschheit ein Attribut der Gottesmutter. So zeigen die im 5. und 6. Jahrhundert in Ravenna entstandenen Mosaiken dieser frühchristlichen Kirchen mehrfach Weiße Lilien. So tief war die Weiße Lilie als göttliches Symbol der abendländischen Menschheit eingeprägt, daß sie den Weg aus dem Götterglauben der Römer und Griechen in die christliche Symbolik fand und ihre Symbolkraft auch während der Stürme der Völkerwanderung nicht verlor.

Fast unzählig sind die Darstellungen der Weißen Lilien in Verbindung mit der Jungfrau und in Verkündigungszenen auf Bildern der Gotik und der Renaissance. Aus dem Jahr 1333 stammt ein Bild des italienischen Malers Simon Martini, das Mariae Verkündigung mit Lilien in einer Vase darstellt. Von Sandro Botticelli, der 1510 gestorben ist, ist ein wunderhübsches Rundbild einer Madonna mit 8 Lilien-tragenden Engeln erhalten geblieben. In Holland malte Jan van Eyck um 1436 die Madonna mit dem Christuskind und dem Kanzler Rolin, daneben eine Vase Weißer Lilien. Auch Rogier van Weyden zeigt in seinem Verkündigungsbild Lilien. In dem Bild „Anbetung“, von Hugo van Goes um 1475 gemalt, steht im Vordergrund ein Gefäß mit Iris, Akelei und einer Feuerlilie. Aus dem deutschen Raum sei genannt Stephan Lochners „Maria im Rosenhag“, wahrscheinlich um 1445 entstanden. Es zeigt die Gottesmutter von Engeln und einem Spalier von Rosen und Lilien umgeben. Das innigste deutsche Madonnenbild dürfte jedoch Matthias Grünewalds „Madonna mit dem Kind“ vom Altar in Stuppach sein. Auch in diesem Bild sehen wir drei Stengel Weißer Lilien und Rosen hervorragend gut und botanisch getreu dargestellt (Abb. Seite 169).

In der christlichen Religion wird die Lilie den Heiligen stets als das Zeichen der Keuschheit, der Jungfräulichkeit und der Demut beigegeben, so den Heiligen: Johannes dem Täufer, Franz von Assisi, Antonius von Padua, dem heiligen Aloisius, der heiligen Gertrud und dem heiligen Ägidius.

Die alten mittelalterlichen Kräuterbücher haben fast für jede Pflanze eine medizinische Verwendung gewußt. In dem „Kreutterbuch“ des Hieronymus Bock 1547 wird die „Weiß Gilgen“ als Arzneimittel empfohlen, und zwar wird ein gebranntes Wasser aus Blumen und Zwiebeln gebraucht, um Ohnmächtige wieder zum Leben zu erwecken, als Mittel gegen eine entzündete Leber, bei Wassersucht und bei Geburten „derohalben die weiber ein sundern fleiß zu solchem wasser tragen“.

Äußerlich wird das „Weiß Gilgenöl“ für hitzige Schmerzen, Brandwunden ‚Pestblattern‘ verordnet. Auch für harte Nerven und Krampfadern wird dieses Öl empfohlen. Bock weiß dann noch eine halbe Seite seines Buches mit Anwendungen des Öls, der Wurzel und der Blätter zu füllen. Die interessanteste Anwendung findet er für die „Goltwurtz“ (*L. martagon*, Abb. Seite 219). „Die wurtzel zu eschen (Asche) gebrandt / und ein salb mit honig gemacht und angestrichen / macht das außfallend har wieder wachsen.“

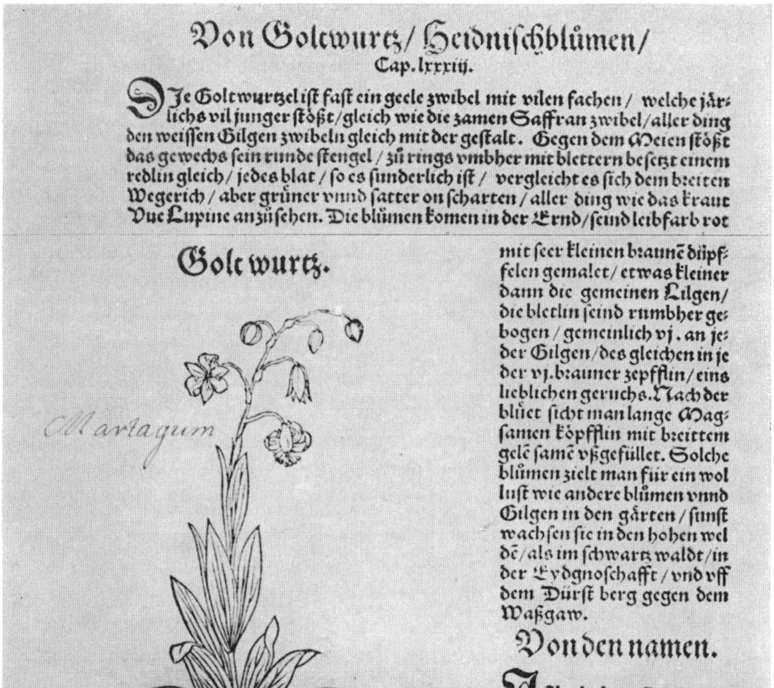

Von Goltwurtz/ Heidnischblůmen/
Cap. lxxxiij.

DJe Goltwurtzel ist fast ein geele zwibel mit vilen fachen / welche järlichs vil junger stößt/gleich wie die zamen Saffran zwibel/aller ding den weissen Gilgen zwibeln gleich mit der gestalt. Gegen dem Meien stößt das gewechs sein runde stengel / zů rings vmbher mit blettern besetzt einem redlin gleich/ jedes blat / so es sunderlich ist / vergleicht es sich dem breiten Wegerich / aber grüner vnnd satter on scharten / aller ding wie das kraut Vue Lupine anzůsehen. Die blůmen komen in der Ernd/seind leibfarb rot

Golt wurtz.

Martagum

mit seer kleinen braunē düpffelen gemalet/ etwas kleiner dann die gemeinen Lilgen/ die bletlin seind rumbher gebogen / gemeinlich vj. an jeder Gilgen/des gleichen in jeder vj. brauner zepfflin/ eins lieblichen geruchs. Nach der blůet sicht man lange Magsamen köpfflin mit breittem gelē samē vßgefüllet. Solche blůmen zielt man für ein wollust wie andere blůmen vnnd Gilgen in den gärten / sunst wachsen sie in den hohen welde/ als im schwartz waldt/ in der Eydgnoschafft / vnd vff dem Dürst berg gegen dem Waßgaw.

Von den namen.

JCh hab erstmals gemeint / diß gewechs sei Asphodelus od Hastula Regia Dioscoridis lib. ij. capite clix. nach dem ich die beschreibung aber der alten besihe/ so wil sich dis gewechs nit zů Asphodelo schicken / möcht villeicht bald kantbar werden. Aber dise gegenwürtige zwibel / mit den besprengten Lilien halt ich nun mit Marco Platea. aus Flandern / für dz Hiacinctū d Poeten von welchē der Ver. vn̄ der Oui. also schreibē. *Dic quibus in terris inscripti nomina regum, Nascuntur flores. Verg. æclo. 3. & in Ouidio lib. 13. Metamor. Ipse suos gemitus folijs inscribit & ae ae, Flos habet inscriptum funestaq; litera du ta est.* Vnd weither stehet geschriben/ *Litera communis medijs pueroq; uiroq;, Inscripta est folijs hæc nominis illa querelæ.* Die Fabel Hyacincti wie er zůr blůmen wordē/melt der alt Nicander in Theriaca. So ist mir nun kein blům bekant / die sich baß mit jren blůts dröpffelin zům Hyacincto der Poeten reime / als eben der Goltwurtz / die andern Hyacincten seind droben beschriben.

Von der krafft vnd würckung.

DJe würckung Hyacincti seind auch droben angezeigt / doch so ist die Goltwurtz auch nutz vnd erfaren in der artznei.

Innerlich.

Goltwurtz. Die alten Kräuterbuchschreiber illustrierten ihre dikken Folianten mit solchen Holzschnitten, in welchen alle besprochenen Pflanzen sehr natürlich dargestellt waren. Im Text war neben eigener Anschauung alles gebracht, was man glaubte von Schriftstellern des Altertums auf diese Pflanzen jeweils beziehen zu können.

Die französischen Könige, die Capetinger, die Valois und die Bourbonen führten das Lilienwappen. Ob es wirklich Lilien oder aber stilisierte Irisblüten sind, die diese französischen Wappen zieren, muß dahingestellt bleiben. Ritterschaften und Orden wurden gegründet, die als heraldisches Symbol die Lilie führten und die sich meist der Jungfrau Maria gewidmet haben.

So war die Weiße Lilie, *L. candidum,* sozusagen der Prototyp der Lilien überhaupt. Sie war ob ihrer Schönheit und Einmaligkeit mit Mystik umgeben, war Heilmittel und religiöses Symbol, das seine Kraft von der frühesten geschichtlichen Zeit über das Mittelalter bis in unsere Zeit behalten hat.

Mit der Entdeckung weiterer Lilien kam das botanische Interesse zu seinem Recht. Aus Griechenland wurde *L. chalcedonicum* nach Mitteleuropa gebracht. Diese Lilie und *L. canadense* wurden 1629 von John Parkinson beschrieben. *L. canadense* war zu dieser Zeit schon aus Amerika nach Europa gekommen. Es wurde mit *L. pomponium* und *L. philadelphicum* 1753 von Linné in sein Buch „Species Plantarum" aufgenommen.

Durch die Reisen verschiedener Forscher nach Ostasien und Japan wurde die Welt auch mit den Lilien dieses Erdteils bekannt. E. Kaempfer beschrieb schon 1712 *L. tigrinum,* eingeführt wurde sie jedoch erst 1804. Thunberg, Linnés Nachfolger in Uppsala, und von Siebold, ein bayerischer Arzt in holländischen Diensten, führten aus Japan weitere Lilien ein, so *L. speciosum* in 3 Farbsorten, *L. maculatum* in 3 Sorten und *L. longiflorum.* In China haben im 19. Jahrundert die dort wirkenden französischen Missionare David, Delavay, Farges und Faurie die Flora dieses Landes erforscht und viele Lilien in den Provinzen Szetschuan, Jünnan, Kwangsi, Hupeh gesammelt, beschrieben und nach Europa gebracht.

Um die Jahrhundertwende kam die Zeit, in welcher englische Pflanzensammler in vielen entbehrungsreichen Reisen Indien, die am Fuße des Himalajas gelegenen indischen Randstaaten, die unzugänglichen Gebirgs- und Dschungelgebiete Burmas und der gebirgigen Westprovinzen Chinas nach ihren Pflanzenschätzen durchforschten. Wohl der erfolgreichste Sammler und Botaniker war der Engländer E.H. Wilson, der für das Arnold-Arboretum in den USA sammelte. Seine besondere Liebe galt den Lilien, seine großen Entdeckungen waren 1904 *L. regale* und *L. sargentiae,* sein bleibendes Werk war das Buch „The Lilies of Eastern Asia". In diesem klassischen Buch der Lilienliteratur beschreibt und klassifiziert E.H. Wilson 40 Lilienspezies sowie deren Varietäten und Formen, die er fast alle selbst am Wildstandort gesehen und gesammelt hatte. Eines seiner wesentlichen Verdienste war es, daß er Ordnung in die Namensgebung brachte und die vielen Synonyme ausmerzte.

Nicht weniger erfolgreich war der erst vor kurzem verstorbene Frank Kingdon Ward, der auf 24 Reisen im Himalaja, in Burma, Assam, Indochina, Tibet und China sammelte. Die Lilien *L. wardii, L. mackliniae* und das auf Bäumen wachsende *L. arboricola* waren seine Entdeckungen. Er schrieb fast ebensoviele Bücher wie er Reisen machte und gab herrliche lebensnahe Schilderungen seiner Entdeckungen und Erfahrungen. Auch der Engländer George Forrest und der Irländer Augustine Henry sammelten in China. Von ersterem wurde *L. stewartianum,* von letzterem *L. henryi* aufgefunden.

Nicht vergessen dürfen wir Max Leichtlin, Baden-Baden, der viele seltene Zwiebelgewächse aus Japan einführte und sammelte. Seine besondere Liebe galt den Lilien.

Die amerikanischen Lilien wurden durch Heinrich Bolander, der aus Hessen stammte, durch den Engländer M. Catesby, Asa Gray, Benedict Roezl, Dr. A. Kellogg, Dr. Charles Parry, Karl Purdy und in den letzten Jahren durch Dr. S.L. Emsweller, Dr. Albert Vollmer, Lawrence Beane und Mrs. M.G. Henry erforscht. Gerade die Auswertung dieser in den letzten 20 Jahren gemachten Sammelreisen hat neue Erkenntnisse über die Verwandtschaft der amerikanischen Lilien gebracht.

In Rußland finden wir die Botaniker Carl Maximowicz und den aus Ungarn gebürtigen J.N. Szovits, die im 19. Jahrhundert auf vielen Reisen durch Rußland bis in die Mandschurei und nach Persien zur Erforschung der Flora in diesen Ländern beitrugen. Um die Einführung dieser Wildpflanzen in die Kultur hat sich im vorigen Jahrhundert bis zum 1. Weltkrieg die in St. Petersburg ansässige deutsche Gärtnerei Regel und Kesselring verdient gemacht. Sie hat die Lilien *L. cernuum, L. callosum, L. concolor, L. kesselringianum* und *L. ponticum* in Kultur genommen.

Die Zukunft der Lilienzüchtung

Nach all diesen Entdeckungen und Einführungen von Wildlilien blieb es unserer Zeit vorbehalten, die Lilien für den Garten zu entdecken und vor allem aus diesen Wildlilien die neuen Lilien zu züchten. Vor ungefähr 50 Jahren haben die Engländer die ersten tastenden Versuche gemacht, Lilien zu kreuzen. Isabella Preston in Ottawa schuf ihre aufsehenerregenden Stenographer- und Fighter-Hybriden, Dr. F.L. Skinner in Kanada schuf *L. × scottiae* und *L. × maxwill.*

Schließlich brachte die 2. Lilienweltkonferenz 1933 in London einen Austausch der Erfahrungen und neuen Auftrieb für die Lilienzüchtung. In den USA setzte die wissenschaftliche Erforschung des gesamten Lilienkomplexes ein. Es war vor allem Jan de Graaff, der sich mit seinen Mitarbeitern die Fortschritte der cytologischen und genetischen Forschung zu eigen machte und für seine Kreuzungszwecke auswertete. Dadurch ist gerade in Nordamerika die Entwicklung neuer Lilien in einem bisher nicht für möglich gehaltenen Tempo vor sich gegangen.

Es ist begreiflicherweise nicht möglich, eine auch nur halbwegs verläßliche Vorschau darauf zu geben, was uns noch an neuen Lilien erwartet; dazu wäre eine prophetische Sehergabe notwendig. Manches aber von dem, was uns die Zukunft bringen wird, läßt sich doch erahnen; es liegt sozusagen in der Luft.

Die Kreuzungserfolge von Dr. Chris North in Schottland, von Hiroshi Myoda in Japan, von Ed und Judith McRae für die Oregon Bulb Farms, der holländischen Lilienzüchter und vieler anderer machen fast glauben, daß durch die konsequente Anwendung der Embryokultur heute jede Lilienkreuzung möglich wäre. Sicherlich wird die Anwendung von künstlichen Hilfen bei der Bestäubung und bei der Kreuzung zusammen mit der Anwendung der Embryokultur den Kreis der Hybriden ungeahnt bereichern und Genkombinationen möglich machen, von welchen vor einigen Jahrzehnten kaum geträumt wurde.

Was kann damit erreicht werden? In dem Komplex der Oriental-Hybriden sind heute schon alle Lilienspezies, die diesem Kreis angehören, irgendwie miteinander gekreuzt, so *L. auratum, L. speciosum, L. japonicum, L. rubellum* und die beiden von den Riu-Kiu-Inseln stammenden *L. nobilissimum* und *L. alexandrae.* Es dürfte zu erwarten sein, daß die Kreuzungsprodukte noch enger miteinander verflochten werden. Wünschenswert wäre es, wenn *L. henryi,* das absolut gesund und hart ist, mit diesen Komplex noch weitere Bindungen eingeht, dann könnte es auch harte Auratum-Hybriden für das Kontinentalklima geben (Abb. Seite 215).

Die Möglichkeiten, die die Trichterlilien der Züchtung bieten, sind zahlreich und in Verbindung mit *L. henryi* sind sie fast unerschöpflich, wie die Aurelian-Hybriden zeigen. Vielleicht spielt das hier eingekreuzte *L. henryi* einmal das Bindeglied zu dem Auratum-Komplex. Was bei den Pink Trumpets bisher nicht erreicht wurde, ist eine schöne feurigrote Trichterlilie, die in der Sonne nicht ausbleicht, sowie eine gute rot-gelbe oder rot-orangefarben Aurelian-Hybride.

Dr. Hiroshi Myoda hat mit Hilfe der Embryokultur den Abgrund zwischen *L. longiflorum* und den Asiatischen Hybriden mit mindestens 20 Neuzüchtungen überbrückt. Ähnliches gelang Andreas Winkler, Erlangen, der ebenfalls mittels der Embryokultur mit der Lilie 'C. Feldmaier' ein Bindeglied zwischen der Asiatischen Hybride 'Sutter's Gold' und einer Olympic-Hybride herstellte, die sich als fertil erwiesen hat.

Die Asiatischen Hybriden sind in den USA wie in Holland die Hauptlieferanten der Schnittlilien. Diese Tatsache mit ihren wirtschaftlichen Möglichkeiten ist die Triebfeder, daß in diesen Ländern alle wissenschaftlichen Erkenntnisse eingesetzt werden, die Basis der Schnittlilien mit möglichst vielen neu gezüchteten Hybriden zu erweitern, um dem Kunden immer wieder etwas Neues zu bieten.

Als sehr erfolgreich hat sich die Einkreuzung von *L. cernuum* und *L. lankongense* in den Komplex der Asiatischen Lilien erwiesen, denn die Blüten dieser beiden Lilien führen den Farbstoff Anthozyan, der rote und violette Farbtöne veranlaßt, während die Asiatischen Lilien-Hybriden ihre gelben bis roten Farbtöne von den Karotinoiden beziehen. Wenn diese beiden Farbstoffe zusammenwirken, kommt es bei den Kreuzungslilien zu Blüten mit zartesten Pastelltönen, von Rosa und selbst von Weiß, Farben, die für den Schnittblumenanbau sehr erwünscht sind.

L. lankongense, das durch Judith McRae mit der weißblühenden 'Juliana' und der rosa 'Twilight' gekreuzt worden war, hat ebenfalls großblütige rosa Hybriden gebracht.

In diesem Cernuum-Komplex mit seinen Pastellfarben können immer wieder zweifarbige Hybriden (rosa-weiß, rosa-gelb, gelbweiß) ausgelesen werden, die als Bicolors im Schnittblumensortiment Abwechslung bringen. Die Oregon Bulb Farms haben neuerdings Lilien mit Brushmarks herausgebracht; d.h. den Blüten fehlt die Sprenkelung, diese wird durch andersartige Farbflecken in der Blütenmitte ersetzt, so daß zweifarbige Lilien entstehen ('Picasso', Abb. Seite 33).

Aufsehen erregte um 1969 die vollkommen unifarbene, sprenkellose 'Connecticut King', die von Stone und Payne herausgebracht wurde. Unterdessen ist diese Sprenkellosigkeit in vielen weiteren Hybriden ('Connecticut Lemonglow', 'Orange Glow', 'Ambassador' usw.) aufgetaucht und wird sicher bei der Züchtung weiterhin erwünscht sein.

Die amerikanischen Wildlilien sind durch die von David Griffiths, Bellingham, ausgeführten Kreuzungen, die als Bellingham-Hybriden bezeichnet wurden, bekannt geworden. Zuletzt haben Oliver Wyatt und Derek Fox in England, sowie Clifford Hanum, Federal Way, Washington, und David H. Brown mit ihren Kreuzungen, die aus diesen westamerikanischen Wildlilien hervorgingen, bewiesen, daß es immer noch Möglichkeiten gibt, mit diesen sehr eleganten Lilien züchterisch zu arbeiten.

In der Gruppe der Martagonlilien dürften Kreuzungen mit *L. medeoloides* und *L. tsingtauense* interessieren. Neue Farben könnten in die Martagongruppe durch Kreuzungen mit *L. bulbiferum* und *L. × umbellatum* eingeführt werden, wodurch auch die Blütenform beeinflußt werden könnte. Schon der verstorbene Alexander Steffen hat eine *L. × martellatum* (*L. martagon × L. × umbellatum*) herausgebracht. Bei dem Verfasser hat 1978 zum erstenmal eine Kreuzung von *L. × martellatum × L. tsingtauense* geblüht, eine Rispe mit hängenden Türkenbundblüten in gelb mit dunkelrot. Dabei dürfte die dunkelrote Farbe von *L.* × *umbellatum* herstammen. Solche Kreuzungen auszubauen wäre eine dankbare Arbeit, die sicher bemerkenswerte Formen und Farben bringen könnte.

Die Russen kreuzen viel mit den im Kaukasus beheimateten *L. monadelphum* und *L. szovitsianum*. Kreuzungspartner sind *L.* × *hollandicum* und *L. concolor*. Die entstandenen Hybriden sind duftend. Man könnte also duftende Schalenlilien erwarten und sicher noch andere wünschenswerte Eigenschaften, wie frühe Blütezeit, wenn man diese Hybriden ausbaut. Ed und Judith McRae haben das russische *L.* × *fialkovaja* mit pastellfarbenen schalenblütigen Asiatischen Hybriden gekreuzt. Der Erfolg waren sehr frühblühende Hybriden mit aufrecht oder seitwärts stehenden, zweifarbigen Blüten, die pfirsichcreme oder rosa-weiß waren.

Als älteste Lilienhybride ist *L.* × *testaceum* bekannt (*L. candidum* × *L. chalcedonicum*). Charles Robinson, Kanada, zog 1964 aus *L. candicum* var. *salonikae* × *L. monadelphum* die Hybride 'June Fragrance'. Dr. Wilbert Ronald, ebenfalls ein Kanadier, und Ed und Judith McRae ist es gelungen, in 'June Fragrance', unter Zuhilfenahme der Embryokultur, verschiedene Asiatische Hybriden einzukreuzen, so daß gute farbige Hybriden im Aussehen der Madonnenlilie gewonnen werden konnten (Abb. Seite 215).

Neuerdings wurde die Züchtung kleinblütiger Lilien mehrfach aufgegriffen, so mit *L. pumilum, L. callosum, L. concolor* und einigen anderen. Der Wunsch ist hier, elegante und zarte Lilien für den Steingarten, für Topfpflanzen, aber auch für den Schnitt zu ziehen.

Die Kreuzung *L. auratum* var. *platyphyllum* × *L. henryi* ist unterdessen von Hiroshi Myodo und Yoshito Asano, Okaido Universität Sapporo, Japan, mit Hilfe von Stempelkürzung und Embryokultur durchgeführt worden. Ebenso die Kreuzung *L. speciosum* × *L. henryi* und Kreuzungen von *L. longiflorum* mit verschiedenen Asiatischen Lilien. Damit ist die Grundlage gelegt für weitere Kreuzungen, die diese Lilien einmal untereinander verbinden werden (NALS-LYB 1980).

Andere Möglichkeiten für bessere Lilien liegen in der Polyploidie. Wie schon erwähnt, unterscheidet sich eine polyploide Lilie von der diploiden Lilie meist durch kräftigere, größere Blüten, eine äußerst erwünschte Eigenschaft. Bis heute gibt es nur sehr wenige polyploide Lilien. Ihre Erzeugung ist an und für sich nicht schwer, nur, wie schon früher gesagt, sehr oft ein Schuß ins Dunkle. Es kommt also darauf an, viele Schüsse abzufeuern, um auch im Dunkeln zu treffen.

Die Kreuzung polyploider Lilien untereinander eröffnet weitere Perspektiven in der zukünftigen Kreuzungsarbeit. Sind einmal genügend polyploide Arten und Sorten entwickelt, die sich untereinander kreuzen, so steht der Entwicklung polyploider Hybridlilien nichts mehr im Wege. Erinnern wir uns der Iriszüchtung, die erst durch die Einführung tetraploider Irisarten ihren großartigen Aufschwung genommen hat, so daß wir heute schon einer unübersehbaren Fülle von Irissorten gegenüberstehen. Auch die *Hemerocallis*-Züchtung hat schon den Weg zur Polyploidie beschritten. Es ist zu erwarten, daß bei der Züchtung polyploider Lilien infolge des vermehrten Chromosomensatzes die Variationsbreite der Züchtungen noch größer wird, so daß es aber auch notwendig werden wird, die Aussaaten reichlicher anzulegen, um alle möglichen Varianten zu erfassen.

Der amerikanische Lilienzüchter F. Henry Payne schrieb: „Das Kreuzen von Lilien ist ein fortwährender und endloser Prozeß", und William C. Horsford sagte: „Es ist kein Fehler, närrische Kreuzungen zu machen" und „aus unerklärlichen Gründen tauchen beim Kreuzen oft die seltsamsten Formen auf".

Wir stehen heute mitten in der Lilienzüchtung, die Grundsteine der wissenschaftlichen Forschung sind gelegt und es ist zu erwarten, daß sich für die Zukunft darauf ein Riesenstrauß von schönen, eleganten Lilien in reichen Farben und Formen aufbauen wird, die Schönheit und Glanz in unsere Gärten bringen. Kein Gartenfreund braucht davon ausgeschlossen sein, jeder kann mithelfen, schönere und bessere Lilien zu schaffen.

Lilienlisten

Lilien für Halbschatten

Alle Lilien lieben Sonne, die meisten verkommen, wenn sie nicht genügend Sonne erhalten. Es gibt aber einige Lilien, die im Halbschatten, d.h. an einem Ort, der nicht den ganzen Tag der prallen Sonne ausgesetzt ist, besser gedeihen, insbesondere, wenn der Fuß beschattet ist. Alle übrigen Lilien vertragen volle Sonne.

L. amabile
L. auratum
L. bolanderi
L. brownii
L. canadense
L. davidii
L. distichum
L. duchartrei
L. grayi
L. hansonii
L. japonicum
L. kelloggii
L. lankongense
L. leichtlinii
L. mackliniae
L. martagon
L. michiganense
L. pardalinum
L. parryi
L. rubellum
L. rubescens
L. speciosum
L. tsingtauense
L. wardii
L. washingtonianum
Bellingham-Hybriden
Auratum-Speciosum-Hybriden
Martagon-Hybriden
Pink Perfection Strain
Pink Trumpet-Hybriden
Aurelian-Hybriden, besonders die orangefarbigen Formen

Lilien für feuchte, aber gut dränierte Pflanzorte

Im allgemeinen kommen Lilien in jedem Boden durch, einige wenige wünschen aber einen stets frischen und feuchten, allenfalls auch leicht beschatteten Pflanzplatz.

L. auratum var. *platyphyllum*
L. bolanderi
L. canadense
L. columbianum
L. distichum
L. grayi
L. harrisianum
L. lankongense
L. nepalense
L. pardalinum
L. parryi
L. rubellum

L. speciosum
L. superbum
L. tsingtauense
L. wigginsii
Auratum-Hybriden
Bellingham-Hybriden
Pink Perfection Strain
Pink Trumpet-Hybriden

Lilien für saure Böden

Während Lilien in neutralen bis leicht sauren Böden am besten gedeihen, sind einige wenige Lilien nur in sauren, kalkfreien Böden durchzubringen.

L. auratum
L. canadense
L. catesbaei
L. japonicum
L. lankongense
L. occidentale
L. pardalinum
L. philadelphicum
L. pitkinense
L. rubellum
L. speciosum
L. superbum
Bellingham-Hybriden
Auratum-Speciosum-Hybriden

Lilien für kalkhaltige Böden

Die meisten Lilien tolerieren einen gewissen Kalkgehalt im Boden, alle in Amerika beheimateten Lilien sollen jedoch kalkfrei gesetzt werden. Beigabe von Laubhumus und Torferde kompensieren in gewissem Grad den Kalkgehalt. Kalkliebend sind:

L. bulbiferum
L. candidum
L. carniolicum
L. chalcedonicum
L. henryi
L. longiflorum
L. martagon
L. monadelphum
L. pomponium
L. szovitsianum
L. × *testaceum*
Martagon-Hybriden

Lilien für die Pflanzung in Laubhumus und Torferde

In reinen Laubhumus mit etwas Torferde und Bims- oder Quarzsand gemischt sollen folgende Lilien gepflanzt werden:

L. auratum
L. bakerianum
L. japonicum
L. leichtlinii var. *maximowiczii*
L. medeoloides
L. neilgherrense
L. nepalense
L. pitkinense
L. rubellum
L. wallichianum
alle *Cardiocrinum*-Arten

Verzeichnis der Abbildungen mit Bildquellen

Seite	Darstellung	Züchter	Bildquelle
12	Verbreitung der Lilien in Europa	–	Zeichnung C. Feldmaier, Pfarrkirchen
13	Verbreitung der Lilien im Kaukasus	–	Zeichnung C. Feldmaier, Pfarrkirchen
14	Verbreitung der Lilien und nahestehender Gattungen in Asien	–	Zeichnung C. Feldmaier, Pfarrkirchen
15	Verbreitung der Lilien in Japan	–	Zeichnung C. Feldmaier, Pfarrkirchen
16	Verbreitung der Lilien in Nordamerika	–	Zeichnung C. Feldmaier, Pfarrkirchen
33	'Connecticut King'	Stone and Payne	S. Seidl, München
33	'Red Lion'	Laan Lelies	Laan Lelies b. v., Holland
33	'Picasso'	Oregon Bulb Farms	Oregon Bulb Farms, Boring, USA
33	'Schellenbaum'	Feldmaier	unbekannt
34	*L. candidum*	Slate	MacDarick
34	'Black Dragon', 'Golden Splendor' 'Pink Perfektion'	Oregon Bulb Farms	E. McRae, Boring, USA
34	*L. bulbiferum*	–	H. v. Wall, Los Angeles, USA
34	'Red Ruby'	?	S. Seidl, München
35	Pflanzung am Hang	–	Zeichnung C. Feldmaier, Pfarrkirchen
35	Erhöhte Pflanzung	–	Zeichnung C. Feldmaier, Pfarrkirchen
36	Erhöhte Beete	–	Zeichnung C. Feldmaier, Pfarrkirchen
36	Tiefes Pflanzloch	–	Zeichnung C. Feldmaier, Pfarrkirchen
39	Anlage des Pflanzloches	–	Zeichnung C. Feldmaier, Pfarrkirchen
39	Pflanzung von *L. candidum* und *Cardiocrinum giganteum*	–	Zeichnung C. Feldmaier, Pfarrkirchen
42	Schema einer Lilienpflanze	–	Zeichnung C. Feldmaier, Pfarrkirchen
43	Verschiedene Zwiebelformen	–	Zeichnung C. Feldmaier, Pfarrkirchen
46	Schema einer Lilienblüte	–	Zeichnung C. Feldmaier, Pfarrkirchen
47	Türkenbund- oder Martagonform, Schalenform, Trichter- oder Trompetenform	–	Zeichnung C. Feldmaier, Pfarrkirchen
48	Verschiedene Samenkapseln und Samen	–	Zeichnung C. Feldmaier, Pfarrkirchen
51	'Maureen'	Laan Lelies	Laan Lelies b. v., Holland
52	Marhan-Hybriden (Gartenmotiv)	–	G. Ewald, Leiferde/Gifhorn
52	Liliengarten	–	G. Ewald, Leiferde/Gifhorn
52	'Ming Yellow'	Oregon Bulb Farms	R. Withers, Hawthorn, Australien

Seite	Darstellung	Züchter	Bildquelle
52	'Robin Hood'	–	G. Ewald, Leiferde/Gifhorn
52	*L. auratum*	–	S. Seidl, München
52	*L. bulbiferum* ssp. *croceum*	–	C. Feldmaier, Pfarrkirchen
54	*L. longiflorum* 'Croft'	–	L. Steffen, Kiel
55	Brutzwiebelbildung an Zwiebelschuppen	–	Zeichnung C. Feldmaier, Pfarrkirchen
60	Keimung der Liliensamen	–	Zeichnung C. Feldmaier, Pfarrkirchen
62	Hydrokultur	–	Zeichnung C. Feldmaier, Pfarrkirchen
69	*L. canadense*	–	G. Ewald, Leiferde/Gifhorn
69	*L. carniolicum*	–	S. Seidl, München
69	*L. candidum*	–	C. Feldmaier, Pfarrkirchen
69	*L. cernuum*	–	S. Seidl, München
69	*L. chalcedonicum*	–	S. Seidl, München
69	*L. grayi*	–	C. Feldmaier, Pfarrkirchen
70	*L. ciliatum*	–	E. Pasche jun., Velbert
70	*L. concolor* var. *luteum*	–	G. Ewald, Leiferde/Gifhorn
70	*L. davidii*	–	C. Feldmaier, Pfarrkirchen
70	*L. hansonii*	–	C. Feldmaier, Pfarrkirchen
71	Werkzeug für die Kreuzungsarbeit	–	Zeichnung C. Feldmaier, Pfarrkirchen
73	Chromosomenbild	–	Zeichnung C. Feldmaier, Pfarrkirchen
79	Lilienhähnchen	–	M. Geigenmüller, Stuttgart
81	Grauschimmel	–	M. Geigenmüller, Stuttgart
87	*L. harrisianum*	–	S. Seidl, München
87	*L. henryi*	–	C. Feldmaier, Pfarrkirchen
87	*L. japonicum*	–	G. Ewald, Leiferde/Gifhorn
87	*L. mackliniae*	–	G. Ewald, Leiferde/Gifhorn
87	*L. martagon* var. *album*	–	G. Ewald, Leiferde/Gifhorn
87	*L. monadelphum*	–	S. Seidl, München
88	*L. henryi* var. *erecta*	–	S. Seidl, München
88	*L. pumilum*	–	C. Feldmaier, Pfarrkirchen
88	*L. nepalense*	–	G. Ewald, Leiferde/Gifhorn
88	*L. pyrenaicum*	–	W. Schacht, Frasdorf
90	Entwicklungsfolge	–	Zeichnung C. Feldmaier, Pfarrkirchen
92	*L. arboricola*	–	Zeichnung C. Feldmaier, Pfarrkirchen
93	Potomac-Hybride	–	Zeichnung C. Feldmaier, Pfarrkirchen
95	*L. bukozanense*	–	Zeichnung C. Feldmaier, Pfarrkirchen
100	*L. catesbaei*	–	Zeichnung C. Feldmaier, Pfarrkirchen
103	*L. dauricum*	–	Zeichnung C. Feldmaier, Pfarrkirchen
105	*L. rhodopeum*	–	S. Seidl, München
105	*L. regale*	–	C. Feldmaier, Pfarrkirchen
105	*L. szovitsianum*	–	P. Werckmeister, Geisenheim
106	*L. sulphureum*	–	R. Withers, Hawthorn, Australien
106	*L. speciosum*	–	C. Feldmaier, Pfarrkirchen
106	*L. sachalinense*	–	O. Beutnagel, Braunschweig

Seite	Darstellung	Züchter	Bildquelle
108	*L. formonsanum* var. *pricei*	–	Zeichnung C. Feldmaier, Pfarrkirchen
114	*L. lankongense*	–	Zeichnung C. Feldmaier, Pfarrkirchen
116	*L. longiflorum* 'Mount Everest'	–	E. Hahn, Kirchheimbolanden
123	'Diskus'	Feldmaier	S. Seidl, München
123	*L. tsingtauense*	–	G. Ewald, Leiferde/Gifhorn
123	*Cardiocrinum giganteum*	–	G. Walden, Ugglarp, Schweden
124	'Treues Herz'	Feldmaier	C. Feldmaier, Pfarrkirchen
124	'Schützenlisl'	Feldmaier	S. Seidl, München
124	*L. wardii*	–	S. Seidl, München
124	Hybride von *L. wilsonii*	Winkler	V. Winkler, Kleinsendelbach
124	'Sonnentiger'	Feldmaier	C. Feldmaier, Pfarrkirchen
124	'Obrist'	Feldmaier	C. Feldmaier, Pfarrkirchen
132	*L. rubescens*	–	Zeichnung C. Feldmaier, Pfarrkirchen
137	*L. tigrinum*	–	Zeichnung C. Feldmaier, Pfarrkirchen
138	*L. wallichianum*	–	Zeichnung C. Feldmaier, Pfarrkirchen
141	Rainbow-Hybriden	de Graaff	H. v. Wall, Los Angeles, USA
141	'Citronella'	de Graaff	E. McRae, Boring, USA
141	'Jet Fire'	Oregon Bulb Farms	E. McRae, Boring, USA
141	*L. martagon* var. *cattaniae*	–	S. Seidl, München
142	'Enchantment'	de Graaff	E. McRae, Boring, USA
142	'Pirate' × 'Connecticut King'	Withers	R. Withers, Hawthorn, Australien
142	'Connecticut King'	Stone and Payne	S. Seidl, München
142	'Milk and Honey'	?	S. Seidl, München
147	Jan de Graaff	–	H. v. Wall, Los Angeles, USA
159	'Firecracker'	Oregon Bulb Farms	Oregon Bulb Farms, Boring, USA
159	'Juliana'	Oregon Bulb Farms	Oregon Bulb Farms, Boring, USA
159	'Peachblush'	Oregon Bulb Farms	Oregon Bulb Farms, Boring, USA
159	'Twilight'	Oregon Bulb Farms	Oregon Bulb Farms, Boring, USA
160	'Harlequin'	de Graaff	H. v. Wall, Los Angeles, USA
160	'XX-9'	Summers	W. Summers, Tolland, USA
160	Martagon-Hybride × *L. tsingtauense*	Georgi	O. Beutnagel, Braunschweig
160	Del Norte Strain	Oregon Bulb Farms	E. McRae, Boring, USA
169	Madonnenlilie	–	Bildarchiv der Madonnenkapellenpflege, Stuppach
174	Aurelian-Hybride, Sunburst Strain	–	Zeichnung C. Feldmaier, Pfarrkirchen
175	Zubehör für die Embryokultur	–	Zeichnung C. Feldmaier, Pfarrkirchen
177	'Glockenspiel'	Feldmaier	C. Feldmaier, Pfarrkirchen
177	'Golden Splendor'	Oregon Bulb Farms	E. McRae, Boring, USA
177	'Thunderbolt'	de Graaff	S. Seidl, München
177	'Robin'	Oregon Bulb Farms	E. McRae, Boring, USA
177	'Nightingale'	Oregon Bulb Farms	E. McRae, Boring, USA
177	Aurelian-Hybride	–	S. Seidl, München
178	'Black Beauty'	Woodriff	C. Feldmaier, Pfarrkirchen
178	'Imperial Crimson'	de Graaff	E. McRae, Boring, USA

Seite	Darstellung	Züchter	Bildquelle
178	'Little Rascals'	Oregon Bulb Farms	E. McRae, Boring, USA
188	Pflanzmaschine	–	H. v. Wall, Los Angeles, USA
191	Sortiermaschine	–	H. v. Wall, Los Angeles, USA
194	Explantate	–	Zeichnung C. Feldmaier, Pfarrkirchen
195	'Imperial Silver', 'Imperial Crimson'	de Graaff	Oregon Bulb Farms, Boring, USA
195	'Imperial Gold'	de Graaff	Oregon Bulb Farms, Boring, USA
195	'Pink Glory'	Oregon Bulb Farms	H. v. Wall, Los Angeles, USA
196	'Magic Pink'	Oregon Bulb Farms	Oregon Bulb Farms, Boring, USA
196	'Red Band'	Oregon Bulb Farms	E. McRae, Boring, USA
196	'Opera House'	Hayler	R. Withers, Hawthorn, Australien
196	'Austral Gem'	Hayler	R. Withers, Hawthorn, Australien
196	Atomic-Hybriden	Woodriff	L. Woodriff, McKinleyville, USA
196	'Star Gazer'	Sun Valley Farms	E. McRae, Boring, USA
205	Lilienfelder	–	E. McRae, Boring, USA
205	'Sans Souci'	Strahm Bulb Farms	E. McRae, Boring, USA
205	'Mies Bouwman'	Bischoff Tulleken	Bischoff Tulleken, Holland
205	'Easter Bunny'	Clas	E. McRae, Boring, USA
205	'Suzanna'	de Jong Lelies	de Jong Lelies, Andijk, Holland
205	'Tamara'	de Jong Lelies	de Jong Lelies, Andijk, Holland
206	'75 – 18 AA'	Summers	W. Summers, Tolland, USA
206	'Sahara'	Bischoff Tulleken	Bischoff Tulleken
206	'Mykonos'	Straßer	V. Straßer, Erlangen
206	'Savona'	Straßer	V. Straßer, Erlangen
206	'Weißer Tiger'	Laan Lelies	Laan Lelies b. v., Holland
206	'3 – 76'	Laan Lelies	Laan Lelies b. v., Holland
212	Blumengestecke	–	Photo-Art, Portland, USA
215	'Pink Giant'	Laan Lelies	Laan Lelies b. v., Holland
215	'Levant'	Laan Lelies	Laan Lelies b. v., Holland
215	'Eureka'	North	E. McRae, Boring, USA
215	'June Fragrance' × Pastel Asiactic; *L. candidum*	McRae	E. McRae, Boring, USA
215	'Southern Belles'	McRae	E. McRae, Boring, USA
215	'Peach Melba'	Licarlen	R. Withers, Hawthorn, Australien
216	Lilien von Santorin	–	TAP-Service, Athen, Griechenland
219	Goltwurtz	–	C. Weber, Pfarrkirchen

Verzeichnis der erwähnten Wild- und Kulturformen der Gattung Lilium

Halbfette Seitenzahlen verweisen auf Schwerpunkte, Seitenzahlen mit Sternchen * verweisen auf Abbildungen.

'Ace' 117
'Adonis' 114
'Adriadne' 199
'Aelita' 185
'African Queen' 176
'Afterglow' 171
'Albert' 184
alexandrae 17, 18, 28, 57, 58, 90*, **91**, 94, 116, 122, 131, 134, 180, 182, 200, 201, 205*
'Algoma' 23
'Alice Wilson' 146, 148
'Allegra' 180, 181, 182, 198
'Alma' 184
'Alutaceum' 146
amabile 16, 26, 56, 86, 90*, **91**, 92, 97, 104, 129, 136, 137, 145, 148, 150, 183, 184, 208, 225
– var. *luteum* 148, **91**
'Ambassador' 222
'Amber Gold' 25
Amerikanische Hybriden 145, **170**
'Amethyst Temple' 179
amoenum **92**, 15
'Apricot' 146
'Arai' 117, 184
arboricola 15, 92*, **92**, 220
'Ares' 170
'Ariadne' 114
armenum **92**
'Arrai' 203
'Artemis' 170
Asiatische Hybriden 25, 57, **145**, 186, 187, 202, 203, 222
– Zusammenstellung 151–167
Atomic-Hybriden 181, 182, 196*
atrosanguineum 146
'Atrosanguineum' 146
'Auranticum' 146
auratum 17, 18, 19, 25, 29, 30, 32, 37, 45, 52*, 57, 58, 59, 66, 75, 86, 90*, **93**, 94, 112, 119, 122, 131, 134, 139, 144, 180, 181, 183, 196*, 202, 204, 208, 221, 225, 226
– var. *platyphyllum* **93**, 180, 181, 223, 225
– var. *praecox* 94
– var. *rubro-vittatum* **93**
– var. *rubrum* **94**
– var. *tricolor* **94**
– var. *virginale* **94**
Auratum-Hybriden 25, 28, 182, 221, 226
Auratum-Speciosum-Hybriden 225, 226
Aurelian Apricot Trumpets 179
× *aurelianense* 66, 75, 76, 133, 174
Aurelianense(Aurelian)-Hybriden 39, 111, 174, 210
Aurelian Golden Trumpets 179
Aurelian Green-Gold Trumpets 179
Aurelian-Hybriden 24, 28, 29, 30, 53, 57, 174*, 177*, 179, 186, 187, 221, 222, 225
'Aureum' 146
'Austral Gem' 182, 183, 196*

Backhouse-Hybriden 168
Bahama-Hybriden 172
bakerianum 15, 18, 56, 86, **94**, 226
'Barber 23' 200
'Batemanniae' 146
Bellingham-Hybriden 26, 46, 50, 58, 60, 127, 171, 222, 225, 226
Bellmaid-Hybriden 172
'Bellona' 202
'Berwyn' 150
'Bicolor' 146
biondii 104
'Black Beauty' 19, 84, 111, 178*, 182
'Black Butterfly' 23
'Black Dragon' 24, 34*, 172, 176
bloomerianum 125
bolanderi 17, 57, 86, **94**, 170, 171, 225, 226
'Bonfire' 203
bourii 114
'Brabander' 134
'Brandywine' 73, 149
'Brauner Bär' 25
'Brenda Watts' 147, 149
'Brides Maid' 171
'Bright Star' 84, 131, 173
'Bronzino' 141*
Bronzino Strain 148
brownii 16, 57, 90*, **95**, 172, 209, 225
– var. *australe* 57, 95, **95**
– var. *brownii* **95**
– var. *cholchesteri* 95
– var. *viridulum* 95
bukozanense 17, **95***
bulbiferum 11, 13, 26, 34*, 46, 53, 57, 86, 90*, **96**, 121, 136, 140, 145, 146, 148, 208, 222, 226
– ssp. *bulbiferum* **96**
– ssp. *croceum* 52*, **96**
– var. *chaixii* **96**
– var. *croceum* 104, 137, 149, 208
– var. *giganteum* **96**
– var. *typicum* 96
'Bunting' 171, 172
× *burbankii* 128, 170, 171
'Burgundy' 23, 141*
Burgundy-Hybriden 23
Burgundy Strain 148
'Burnished Rose' 149

'Buttercup' 171
'Byam's Red Giant' 148
'Byam's Ruby' 148

callosum 16, 45, 46, 56, 86, 90*, 92, **96**, 97, 102, 129, 145, 148, 172, 221, 223
– var. *flaviflorum* **97**, 201
canadense 17, 26, 37, 43*, 44, 46, 50, 57, 69*, 86, 90, 97, 102, 109, 112, 120, 135, 170, 171, 172, 220, 225, 226
– var. *coccineum* **97**
– var. *editorum* **97**
– var. *flavo-rubrum* **97**
– var. *flavum* **97**
– var. *immaculatum* **97**
candidum 11, 14, 34*, 37, 39*, 42, 56, 57, 69*, 79, 86, 90, **98**, 99, 101, 114, 168, 170, 187, 200, 217, 220, 223, 226
– var. *cernuum* **98**
– var. *salonikae* **98**, 170, 200, 223
Candidum-Hybriden 145, **168**, 215*
'Cardinal' 137, 148
carniolicum 13, 17, 27, 45, 57, 69*, 86, **99**, 226
– var. *albanicum* **99**
– var. *bosniacum* **99**
– var. *jankae* 45, **99**, 130
'Carolina Bells' 171
carolinianum 120
'Carrara' 176
Cascade Strain 98, 170
catesbaei 17, 42, 56, 57, 86, 90*, **100**, 127, 170, 208, 226
caucasicum **100**
'Cavalier' 73, 149
Celebrity Strain 181
Centennial-Hybriden 181
centifolium 45, 115, 135, 176, 209
Centifolium-Hybriden 39
× *centigale* 184
'Ceriba' 184
cernuum 16, 26, 45, 46, 56, 69*, 76, 86, 90*, 99, **100**, 101, 102, 104, 112, 129, 136, 145, 149, 170, 172, 200, 208, 221, 222
– var. *candidum* 101
Cernuum-Hybriden 24, 57, 149
'C. Feldmaier' 222
'Chaco' 23
chalcedonicum 13, 69*, 86, 90*, 98, **101**, 110, 130, 168, 170, 199, 217, 220, 223, 226
– var. *maculatum* **101**
'Charisma' 23, 28
'Chinook' 23, 150, 202
ciliatum 45, 70*, **101**, 130
'Cinnabar' 148
'Citronella' 23, 141
Citronella-Hybriden 23
Citronella Strain 148
'Citron Karoline' 184
columbianum 17, 57, 86, 90*, 97, **101**, 132, 170, 171, 225
– var. *ingramii* **102**
'Comtance' 171
concolor 16, 18, 26, 45, 46, 56, 86, 90*, 96, 97, 101, **102**, 129, 145, 146, 148, 150, 172, 183, 184, 200, 208, 221, 223
– var. *coridion* 97, **102**, 201
– var. *luteum* 70*
– var. *partheneion* **102**
– var. *pulchellum* **102**
– var. *stictum* **102**
'Connecticut Bronze' 149
Connecticut-Hybriden 149
'Connecticut King' 23, 33*, 118, 140, 142*, 149, 202, 210, 222
'Connecticut Lemonglow' 118, 140, 149, 204
'Connecticut Queen' 149
'Connecticut Yankee' 23, 149, 200
Coolhurst-Hybriden 147
'Copper King' 175
'Corina' 202
'Coronation' 147
'Corsage' 30, 150
'Creole' 117
'Crimson Beauty' 196*
'Crimson Queen' 93, 180, 181
'Croesos' 148
'Croft' 54*, 117
Crow's-Hybriden 135, 173

× *dalhansonii* 110, 119, 137, 168
'Dalhense' 137, 168
dalmaticum 119
'Damson' 176, 200
'Dark Eyes' 148
'Dark Princess' 150
'Darkest of All' 146
dauricum 6, 15, 17, 18, 26, 46, 57, 86, 90*, **102**, **103**, 104, 106*, 117, 118, 127, 129, 140, 145, 146, 147, 148, 183
– var. *alpinum* 101, 103, 150
– var. *flavum* 150
– var. *luteum*
– var. *pardinum* 139
Dauricum-Hybriden 184
Daurskoy-Hybriden **184**
'David Bowes Lyon' 150
davidii 15, 44, 45, 46, 66, 70*, 86, 90*, 96, 101, **103**, 104, 114, 115, 126, 136, 145, 148, 149, 150, 208, 225
– var. *macranthum* **104**
– var. *unicolor* 103, **104**
– var. *willmottiae* 30, 49, 53, 66, 103, **104**, 147, 172, 183
Davidii-Hybriden 29, 55*, 57
'Dayspring' 23, 150, 202
debile 120
'Delicious' 149
Del Norte Strain 160*
'Destiny' 148, 202
'Diadem' 146
'Diana' 185
'Dirigents' 184
'Discovery' 74
'Diskus' 123*
distichum 16, 57, 86, 90*, **107**, 119, 168, 225
'3-76' 206*
'Dreis Kuliga' 184
'Dropmore' **102**
duchartrei 44, 53, 56, 86, 107, 114, 126, 136, 150, 225
'Dunkirk' 148
'Dzives Prieciga' 184
'Dzives Prieks' 184

'Easter Bunny' 91, 201, 205*
'Edith Cecilia' 24, 101, 149, 199
'Edna Kean' 149, 150
× *elegans* 103, 115, 140, 146
'Elena' 184
'Elinor' 171
'Elwira' 184
'Emerald' 176
'Empress of China' 181
'Empress of India' 180, 181
'Empress of Japan' 181
'Enchantment' 21, 23, 142*, 148, 186, 194, 202, 204
'Erectum' 146
'Eros' 114
'Estate' 117
'Ethelwaite' 150
'Eureka' 111, 200, 215*
'Europa' 130

'Evening Star' 97, 148
'Eventide' 177*
'Everest' 182
'Excelsior' 182, 183
'Exception' 30

fairchildii 108
fargesii 15, **107**
'Favourite' 134
× *fialkovaja* 136, 183, 200, 223
'Fiery Sunset' 150
Fiesta-Hybriden 29, 92, 141*, 148
Fighter-Hybriden 103, 147, 222
'Firecracker' 28, 150, 159*, 202
'Fireking' 22, 74
'Florosanum' 172
'Formobel' 172
'Formolense' 108
× *formolongi* 172
formosanum 16, 26, 42, 56, 86, 90*, **107**, 108, 172, 184, 201, 209
– var. *pricei* 26, 108*
fortunofulgidum **108**
'Frederick Stern' 150
fresnense 112, 113
× *frietschii* 174
'Fuchsia Queen' 149
'75-18AA' 206*

'Gaischa Nakotne' 184
'Gaischais Stars' 184
'Galahad' 179
gazarubrum 108, **109**
'George C. Creelman' 173
georgicum **109**
'Gilrey' 180, 181
'Glockenspiel' 177*
× *gloriosum* 173
'Goldcrest' 149
'Gold Eagle' 179
Golden Chalice-Hybriden 23, 57, 147, 148, 184
Golden Crown-Hybriden 184
'Golden Fleece' 146
'Golden Regale' 76
'Golden Showers' 173
'Golden Splendor' 24, 34*, 172, 176, 177*
'Golden Sunburst' 176
'Golden Temple' 179
'Grand Commander' 134, 200, 203
grayi 17, 44, 57, 69*, 86, 90*, **109**, 170, 225
'Green Dragon' 24, 176
Green Mountain-Hybriden 176

'Hagoromo' 115
'Haiti' 172
hansonii 16, 24, 27, 57, 70*, 71, 86, 90*, **109**, 110, 119, 120, 168, 225
Hansonii-Hybriden 137
'Hantsing' 137, 168
'Harlequin' 160*
Harlequin-Hybriden 23, 29, 136, 149
Harlequin Strain 150
'Harmony' 148, 202
× *harrichauxii* 120, 172
harrisianum 17, 43*, 44, 50, 87*, 102, **110**, 120, 126, 133, 171, 172, 208, 225
'Heart's Desire' 173, 176
heldreichii 13, 101, **110**
henrici 15, **110**
henryi 16, 19, 25, 29, 32, 45, 46, 47, 49, 53, 57, 66, 75, 86, 87*, 90*, 111, 116, 133, 134, 135, 172, 174, 178*, 182, 189, 200, 201, 210, 215*, 220, 222, 223, 226
– var. *citrinum* **111**
– var. *erecta* 88*
'Henry Bolander' 171
'Herold' 23
× *hollandicum* 96, 115, 141*, 145, 147, 148, 208, 223
Hollandicum-Hybriden 29, 43*
'Honeydew' 176
'Hornback's Gold' 23, 74, 150
humboldtii 17, 58, 86, 90*, 110, **111**, 112, 125, 126, 127, 170, 171, 208
– var. *bloomerianum* 112
– var. *ocellatum* 112, 171
'Hurricane' 147

'Ilza' 184
'Imperial Crimson' 94, 181, 182, 195*, 203
× *imperiale* 130, 133, 135, 173, 209
'Imperial Gold' 94, 181, 182
'Imperial Pink' 94, 182
Imperial Pink Strain 181
'Imperial Silver' 94, 181, 182, 195*, 203
Imperial Strain 180
'Improved' 104, 111
'Index' 171
'Invincibile' 146
'Ira' 184
iridollae 17, 44, 86, 108, 112, 170

'Jacques S. Dijt' 24, 168
'Jade Temple' 179
'Jamboree' 182, 203
Jamboree Strain 180
japonicum 17, 18, 45, 58, 86, 87*, 90*, 93, 94, **112**, 131, 134, 180, 181, 195*, 221, 225, 226
– var. *album* 181
'Jet Fire' 141*
'Jillian Wallace' 76, 180, 181
'Joan Evans' 202
'John Evans' 148
'Josef Fletscher' 150
'Journey's End' 182, 183
'Joy of Summer' 183
'Juliana' 150, 159*, 202, 222
'June Fragrance' 98, 99, 170, 200, 215*, 223
'Jupiter' 24

'Karmen' 185
'Kautviga' 184
kelleyanum 17, **112**, 170
kelloggii 17, 58, 86, 102, **113**, 127, 170, 171, 225
Kelloggii-Hybriden 172
'Kelmarsh' 113
kesselringianum 87*, **113**, 114, 183, 221
× *kewense* 116
'Kicunova Piemina' 184
'King's Ransom' 25, 179
kosa **113**
'Krasnyii Sontik' 185

'Lady Bowes Lyon' 150
'Lady Dawn' 23
'Lady Fair' 23
'Ladykiller' 202
lancifolium 136
lankongense 15, 26, 27, 44, 56, 86, **114***, 126, 145, 146, 150, 199, 200, 208, 222, 225, 226
Lankongense-Hybriden 24, 114
'Lavender Princess' 182, 183
ledebourii **114**
leichtlinii 17, 56, 86, 90*, **114**, 115, 225

– var. *maximowiczii* 104, **115**, 136, 137, 145, 226
Leichtlinii-Hybriden 148
'Lemonglow' 28
'Lemon Lady' 148
'Leonard Joerg' 146
'Leopoldovizs' 184
'Lesterina' 175
leucanthum 56, 57, 86, **115**, 116, 175
– var. *centifolium* 46, 53, **115**, 130, 172, 173, 174, 176, 209
– var. *chloraster* 56, **115**, 116
'Levant' 215*
'Lillian Cummings' 147, 149
Little Fairy-Hybriden 183
'Little Gold Rascals' 204
'Little Pink Rascals' 204
'Little Rascals' 91, 94, 178*, 204
Little Rascal Strain 28, 181
'Little Red Rascals' 204
longiflorum 17, 18, 28, 53, 56, 73, 82, 86, 90*, 94, 108, **116**, 117, 172, 184, 186, 201, 203, 209, 220, 222, 223, 226
Longiflorum-Hybriden 145, **172**, 200
'Luba' 184

mackliniae 15, 18, 86, 87*, **117**, 220, 225
maculatum 17, 96, 103, 104, **117**, 118, 121, 127, 132, 136, 137, 139, 145, 146, 147, 148, 149, 183, 200, 208, 220
– var. *flavum* 117
Maculatum-Hybriden 115
'Magic Pink' 94, 182, 196*
Magic Pink Strain 131
'Mahogany' 146, 147, 149
'Mandarin Blaze' 179
× *manglesii* 137
'Marble Temple' 179
'Margaret Johnson' 137
Marhan-Hybriden 52*
× *marhan* 110, 119
'Maria' 184
maritimum 17, 44, 58, 86, 90*, **118**, 170
'Marmed' 168
martagon 11, 13, 15, 16, 17, 18, 24, 26, 37, 45, 46, 48, 49, 58, 60, 79, 86, 90*, 110, 113, **118**, 119, 137, 168, 208, 218, 222, 225, 226
– ssp. *caucasicum* 100
– var. *albiflorum* **119**
– var. *album* 24, 25, 57, 87*, 110, **119**, 168
– var. *cattaniae* 24, 71, 110, **119**, 120, 141*, 168
– var. *dalmaticum* 168
– var. *daugava* **119**
– var. *hirsutum* **119**
– var. *koknese* 119
– var. *pilosiusculum* **119**
Martagon-Hybriden 24, 27, 55*, 58, 145, 160*, **168**, 225, 226
× *martellatum* 222
mary-henryae 108, **119**
'Maureen' 51*
'Maxiclas' 97
maximowiczii 92, 93, 97, 150, 200
'Maxwill' **104**, 150, 199
× *maxwill* 115, 221
medeoloides 17, 86, 90*, 93, 107, 110, **119**, 120, 137, 168, 222, 226
Medeoloides-Hybriden 168
'Mega' 73, 149
Melford-Hybriden 181, 182
michauxii 17, 44, 86, 90*, 97, 108, **120**, 135, 170, 171, 172
michiganense 17, 44, 58, 86, 90*, 97, **120**, 170, 171, 172, 225
Midcentury-Hybriden 28, 92, 103, 136, 148, 202
'Mies Bouwman' 202, 205*
'Milk and Honey' 142*
'Ming Yellow' 22, 52*, 150
Miniatur-Auratum-Hybriden 200
Miniatur-Orient-Hybriden 204
miquelianum 90*
monadelphum 15, 58, 86, 87*, 90*, 96, 98, 99, 113, **120**, 130, 131, 135, 136, 170, 183, 184, 223, 226
Monterey-Hybriden 128, 171
'Moonlight' 200
'Mosquito' 147
'Mountaineer' 149
'Mount Everest' 116*
'Mrs. R. O. Backhouse' 24
'Mykonos' 206*
myriophyllum 134

'Nakotne' 184
'Nakts Karoline' 184
'Nanda' 202
nanum **121**
neilgherrense 15, 18, 56, 86, 90*, **121**, 172, 226
nepalense 15, 18, 46, 53, 56, 86, 88*, **121**, 225, 226
– var. *concolor* **121**
– var. *robustum* **122**
'Neptun' 184
nevadense 17, 44, 58, 90*, **122**, 170, 171
'Nightingale' 171, 172, 177*
'Nina' 184
nobilissimum 17, 18, 58, 86, 90*, 91, 116, **122**, 134, 180, 182, 183, 196*, 200, 221
'Normanda Gold' 179
'Notschka' 185
'Nr. 10' 134
'Nutmegger' 25, 149

'Obrist' 124*
ocellatum 16, 112, **125**, 127, 170
– ssp. *bloomerianum* 107, 125
– ssp. *ocellatum* 125
occidentale 17, 44, 58, 86, 102, **125**, 170, 226
ochraceum 86
'Okihime' 102
Olympic-Hybriden 222
'Oliver Wyatt' 171, 172
'Opera House' 182, 196*
Opera House-Hybriden 182, 183
'Orange Glow' 23, 150, 222
'Orange King' 146
'Orchid Queen' 149
'Orekhova Brinams' 184
'Orekhov's Fascination' 184
Orient-Hybriden 53, 55*, 58, **180**, 187, 199, 201, 202, 203
oxypetalum 15, **125**
– var. *insigne* **125**

Painted Lady-Hybriden 110, 168
Paisley-Hybriden 110
Paisley Strain 24, 168
'Panama' 172
papilliferum 16, 18, 26, 56, 86, **125**
'Paprika' 28, 148
paradoxum 16, **126**
× *pardaboldtii* 170
pardalinum 17, 26, 44, 46, 50, 58, 86, 90*, 95, 102, 110, 112, **126**, 127, 128, 170, 171, 208, 209, 225, 226
– var. *fragans* 126
– var. *giganteum* 110, 126
'Parfait' 150
× *parkmannii* 94, 180
parryi 17, 57, 86, 90*, 102, 112, 113, 122, **126**, 127, 160*, 170, 171, 225

– var. *kessleri* **127**
parvum 17, 44, 58, 86, 90*, 113, 126, **127**
– var. *crocatum* **127**
– var. *hollidayi* **127**
Pastell-Hybriden 28, 101
Patterson-Hybriden 29, 149, 151
'Peachblush' 150, 159*, 202
'Peach Melba' 215*
'Pearl Temple' 179
'Peluzuschkite' 184
pensylvanicum 102
philadelphicum 17, 18, 46, 56, 86, 90*, **127,** 149, 170, 220, 226
– var. *andinum* **127**
philippinense 16, 18, 32, 56, 86, 90*, 108, **127,** 128, 172, 209
'Picasso' 33*, 222
'Pink Beauty' 182, 183
Pink Cameo-Hybriden 181
'Pink Charme' 149
'Pink Delight' 182, 183
'Pink Giant' 215*
'Pink Glory' 28, 91, 94, 122, 181, 182, 183, 195*, 203
Pink Glory Strain 181
'Pink Perfection' 24, 34*, 173, 176
Pink Perfection Strain 25, 225, 226
'Pink Tiger' 200
Pink Trumpet-Hybriden 225, 226
Pink Trumpets 25, 132, 177*, 222
'Pirate' 22, 101, 142*, 150
pitkinense 17, 18, **128,** 170, 171, 226
– var. *fiski* 128
polyphyllum 15, 43, 58, 86, **128**
pomponium 13, 26, 57, 86, 90*, **128,** 130, 208, 220, 226
ponticum 90*, **101, 109, 128,** 130, 199, 221
– var. *artvinense* 129
– var. *ponticum* 129
Potomac-Hybride 93*, 180, 181, 198
'Prawn Tiger' 25
Preston-Hybriden 104
primulinum 16, 18, 56, **129**
– var. *burmaniacum* **129**
– var. *ochraceum* **129**
– var. *primulinum* **129**
'Prince Charming' 101
princeps 184
'Prosperity' 148, 202
pumilum 15, 18, 26, 45, 56, 62, 86, 88*, 90*, 92, 96, 97, 101, 102, 104, **129,** 145, 149, 150, 200, 208, 223
pyrenaicum 13, 57, 86, 88*, 90*, 114, **129,** 199
– var. *rubrum* **130**

'Queen of Night' 168

'Raibulite' 184
Rainbow-Hybriden 28, 46, 141*, 147, 148
'Red Band' 182, 196*
'Redbird' 149
'Red Carpet' 23, 28, 149, 204
'Red Emperor' 23
'Red Gold' 176
'Red Knight' 206*
'Red Lion' 33*
'Redman' 110
'Red Ruby' 34*
'Refulgence' 146
regale 12, 16, 24, 32, 43, 44, 45, 46, 49, 56, 86, 90*, 105*, 116, **130,** 131, 132, 133, 135, 172, 173, 174, 175, 176, 184, 187, 209, 220
rhodopeum 13, 105*, **131**
'Rising Star' 182, 183
'Rita' 184
'Rita Zwaigzne' 184
'Robin' 171, 172, 177*
'Robin Hood' 52*
roezlii 86, 138, 139
'Rosabelle' 149
'Rosalind' 149
'Rose Dawn' 149
'Rosa Queen' 149
'Roter Prinz' 23
'Royal Gold' 131, 175
rubellum 17, 18, 45, 58, 86, 91, 92, 94, 112, **131,** 134, 180, 181, 182, 183, 196*, 200, 221, 225, 226
rubescens 17, 58, 86, 113, **131,** 132*, 170, 171
'Rubrum B. A.' 203
'Rubrum Nr. 10' 203

sachalinense 106*, 132
'Sahara' 202, 206*
'Sanguineum' 146
'Sans Souci' 28, 200, 205*
sargentiae 16, 46, 53, 56, 57, 66, 75, 86, 90*, 111, 130, **132,** 135, 172, 173, 174, 175, 176, 209, 210, 220
'Saubermann' 30
'Saulaina' 184
'Saules Sturitis' 184
'Sautrie Bernie' 184
Sautrie Bernie-Hybriden **184**
'Savona' 206*
'Schellenbaum' 25, 33*, 73*, 74, 206*
'Schützenlisl' 23, 124*
× *scottiae* 147, 221
sempervivoideum 16, 86, **133**
'Sentinel' 24, 176
× *sestroretskaja* 183
shastense 17, **133**
Shelburne-Hybriden 179
'Shellman' 179
Shellrose-Hybriden 179
sherrifiae **133**
'Shikayama' 201
'Shouting Star' 134
'Showboat' 23, 150
'Shuksan' 171
'Sinai' 202
'Sir Lancelot' 171
'Skumstu' 184
Skumstu-Hybriden **184**
'Skyrocket' 149
Slate Strain 99
'Slocum's Ace' 117
'Smaids' 184
'Smena' 185
'Sofija' 184
'Sonnentiger' 23, 124*
'Sontsing' 137, 168
souliei **133**
'Southern Belles' 114, 215*
'Sovereign' 147
speciosum 17, 18, 25, 29, 30, 32, 37, 45, 47, 57, 58, 66, 75, 86, 90*, 91, **93,** 94, 111, 112, 131, **133,** 144, 172, 178*, 180, 182, 186, 187, 196*, 200, 201, 202, 203, 205*, 220, 221, 223, 225, 226
– var. *album* **134,** 180
– var. *album-novum* **134**
– var. *gloriosoides* **134**
– var. *kraetzeri* **134**
– var. *rubrum* 19, **134**
Speciosum-Hybriden 28
'Splendens' 74
'Splendid' 146
'Spidola' 184
'Spitfire' 147
'Stalta' 184
'Star Gazer' 182, 183
Stenographer-Hybriden 103, 147, 150, 221

'Sterling Star' 23, 101, 150, 202
stewartianum 16, 18, **134**, 220
Stones-Lemon-Yellow-Hybriden 149
'Stroynaya' 184
× *stroynaya* 183, 184
'Stuart Criddle' 200
'Sugekime' 97
sulphureum 6, 16, 18, 46, 53, 56, 86, 90*, 106*, 111, 130, **134**, 135, 172, 173, 174, 175, 209
Sulphureum-Hybriden 179
× *sulphurgale* 130, 135, 173
Sunburst-Hybriden 173
Sunburst Strain 174*
Sundrop-Hybriden 57
'Sunkissed' 23, 150
'Sunray' 23, 28
'Sunrise' 28, 101
'Sunspot' 148
'Sunstar' 148
'Sun Temple' 179
superbum 26, 44, 46, 50, 58, 86, 90*, 97, 108, 112, 119, 120, **135**, 172, 226
sutchuenense 104
'Sutters Gold' 23, 222
'Suzanna' 202, 205*
szovitsianum 15, 87*, 90*, 92, 105*, 121, 130, **135**, 136, 183, 199, 223, 226

'Tabasco' 148, 202
'T. A. Havemeyer' 111, 135, 174
taliense 16, 26, 56, 86, **136**
'Tamara' 202, 205*
Temple-Hybriden 179
tenuifolium 129
Terrace-City-Hybriden 168
× *testaceum* 21, 98, 101, 168, 170, 223, 226
'Tetrabel' 108, 172
'Tetra Black Beauty' 74
'Tetra Destiny' 74
'Tetra Enchantment' 74
'Tetra Mega' 74
'Tetra Tabasco' 74
'The Duchess' 92, 148
'Theseus' 114
'Thunderbolt' 176, 177*
Tiger-Hybriden 25, 137
'Tigrimax' 115, 137
tigrinum 6, 11, 17, 53, 56, 74, 84, 86, 90*, 92, 104, 115, 118, **136**, 137, 145, 146, 148, 149, 183, 186
– diploide Art **137**, 147
– var. *flaviflorum* **137**, 140, 149, 150
– var. *flore-pleno* 136
– var. *fortunei* 74, 136
– var. *splendens* 136
Tigrium-Hybriden 29, 147, 149
'Topaz Temple' 179
'Treues Herz' 23, 124*
Trompeten-Hybriden 145, **172**, 186
Trumpet Strains 24
'Tsingense' 137, 168
tsingtauense 16, 27, 58, 86, 90*, 123*, **137**, 160*, 168, 222, 225, 226
– var. *flavum* **137**
× *tsvetajewa* 183, 184
'Twilight' 23, 101, 150, 159*, 222

'Uchida' 203
'Uchido' 134
× *umbellatum* 119, 136, 222, 223
× *umbtig* 137, 148
Umbtig-Hybriden 147

'Valencia' 148
'Valiant' 149
'Vasaras Prieks' **183**, 184
vebadense 86
'Venustum' 146
'Vera' 184
'Verbesserte Willmottiae' 23
'Vermillion Brillant' 147
'Verona' 176
'Virginale' 181
vollmeri 17, 90*, **138**, 170
'Wallacei' 146
wallichianum 15, 32, 46, 56, 86, 90*, 112, **138***, 172, 226
'Walter Bently' 150
'Walter Darby' 150
wardii 15, 26, 53, 57, 86, 124*, **138**, 150, 220, 225
washingtonianum 17, 58, 86, 90*, 102, **139**, 170, 225
– var. *minor* **139**
– var. *purpurascens* **139**
'Weißer Tiger' 206*
'Welwyn' 172
White Cameo-Hybriden 181
'White Gold' 149
'White Henry' 179
'White Knight' 170
'White Nellie' 117
'White Princess' 149
'White Queen' 117, 203
wigginsii 17, **139**, 170, 226
willmottiae 15, 129, 184
– var. *unicolor* 104
wilsonii 57, 103, 117, **139**, 145, 146
– var. *flavum* 117, 137, **140**
'Wintersunset' 179
'Wostor-2' 184

'XX – 9' 160*

'Yellow Maid' 171
Yerex-Hybriden 179
Yuras-Zwaigzne-Hybriden **184**
'Yuras Zwaigzne' 184

× *zalivskii* 108
'Zelta Bikeris' 184
'Zelta Vainags' 184
Zelta Vainags-Hybriden **184**
'Zenta' 184
'Zeus' 170
'Zigeunerliebe' 74

Liliengesellschaften

Deutschland:

Gesellschaft der Staudenfreunde e. V.,
Leonberg
c/o Hermann Hald
Justinus-Kerner-Straße 11
D-7250 Leonberg
etwa 1800 Mitglieder
Jährlich 4 Mitteilungsblätter
‚Der Staudengarten'
Jahresbeitrag 35,– DM

Nordamerika:

The North American Lily Society, Inc.
Mrs. Dorothy B. Schaefer
RR2, Box 33, Waukee
Iowa 50263, USA
etwa 800 Mitglieder
Jahrbuch, 4 Quarterly Bulletins
Jahresbeitrag 12,50 $

England:

The Lily Commitee
of the Royal Horticultural
Society, Vincent Square
SWIP 8 PE, London
England

Tschechoslowakei:

Organisation Lilium
c/o Ing. Vaclav Jost
ČSSR 53803, Hermanuv Mestec
Tschechoslowakei

Rußland:

V. P. Eremin
Prospect Kalinina
44 K145 Moskau G 19
UdSSR

Australien:

The Australien Lilium Society
Mr. I. H. Young
24 Halwyn Crescent
West Creston, Victoria 3072
Australien
etwa 450 Mitglieder

Neuseeland:

1. New Zealand Lily Society
P. O. Box
1394 Christchurch
Neu Seeland
2. TheAuckland Lily Society
(Mr. G. Durabin)
17 Malborough Aveneu
Glenfield, Auckland 10
Neuseeland

Süd-Afrika:

South African Lily Society
Miss Beryl I. Reginolds
P. O. Box 71
Pretoria
Südafrika

Literaturverzeichnis

Baardse, A.A.: Groot Lelie boek. Drukkeru, West-Friesland, BV. Hoorn, 1977, holländisch.

Bock, Hieronymus: Kreutterbuch. 1547.

Deutsche Iris- und Liliengesellschaft e. V. Leonberg: Jahrbücher 1960–1972; Nachrichtenblatt 1960–1971.

Encke, R., Buchheim, G., und Seybold, S.: Zander-Handwörterbuch der Pflanzennamen. Verlag Eugen Ulmer, Stuttgart 1980, 11. Aufl.

Frimmel, F.: Die Praxis der Pflanzenzüchtung. Verlag Paul Parey, Berlin und Hamburg 1951.

Gesellschaft der Staudenfreunde e.V.: Der Staudengarten. Vierteljährlich 1973–1981.

Gilbert, Ch. C.: Success without Soil. Charles C. Gilbert & Company, San Diego 1949.

De Graaff, J.: The New Book of Lilies. M. Barrows & Company, Inc., New York 1951.

Grot, V.A.: Lilien. Moskau 1966.

Grunert, Chr.: Pflanzenporträts. Classen & Goverts, Hamburg 1948.

Hegi, G.: Illustrierte Flora von Mitteleuropa, Band II. J.F. Lehmanns Verlag, München 1906.

Jefferson-Brown, M.J.: Modern Lilies. Faber & Faber, London 1965.

Jelitto, L., und Schacht, W. (Hrsg.): Die Freiland-Schmuckstauden. Band 1 und 2, Verlag Eugen Ulmer, Stuttgart 1963 und 1966.

Kappert, H.: Grundriß der gärtnerischen Pflanzenzüchtung. Verlag Paul Parey, Berlin und Hamburg 1934.

North American Lily Society: The Lily Year Books of the North American Lily Society. New York 1948–1978; Quarterly Bulletin 1948–1980.

Penningsfeld, F., und Kurzmann, P.: Hydrokultur und Torfkultur. Verlag Eugen Ulmer, Stuttgart 1966.

Rockwell, F.F., Grayson, C., and de Graaff, J.: The complete Book of Lilies. Doubleday & Company, Inc., New York 1961.

Royal Horticultural Society: The Lily Year Books of the Royal Horticultural Society. London 1933–1937, 1949–1971; Lilies and other Liliaceae 1972–1979; The International Lily Register, London 1960; Supplement to the International Lily Register, London 1961–1964; The International Register 1969.

Saliwski, I.L.: Lilien. Deutscher Bauernverlag, Berlin 1955.

Schacht, W.: Blumenzwiebeln für Garten und Heim. Verlag Eugen Ulmer, Stuttgart 1955.

Motoo, Shimizu: Japanische Lilien. Tokio 1975, japanisch.

Steffen, A.: Unsere Lilien im Garten. Verlag Paul Parey, Berlin und Hamburg 1953.

Ward, F.K.: Burma's Icy Mountains. Jonathan Cape, London 1949.

Ward, F.K.: Pilgrimage for Plants. George G. Harrap & Co. Ltd., London 1960.

Wilson, E.H.: The Lilies of Eastern Asia. London 1925.

Withers, R.M.: Liliums in Australia. The Australian Lilium Society 1967.

Woodcock, H.B.D., and Stearn, W.T.: Lilies of the World. Country Life Limited, London 1950.

In den Beschreibungen der Wild- und Hybridlilien bedeuten die abgekürzten Angaben

NALS-LYB = North American Lily Society, The Lily Year Books

RHS-LYB = Royal Horticultural Society, The Lily Year Books.

Daneben genannte Autoren sind jeweils die Verfasser der zitierten Jahrbuchbeiträge.

Sachregister

Halbfette Seitenzahlen verweisen auf Schwerpunkte, Seitenzahlen mit Sternchen * verweisen auf Abbildungen.

AAterra 203
Abbey, Fred 179
Abel 148
Abstammung 86*, 89, 90*
Achselbulben 12, **53**, 186
Agar-Agar-Nährboden 75, 198
Alaska 17
Albolineum 80, 82
Älchen **77**
Aleuten 17
Alginure 190
Alkohol 199
Allen, T. C. 193, 194
Allium 41
– *cepa* 41
Altai 15
Alu-Hütchen 71, 161*
Aluminiumfolie 71
Aluminiumsulfat 27
Amateurzüchter 150
Amerika 17
Amur 13
Andersen, Wilbur C. 197
aneuploid 74
Anthericum 41
Anthozyan 47, 222
Anzucht, gewerbsmäßige **186**
Aphelenchoides fragariae 78
– *ritzemabosi* 78
Arabis-Mosaikvirus 82
Aruncus 25
Asano, Yoshito 223
Ascher, P. D. 200
Asien 13, 14*, 15, 17, 145
Asparagus 30
Assimilate 42, 45
Astilben 24, 25
Atlantischer Ozean 17
Aubrieta 24
Auslese 64, 65
Auslesezucht 72
Aussaat **59, 187**
– Freiland **60**
– unter Glas **61**
Aussaatsubstrat **62,** 78
Ausstellung **213**
Avery, A. G. 72

Baar, H. R. 171
Backhouse, R. O. 168
Baden-Powell, C. 168
Baikalsee 15
Baker, John, G. 94
Bakterien 198
Balkan 13
Bambus-Lilie 112
Baranova 114
Barry, Tom 174
Basamid 78
Baumpflanzung 24
Bayer 5072 203
Beane, Lawrence 110, 112, 221
Befruchtung 67, 180
Begleitpflanzen 23, 24
Benlate 190
Berckmüller, Fritz 146
Bestäubung 48, 65, 68, 150
– künstliche 72
– Technik 68
Beutnagel, Otto 137, 161, 168
Bewertung **214**
Bewässerung 62, **189**
Bicolor 150, 222
Bimssand 54, 55, 62
Bischoff Tulleken 202, 204, 207
Blakeslee, A. F. 72
Blasenfüße 79
Blattälchen 62, **78,** 189
Blattbildung 58, 187
Blätter **45**
Blattläuse **80,** 84, 110
Blüheigenschaften 75
Blumenschalen 21
Blüten **45**
– Form 46
Blütenälchen **78**
Blütenblätter 47
Blütenhülle 45
Blütenstände **45**
– Aufbau 45
– doldige 45
– traubige 45
Blütenstaub 47, 71
Bock, Hieronymus 96, 118, 218
Boden 17, 32, 36, 37, 39
– alkalischer 37, 39
– kalkhaltiger 226
– neutraler 37
– saurer 37, 39, 226
Bodenbeschattung 113
Bodendämpfung 78, 189
Bodenentseuchung 81, 189
Bodenentseuchungsmittel 82
Bodenfeuchtigkeit 77
Bodenreaktion 62
– neutrale 62
– sauere 62
Bolander, Heinrich 220
Bordeauxbrühe 190
Botrytis 38, 45, **80,** 81*, 134, 190, 214
– *cinerea* 81
– *elliptica* 81
Botticelli, Sandro 218
Brahmaputra 15
Brierley, Philip 82
Brown, David H. 171, 222

brushmarks 33*, 222
Brutzwiebel 53, 54, 55
– Bildung 55*
Bucknell, S. R. 97
Bulgarien 13
Burbank, Luther 170, 175
Burg, J. S. Dijt 168
Burma 15, 18
Byam, Percy 148

Campanula carpatica 22, 24
– var. *turbinata* 22
Captafol 187
Captan 54
Cardiocrinum 41, 48, 49, **140**, 226
– *cathayanum* **140**
– *cordatum* **140**
– *giganteum* 26, 39*, 123*, **143**
– – var. *yunnanense* 143
Catesby, M. 220
Chandler, Gordon 182
China 11, 15
Chlorkalk 199
Chlorlauge 199
Chlorophyll 45, 57
Chloroxuron 190
Chromosomen 72, 74, 197
Chromosomenbild 73*
Chromosomensatz 72, 198
– Verdoppelung 72
Chromosomenzahl, diploide 149
Clas, Ruth P. H. 91, 97, 120, 128, 201, 204
Colchicin 72, 73, 74
Colchicum 41, 72
Container 25, 62, 121, 180, 203
Contarinia lilii Kieff. **79**
Contarinia martagonis Kieff. **79**
Convallaria 41
Comber, Harald F. 85, 86, 147
Corsage 30
Crioceris lilii Scop. **79**
Crioceris merdigera L. 79
Crow, J. W. 173
Cummings, B. G. 194

Dampf 189
Dämpfen 203
Darby, G. W. 150
Dauricum-Sektion 85
David, Armand 103, 107, 220
Davis 101
Debras, E. 66, 75, 76, 170, 174
Dekoration 30
Delavay 125, 134, 220
Desinfektion 78, 81
– chemische 78
Desinfektionsmittel 199
Dicotyledoneae 41
Difolatan 187, 190
diploid 72, 74
Di-Trapex 78, 189
Dolden 46, 209
dominant 47
Drahtkörbe 38, 77
Drahtwürmer 38
Dränage 27, 28, 36*
Druckkessel 199
Duchartre 107
Düngung **37**, **188***
Durchlüftung 63

E 605 79, 80
Ehrenpreis 52*
Eigenbestäubung 136
Einkeimblättrige 41
Einmachglas 58
Eisenchelat 189
Eisenmangel 189
Eizellen 66
Elliot 126
Embryo 49, 57, 59, 75, 180, 198
– Aufzucht 172
Embryokultur 49, 75, 91, 99, 122, 126, 136, 145, 150, 175*, 181, **197**, 200, 201, 221, 222, 223
Emsweller, S. L. 32, 67, 75, 110, 115, 149, 150, 180, 181, 182, 198, 220
Endlicher, Stephan L. 85
Endosperm 49, 180, 197
Engerlinge 38, 39
England 13
Entwicklungsfolge 90*
Epidermis 47
epigäisch 56, 117
Erdraupen 38
Eremin, V. 13*, 92, 114
Eremurus 41
Ericksen, Jean 151
Eriophorum vaginatum 117
Erntemaschine 192
Etagen 209
Etagenform 209
Etikett 40
Europa 12*, 13
Evans, W. D. 151
Ewald, Fritz 30, 168, 172
Explantate 193, 194*
explants 193
Exsikkator 59, 71
Eyck, Jan van 218

Fadenwürmer 77
Fallen 77
Farbstoffe 46
Farges, Paul G. 104, 107, 220
Farnkraut 38
Farrer, Reginald 115
Fäulnis 20, 55
Faurie 220
Feldmäuse **77**
Felsboden 32
Ferbam 54
Feuerlilie 11, 13, 26, 34*, **96**, 218
Filter 193
Flammenwerfer 190
Flavone 46, 47
Florida 17
Flüssigdünger 204
Folienhütchen 68
Foliensäcke 187
Formosa 17
Forrest, George 220
Fox, Derek 171, 172, 222
Foxwell, Douglas 179
Fransenflügler 79
Freiland 116
Freimann, Le Vern 73, 76
Freimann, L. N. 174
Freipflanzen 24
Fremdbestäubung 72, 130, 136, 161, 187
Frietsch, Leopold 174
Fritillaria 41, 90
– *soulilei* 133
Frost 31
Frostschutz 38
Fruchtblätter **47**, 48
Fruchtknoten 48, 66, 68
Frühlingsblüher 26
Fuchs, Leonhard 96
Fungizid 38, 39, 40, 54, 59, 60, 62, 73, 78, 81, 144, 187, 192
Furse 13*
Fusarium 37, 38, 80, **81**, 122, **190**
– Fäule 20, 37, 39, 42, 144, 180
– *oxysporum* f. *lilii* 81

Gartenboden 20
Gartenlilien 11

Gas 77
Gabelstapler 192
Gehölze 21
Genat, Eric 182
Gene 74
Geröllboden 32
Geschichte der Lilien **217**
Gesatop 190
Gesellschaft der Staudenfreunde 211
Gewächshaus 61, 65, 91, 116, 186, 187
Gewebekultur 83, **193**, 194*, 198
Gießkanne 62
Giftköder 77
Giftweizen 77
Gigasform 110
Gilg 137
Giraldi 104
Glashäuser 193
Glasröhrchen 71
Glocken 94
Glockenform 94, 97
Glühlampen 203
Goldbandlilie 17, 18, 19, 52*, **92**, 94, 180
Goes, Hugo van 218
goldt gilg 96
Goldwurzel 11
Goltwurtz 118, 218, 219*
Graaff, Jan de 65, 76, 92, 103, 110, 136, 137, 140, 143, 146, 147*, 148, 149, 150, 161, 168, 170, 175, 176, 181, 186, 194, 221
Graben 36
Gramoxone 190
Gras 38
Graslilien 41
Grauschimmel **80**
Gray, Asa 109, 220
Griechenland 13, 68
Griffel 48, 68
Griffelamputation 172, 200
Griffiths, David 171, 222
Groom, Henry 146
Grot, W. A. 184
Grundplatte 42
Grünewald, Matthias 169, 218
Grünpflanzen 27
Grünschimmel 192
Gruppenpflanzungen 22
Gurkenmosaikvirus 82
Güteklassen 194
Gypsophila 24
– *repens* 22

Haage, Franz Anton 168
Halbschatten 39, 171, 225
Handbestäubung 187
Handelsdünger 37, 61, 62
Hanum, Clifford 102, 171, 222
Harbran 101
Hayler, Basil 182, 183, 197
Hegi, G. 96
Heidekraut 52*
Heilwirkung 217
Heldreich, Theodor von 110
Helenium 25
Hemerocallis 41, 52*
Henderson 101
Henry, Augustine 104, 111, 115, 220
Henry, John Norman 98, 135
Henry, Josephine de N. 108, 109
Henry, Mary G. 112, 119, 127, 221
Herbst 40
Herbstzeitlose 41, 73
Heyer, John 147
Himalaja 15
Hobelspäne 38
Höhe 23
Holland 12, 22, 31, 80, 186
Holzasche 38
Holzkohlenpulver 112
Holzwolle 40, 192, 213
Hongkong 16
Honshu 17
Hormone 194
Hornback, Earl N. 147, 200
Horsford, William C. 223
Hybriden **20**
– Amerikanische 145, **170**
– Asiatische **145**, 151, 170
– Candidum 145, **168**
– Longiflorum 145, **172**
– Martagon **168**
– Orientalische 145
– Trompetenlilien **172**
– verschiedene 145, **183**
Hybridisation 75
Hybridlilien 18, 19, 20, 72, **144**
Hydrokultur 62*
– Vorteile 63

Iberis sempervirens 22
Ikebana 30
Indien 26
Inkompatibilität 49
Insekten 48, 68
Insektizide 78, 79, 82, 84
Iris 41
Irawadi 15
Isabell-Lilie 168
Italien 13

Jangtsekiang 15, 16
Japan 11, 13, 15*, 17
Jong, Klaas de 194
Jungzwiebel 44, 50
Jünnan 15

Kaempfer, E. 220
Kali 37, 38
Kalifornien 17
Kalisalpeter 189
Kalk 25, 135, 190
– gebrannter 37
– kohlensaurer 37
Kalkböden 17, 130
Kalksalpeter 189
Kallus 194
Kallusbildung 73
Kalluskultur **194**
Kältebehandlung 54, 55, **58**
Kälteperiode 58, 59, 187
Kalthaus 28, 108, 121, 134
Kamtschatka 16
Kanada 13, 17
Kanada-Lilie 97
Karotinoid 46, 47, 112, 136, 146, 222
Kartoffelblattlaus 80
Karton 213
Kaukasus 13*, 15
Kaukasuslilien 199
Keimfähigkeit 201
Keimling 49
Keimschlauch 66
Keimsubstrat 181
Keimtemperatur 57
Keimung **56**, 60*, 187
– epigäische 56, 187
– hypogäische 56, 187
– oberirdische 56, 187
– – verzögerte **57**
– unterirdische 56, 187
– – verzögerte **57**
Keimzwiebel 58
Kelchblätter 45, 208
Kellog, A. 220
Kerze 45
Kesselring, W. 113
Kessler, Robert 171
Kies 32
Kingdon Ward 26

Kisten 187
Klassifikation **85**
Kline, E.L. 110, 168, 181
Klone 186, 193
– Vermehrung 186
Knochenmehl 28, 135
Knox-Finlay 133
Kocide 190
Kohlendioxid 45
Kombinationszüchtung 72
Königslilie 12, **130,** 174
Kontinentalklima 19
kontraktil 43
Korea 16
Kotyledon 57
Krainer-Lilie 13, **99**
Krankheiten 18, 19, 31, 80, 144, 190
– Bekämpfung 80, 190
Kreuzfahrer 14, 98
Kreuzung 64
– reziproke 66
Kriechsprosse 44
Kronblätter 45, 208
Küchenzwiebel 41
Kühllagerung 71
Kühlperiode 118
Kühlräume 192, 202, 204, 213
Kühlschrank 57, 59
Kühltechnik 202
Kühltemperaturen 202
Kühlung 199
Künstliche Beleuchtung 63
Kunststoffolie 187
Kupferkalkbrühe 190
Kupferpräparate 190
Kupfervitriol 190

Laan Lelies 202, 214
Landtyp 17, 18, 95, 102, 113, 170
Langsamkeimer **58,** 93, 97, 100, 112, 113, 114, 120, 122, 125, 126, 128, 130, 134, 137
Lanolin 67
Laub 31, 40, 77
Lauberde 28, 37, 112, 135
Laubhumus 32, 36, 37, 109, 134, 226
Lauch 41
Läusebefall 203
Lavagestein 17
Lehmböden 18, 32, 36
Leichtlin, Max 114, 220
Leuchtstofflampen 63
Libanon 14
Licarlen 214
Liliaceae 41
Liliengallmücke **79**
Liliengarten 52*
Liliengesellschaften 27, 59, **235**
Lilienhähnchen 79*
Lilienlisten **225**
Lilienmosaikvirus **82,** 83
Lilienöl 217
Lilienregister, Internationales 145
Lilienthrips **79**
Lilienvirus **82**
– Latentes 82, 83
Lilium (s. Verzeichnis Seite 231)
Linné 97, 127, 135, 220
Liothrips vaneecki Priesner **79**
Liriomyza urophorina Mik. **79**
Löschkalk 190
Ludlow 126
Lumilux 63
Luzon 16
Lysolspray 67

Macrosiphum solanifolii 80
Madonnenlilie 11, 14, 41, **98,** 168, 169*, 170, 217, 223
Magnesiummangel 189
Magnesiumsulfat 189
Maiglöckchen 41
Mandschurei 15, 16
Maneb 54
Marienkäfer 84
Marmortürkenbund 107
Marshall, Leonard 27, 67, 92, 97, 101, 150, 200
Martagonblüten 29, 147, 168
Martagonform 47*, 111, 114, 174
Martagonlilien 168, 222
Martin, T. Ross 179
Martini, Simon 218
Mäuse 38
Maximowicz, Carl 221
Mayell, Eric 128, 171
McRae, Edward 5, 91, 94, 99, 131, 136, 148, 150, 170, 200, 221, 223
McRae, Judith 5, 91, 99, 114, 131, 136, 170, 200, 214, 221, 222, 223
McWhorter, F.P. 81
Medizinpflanze 14
Meeresklima 93
Mekong 15
Mennige 77
Meristemkultur 82, **193,** 194*
Metaldehyd 77
Metasystox 79, 80
Methylbromid 189, 203
Mineralölemulsionen 80, 82, 84
Miniaturlilien 200, 204
Minierfliege **79**
Mischbestäubung 150
Mischvirose 82
Mishchenko, P.L. 92
Mississippi 17
Missouri 17
Mitschurin, N. 136, 183, 184
Mitteleuropa 13
Mongolei 13
Monocotyledoneae 41, 45
Monsungebirge 18
Mörser 73
Mulchdecke 61
Mulchen **38**
Murashige, Toshio 197, 198
Mutation 64, 115, 131
Myodo, Hiroshi 97, 172, 200, 221, 222, 223
Myzus persicae 80

Nachdüngung 188
Nachtschwärmer 48
Nachttemperatur 204
Nacktschnecken 77
Nadelhölzer 25
Nährboden 49, 193
Nährgewebe 49
Nährmedium 194, 198
Nährsalze 61, 62, 75
Nahrungsmangel 198
Nahrungsmittel 17
NALS 211
Nanking-Lilie 168
Naphthalinacetamid 67
Narbe 48, 66, 68
Natriumchlorid 189
Natriumdampflampen 103
Naturhybride 102
Nebel, B.R. 72
Negrobov, V.K. 184
Nektar 47
Nektarfurchen 47
Nektarrinnen 111
Nelson, Robert F. 182
Nematoden **77,** 82, 187
Netzmittel 190
Nichols Beverley 55
Noda, Shozo 73, 115
Nordamerika 13, 16*, 17, 89
Nordamerikanische Liliengesellschaft 211

Nomocharis 4, 111, 117
– *souliei* 133
North American Lily Society 182, 211
North, Chris 24, 27, 74, 111, 114, 130, 199, 200, 214, 221
Notholirion 41

Operationsgehäuse 199
Orchideen 29
Oregon 54
Oregon Bulb Farms 5, 30, 52*, 94, 98, 101, 122, 140, 147, 150, 158, 171, 176, 181, 197, 200, 203*, 221
Orekhov, V.P. 136, 183
Orientalische Sektion 85
Orient-Hybriden **180**, 200
Orleans, Henry von 111
Ostern 21
Osterlilie 17, 28, 73, 116*, 186
Ovarium 66, 67

Palmer, E.F. 179
Pantherlilie **126**
Papier 213
Papierchromatographie 47
Papillen 47, 96, 109, 111, 180, 210
Paraquat 190
Parathion 80
Parathionstaub 79
Parkinson, John 97, 128, 220
Parkman, Francis 180
Parry, Charles 220
Patterson, C.F. 24, 74, 76, 101, 149
Payne, F. Henry 143, 149, 222, 223
Pazifikküste 32
Pelargonien 28
Perianth 45
Perigon 45
Perigonblätter **46**, 208, 210
– Farbe 46
Perlite 58
Petalen 45
Pfeifenputzer 71
Pfeiffer, Norma E. 94, 168, 181
Pfirsichblattlaus, Grüne 80
Pflanzen **31**
Pflanzenerde 28, **36**
Pflanzloch 36*, 39*
Pflanzmaschine **188***
Pflanzort 32
Pflanzung 18, 31, **188**
pH-Reaktion 180
pH-Wert 37

Philippinen 16
Phlox 22, 24, 25, 77
Phosphorsäure 62
Photosynthese 45
Pilzbefall 112
Pilze 198
Pilzkrankheiten **80**, 187
– Bekämpfung 80, 190
Pink Trumpets 174
Pinsel 71
Pinzette 68, 199
plantlets 193
Pollen 47, 48, 66, 67
Pollenbeutel 47
Pollenschläuche 48, 66
Pollenspender 67
Polsterpflanzen 24
Polyäthylenfolie 192
Polyploidie 64, **72**, 73, 223
Porter, A.J. 149
Pottasche 38
Präpariermikroskop 198
Pratylenchus penetrans 78
Preston, Isabella 103, 115, 147, 173, 221
Prüfung 193
Pufferung 37
Purdy, Karl 220
PVC-Folie 62
Pyrenäen 13
Pythium-Wurzelfäule 203

Quarzsand 62

Rabatte **22**
Radlilie 17
Raffinadezucker 198
Rasen 24
Rasenerde 37
Reagenzglas 198
Reagenzpapier 37, 62
Regenwasser 37
Resistenz 20
Rex-Begonien 30
Rex Bulb Farms 179
rezessiv 47
reziprok 65
Rhizom 17, 50, 97, 109, 133, 139
Rhododendron 18, 25, 26, 37, 112, 135
– *repens* 26
– *williamsianum* 26
Riesenhimalajalilie 26
Rispen 209

Rittersporn 30
Riukiu-Inseln 17
Robinson, Charles 98, 151, 170, 223
Robinson, Ed 150, 168
Rock 134
Rocky Mountains 17, 18
Rodung 192
Roezl, Benedict 220
Rolin 218
Rollenstab-Rüttelsieb 192
Römer 14, 98
Ronald, Wilbert 99, 170, 200, 223
Ronilan 190
Rothmann, A.D. 171
Rotylenchus robustus 78
Royal Horticultural Society (RHS) 5, 145, 200, 211
Rückkreuzung 72, 180, 181
Rudbeckia 25
Rußland 13, 15
Ruttle, M.L. 72

Saatbeizmittel 60
Sägespäne 38
Saizewa, E.N. 184
Saliwski 121
Saloniki 98
Salvien 28
Salwin 15
Samen 20, 27, **48**, 55, 84
Samenanlagen 48, 66
Samenkammern 41
Samenkapsel 41, 48, 49
Samenkorn 49
Sämling Strain **187**
Sand 28, 36, 37, 39, 62
Sandboden 32
Sand-Torf-Gemisch 53, 55, 62
Santorin 217
Schädlinge 31, **77**
– Bekämpfung 77, 190
– Tierische 77
Schalen 27
Schalenblüten 145
Schalenform 46, 47*
Schalenförmige Trompeten **173**
Schalenlilien 147, 148, 208, 223
Schatten 39
Schenk, Peter 5
Scheubel 135, 173
Schimmelrasen 81
Schleierkraut 24
Schmetterlinge 48
Schnecken **77**

Schnellkeimer 91, 100, 102, 116
schneiden 29, **211**
Schnittblumen 21, 29, 65, 129, **202, 203**
Schnittblumenanbau 222
Schnittlilien 179, 211, 222
Schnitzer, D. Eckart 74
Schouten, Heng 197
Schuppen 41, 75, 80, 130, 187
Schuppenvermehrung 59, 75
Schwefelblüte 37
Schwefelsäure 62
Schwertlilien 41
Sechseck 208
Seealpen 13, 26
Sektion 85
– Amerikanische 85
– Asiatische 85
– Candidum 85
– Martagon 85
Sekundärinfektion 78
Selbstbestäubung 130
selbstfertil 137
Selbststerilität 66, 170
Selbstunverträglichkeit 66, 67
Sepalen 45
Seuchen 18
Shaver, John M. 179
Shell DD 78, 189
Shell DD Super 78
Sherriff, Major 125, 126, 133
Shimizu, Moto'o 91, 95, 103, 117, 131, 146
Showalter, A.M. 120, 171
Shride, S.L. 171
Sibirien 15
Siebold, von 146, 220
Simazinpräparat 190
Simonds, I.A. 194
Skalpell 199
Skinner, F.L. 92, 97, 104, 120, 127, 147, 148, 221
Skoog 198
Slate, George 98, 180
Slocum, Clark 117
Sofortkeimer 129, 132
Solidago 25
Sonnenbrand 203
Sortiermaschine 191*, 192
Soulie 133
Spaltöffnungen 78
Spermazelle 66
Sphagnum 40, 54, 58, 125, 131
Spiegel 117
Spiritus 68
Sprenkel 210
Sprenkelung 209
Spurenelemente 62, 75
Stallmist 37, 188
Staubbeutel 47
Staubblätter **47**
Staubfaden 47
Stärke 42, 136
Staubfäden 48
Stauden 21, 23
Stearn 6, 91, 96
Steffen, Alexander 222
Steffen, L. 80
Steingarten 21, 26, 27, 96, 150, 223
Steinmauern 27, 32
Stempel 48, 150
Stengel **45**
Stengelbulben **53**, 54*, 116, 121, 134, 186, 192
Stengelinternodien 43
Stengelwurzeln 40, 43, 100, 107, 111, 120, 129, 131, 134, 189
Stengelzwiebeln 45
Steppenlilie 26, 70*
Sternschale 100
Stickstoff 37, 38, 188
Stigma 114, 118
Stolonen 50, 112, 120, 127
Stone, David 143, 149, 222
Strabo, Wahlafried 218
Strahm Bulb Farm 179, 181, 203*
Straßer, Viktor 74, 207
Sträucher 21
Streumittel 77
Stroh 31, 38, 77
Sturgeon, Wade 171
Styropor 37
Summers, Warren S. 161, 207
Sumpfkalk 190
Sumpftyp 17, 18, 32, 37, 113, 170
Sunburst-Typ 30, **173**
Sun Valley Bulb Farm 181, 197
Superphosphat 37
systemisch 82
Szetschuan 15, 16
Szovits, J.N. 221

Tabakmottelvirus 82
Tafelschmuck 30
Tagetes 78
Taglilien 41
Tagestemperatur 204
Tausendfüßler 39, **78**
Taylor, J.C. 92, 148, 151
Tecto FL 187
Teilung 130
Telone 78
Temik 109 78
Tenoran 190
Tepalen 45
Terabol 78
Terrasse 24, 27
Testpflanze 108
tetraploid 72, 73, 74, 149
Tetraformen 73
Thalictrum 24
Thiabendazol 190
Thiram 54, 187
Thunberg 220
Tiefe 39
Tigerlilie 11, **136**
tissue culture 193
TMTD 54
Tochterzwiebeln 104, 111, 143
Tokio 17
Toleranz 75
Tonböden 32
Töpfe 27, 131
Topfkultur 121, 204
Topflilien **213**
Topfpflanze 134, **202**, 223
Torf 28, 134
Torferde 226
Torfmoos 40, 54, 58
Torfmull 36, 37, 54, 58, 62, 187
Transport 42, **213**
Transportband 192
Trapezon 71
Traube 45
Treiberei 192, **202**
Treiblilien 103, 195*
Treibtemperaturen 202
Treibzeit 202
Trichodorus-Arten 82
Trichterblüten 173
Trichterform 46, 47*, 208
Trichterlilien 24, 29, 30, 53, 56, 57, 80, 95, 172, 174, 209, 222
triploid 25, 73, 74, 122, 136
Trockenbeizmittel 60
Trocknungsmittel 60
Trompetenform 46, 47*, 208
Trompetenlilien **172**, 209
– Sektion 85
Tröpfchensystem 62
Tsingtau 16
Tubergen, van 168
Tulipa acuminata 208
Tulpenmosaikvirus 82

Turban 208
Turbanblüten 209
Türkei 71
Türkenbund 13, 26, 46, 52*, 141*
– chinesischer 27
– japanischer 70*
Türkenbundblüten 172
Türkenbundform 46, 47*, 91, 96, 97, 100, 101, 112, 114, 115, 128, 138, 139, 208
Türkenbundlilie 11, **118**

UdSSR 183
Uhrig, Joseph 182
ultraviolette Lampe 199
Unkraut 82, 187, **189**
– Bekämpfung 189
Unverträglichkeit **65**, 67
USA 17, 22, 31, 63, 76, 78, 80, 147, 186

Variabilität 20
Veilchenlilie 183
Ventilatoren 193
Vererbung 74
Vererbungsgesetze 72, 210
Vererbungslehre 74
Vergrößerungsglas 198
Verkauf 42
Vermehrung **50**
– vegetative **50**, 66, 193
– durch Samen **55**
Vermiculite 31, 54, 55, 58, 62, 187
Verpacken 42, **213**
Verpflanzen **40**
Virosen 80, 144
Virus 20, 80, 135, 193
– Freimachung 193
virusfrei 56, 83, 187, 194
Virusinfektionen 108, 110, 180, 188, 193
Viruskrankheiten **82**, 116, 193, 214
– Übersicht 83
Virussymptome 203
virustolerant 84
Volldünger 37, 188
Volldüngersalz 198
Vollmer, Albert Michael 110, 138, 220
Vorbereitung **36**
Vorratsdüngung 188

Wachstumshormone 67
Wachstumskegel 83
Wachstumsspritzen 193
Wada, K 131
Wadekamper, Julius 150
Wallace, Roy M. 76, 180
Wallich 138
Ward, Frank Kingdon 15, 92, 117, 138, 220
Wärme 150
Wärmebehandlung 55, **58**
Wärmeperiode 59
Warmwasserbehandlung 62, 78
Warner, Ralph 112, 149, 172
Washington 17
Washington, Martha 139
Wasserabzug **32**
Wasseraufnahme 29
wechselständig 45
Weidenröschen 52*
Weiße Lilie 220
Werckmeister 194
Werkzeug für die Kreuzungsarbeit 71
Weyden, Rogier van 218
Wiesenraute 24
Wildarten 20
Wildlilien **11**, 26, **85**
– Verbreitung **13**
Wildtulpe 208
Wilson, E. H. 16, 32, 85, 91, 93, 102, 104, 130, 132, 173, 220
Wind 41, 48, 68
Winkler, Andreas 222
Withers, R. M. 129, 143, 182
Wollfett 67
Wollgras 117
Woodcock 6, 91, 96
Woodriff, Leslie 19, 179, 181, 182, 197
Wrischtsch, D. L. 120
Wuchsform 23
Wuchshemmstoffe 180
Wuchsregulatoren 194
Wühlmäuse 38, 77
Würmer 39
Wurzelbulben 54*
Wurzeln **41**
Wurzelnematoden **78**
Wyatt, O. E. P. 122, 170, 171, 222

Xiphinema-Arten 82

Yeates, J. S. 94, 181, 183, 204
Yerex, Carleton 179

Zellkern 72
Ziegelschutt 24
Zubehör 175*
Zuchtbuch 75
Zuchtkreise 145
Züchtung 18, **19**, 64, 74
– Zukunft 221
Zucker 42, 75
Zusatzbeleuchtung 203
Zweeris, Jacob 5
Zweikeimblättrige 41
Zwergformen 204
Zwerggehölze 26
Zwerglilien 150, 181, 200
Zwetajewa, S. N. 183
Zwiebel 31, 41, 50
– Ernte **192**
– Lagerung **192**
Zwiebelbodenfäule 39, 42, **81**, 189, 190
Zwiebelbulben 138
Zwiebelformen 43*
Zwiebelhähnchen 79
Zwiebelschuppen 19, 42, 44, **54**, 55*, 117, 187, 193
Zwiebelteilung **50**, 148
Zwiebeltyp 41
– konzentrischer **44**
– rhizombildender **44**
– stolonenbildender **44**